中国旅游业二氧化碳排放测算及其低碳发展评价研究

STUDY ON THE MEASUREMENT OF CARBON DIOXIDE EMISSIONS AND THE EVALUATION OF LOW CARBON DEVELOPMENT OF THE TOURISM INDUSTRY IN CHINA

汤姿 著

U0241808

北京·旅游教育出版社

责任编辑：刘彦会

图书在版编目（CIP）数据

中国旅游业二氧化碳排放测算及其低碳发展评价研究／

汤姿著． --北京：旅游教育出版社，2015.12

ISBN 978-7-5637-3290-6

Ⅰ．①中… Ⅱ．①汤… Ⅲ．①旅游业—二氧化碳—排

气—测算—研究—中国②旅游业发展—节能—研究—中国

Ⅳ．①X511②F592.3

中国版本图书馆 CIP 数据核字（2015）第 277533 号

中国旅游业二氧化碳排放测算及其低碳发展评价研究

汤姿　著

出版单位	旅游教育出版社
地　　址	北京市朝阳区定福庄南里 1 号
邮　　编	100024
发行电话	（010）65778403 65728372 65767462（传真）
本社网址	www.tepcb.com
E－mail	tepfx@163.com
排版单位	北京旅教文化传播有限公司
印刷单位	北京京华虎彩印刷有限公司
经销单位	新华书店
开　　本	787 毫米×1092 毫米　1/16
印　　张	15
字　　数	233 千字
版　　次	2015 年 12 月第 1 版
印　　次	2015 年 12 月第 1 次印刷
定　　价	49.00 元

（图书如有装订差错请与发行部联系）

前　言

　　随着人类环保意识的不断提高,旅游业已不再是真正意义上的"无烟产业"。在旅游业发展的过程中,旅游资源开发的过度化、无序化及商业化等,已经对生态环境和气候变化产生了越来越大的影响。研究表明,旅游业是温室气体排放的重要来源之一。改革开放以来,我国旅游业保持着发展速度越来越快、对国民经济贡献越来越大的良好势头,由小产业逐步向大产业转变。然而,在旅游业快速发展的过程中,与旅游业密切相关的交通运输、住宿餐饮、旅游活动及相关服务设施等也在消耗着大量的能源,并排放出大量的二氧化碳。因此,减少旅游业二氧化碳排放,走低碳旅游之路,已成为旅游业发展过程中所面临的最紧迫的环境问题,是实现旅游业可持续发展的关键问题之一。因此,本书在分析我国旅游业发展现状的基础上,通过文献研究与数理统计方法估算了我国旅游业二氧化碳排放的时空分布特征以及与旅游经济之间的脱钩指数,并分析了我国旅游业二氧化碳排放的影响因素及未来变化趋势,分别建立了旅游饭店和旅游景区低碳发展的评价指标体系,进而提出了我国旅游业低碳发展的对策,为我国旅游业节能减排政策的制定提供数据支持和决策依据,以促进我国旅游业健康、持续发展。全文的主要研究内容包括以下几个方面:

　　(1)绪论。在全球气候变化与低碳经济转型的背景下,作为与气候变化密切相关的产业之一,旅游业在取得快速发展的同时,也面临着减少二氧化碳排放并向低碳经济转型的问题。在梳理和分析旅游业二氧化碳排放及其低碳发展的国内外研究进展的基础上,对国外和国内研究进行了对比分析,提出了研究启示与展望,进而提出了本书的研究目标、主要研究内容与研究方法,建立了本书的研究框架。

　　(2)相关概念及理论基础。低碳旅游是对低碳经济发展理念的一种行动响应,其核心要素主要包括低碳旅游者、低碳旅游目的地、低碳旅游产品和低碳旅游消费等方面,具有低碳环保性、技术创新性、关联带动性、广泛参与性、生态教育性等特征。可持续发展理论、低碳经济理论、脱钩理论、循环经济理论、旅游系统理论、利益相关者理论为旅游业二氧化碳排放及其低碳发展的相关研究提供了理论支撑。

　　(3)我国旅游业二氧化碳排放的时空变化及其与旅游经济的脱钩分析。改革开放以来,我国旅游业取得了显著发展,旅游产业的地位不断提升,旅游产业规模持续扩大,入境旅游市场逐渐成熟,国内旅游市场日趋繁荣,出境旅游市场逐步扩展。旅游业在快速发展的同时,与其相关的旅游交通、旅游住宿、旅游活动消耗着大量的能源,并排放出大量的二氧化碳。通过利用"自下而上法"和相关统计数据的计算表明,我国旅游业在取得快速发展的同时,旅游业的二氧化碳排放量也在不断增加,其中旅游交通是旅游业二氧化碳排放量的主要来源,其次是旅游住宿、旅游活动。而旅游住宿业二氧化碳排放量的年均增长率最高,其次是旅游活动。这说明推动旅游交通、旅游饭店及作为旅游活动重要场所的旅游景区的节能减排和低碳发展是十分必要的。旅游业二氧化碳排放量较高的区域主要集中在北京和上海、广东等东部沿海地区,以及中部地区;而甘肃、宁夏、青海、西藏等西北部地区,是旅游业二氧化碳排放量最少的地区。从旅游业二氧化碳排放量与旅游经济的脱钩状态表现来看,我国旅游业二氧化碳排放与旅游经济的脱钩状态经历了负脱钩—弱脱钩—强脱钩—负脱钩—弱脱钩—负脱钩的交替演变轨迹;各省区市旅游业二氧化碳排放和旅游经济增长之间的脱钩关系主要表现为弱脱钩和负脱钩两种状态。全部年份的平均脱钩指数为0.93,一方面说明旅游经济增长在能源利用方面是有效率的,另一方面也隐含了旅游业二氧化碳排放面临着巨大的挑战。

(4)我国旅游业二氧化碳排放的影响因素及趋势预测。选取旅游者总数、旅游业总收入、第三产业产值占GDP比重、人均旅游花费、旅游二氧化碳排放强度作为旅游业二氧化碳排放的影响因子,通过构建旅游业二氧化碳排放量与其驱动因子关系的STIRPAT模型,并利用偏最小二乘回归法计算了各因子对旅游业二氧化碳排放变化的影响。结果表明,旅游者总数、旅游业总收入、第三产业产值占GDP比重、人均旅游花费对我国旅游业二氧化碳排放具有增量效应,是导致我国旅游业二氧化碳排放持续增加的驱动因素;而旅游二氧化碳排放强度具有减量效应,提高能源集约利用水平是实现我国旅游业碳减排的重要途径。通过结合STIRPAT模型和BP神经网络模型的预测表明,我国旅游业二氧化碳排放量将呈现出继续增加的趋势,但是增加速度相对放缓。

(5)我国旅游业低碳发展评价及对策分析。从利益相关者角度构建了旅游饭店低碳发展的评价指标体系,运用层次分析法(AHP)确定了各项指标权重。结果表明,对于旅游饭店低碳发展来说,饭店内部的各个部门以及外部的政府与行业协会、消费者等利益相关者,对旅游饭店推广节能减排、低碳发展分别产生不同的影响。同时,构建了旅游景区低碳发展的驱动力—压力—状态—影响—响应的DPSIR模型,运用网络层次分析(ANP)确定了各项指标权重。对于旅游景区低碳发展来说,无论从哪个层面,关注度最高的都是能源消耗情况、主要节能减排措施、对资源环境的影响程度、低碳发展政策和资金的支持等。因此,旅游业低碳发展要从政府的宏观规划、旅游企业的中观管理、旅游者的微观行为三个层面共同努力,推动旅游业的低碳、健康和可持续发展。

（6）研究总结与愿望。

Preface

With the continuous improvement of the human cognition, tourism industry isn't the real smokeless industry any more. During its development, the activities such as the excessive development, the disorderly development and the excessive commercial exploitation of the tourism resources have affected the ecological environment and the climate change more and more critically. The research has showed that, the tourism industry is one of the important sources of greenhouse gas emissions. Since the reform and opening up, the tourism industry in China has achieved rapid development. It has changed from a small to a large industry and showed a good momentum of developing more and more quickly and contributing more and more largely. However, during the rapid development of the tourism industry, the related industries such as the transportation, accommodation and catering, the tourism activities and the related equipments and facilities have consumed a large amount of energy, and brought the emission of a lot of carbon dioxide. Therefore, to reduce the carbon emissions from the tourism industry and be on the road of the tourism of the low carbon has become the most urgent environmental problems of tourism and the key of the sustainable development of the tourism industry. Based on the analysis of the current situation of the development of tourism industry in China, the book has estimated the spatial and temporal distribution characteristics of carbon dioxide emissions of China's tourism industry through the literature research and mathematical statistics method, analyzed the factors affecting carbon dioxide emissions of China's tourism industry and its future trend, construct the evaluation index system of low carbon development of the tourist hotels and the scenic spots, and put forward the countermeasures of low carbon tourism development in China. It has provided the data support and decision – making basis for the formulation of energy – saving and the emission reduction policies of tourism industry in China in order to realize the healthy and sustainable development of the tourism industry. The main research content of this paper includes the following aspects.

Part I The introduction. In the background of the global climate change and the transition to

1

the low – carbon economy, the tourism industry closely related to the climate change has gained the rapid development and faced to reduce the carbon dioxide emissions and the transition to the low carbon as well. Based on the foreign and domestic research progress of the carbon dioxide emissions and the low carbon development of the tourism industry, the book has compared the foreign and domestic research and put forward the prospect of the research. It has presented the research objectives, the main research contents and the research methods and established the research framework of this book.

Part II The related concepts and the theoretical basis. The low carbon tourism is one kind of response to the action of low carbon economic development concept. Its core elements include the low carbon tourism, the low carbon tourism destination, the low carbon tourism products and the low carbon tourism consumption. It has the characters such as the low carbon environmental protection, the technology innovation, the correlation, the extensive participation, and the ecological education. The theories of the sustainable development, the low carbon economy theory, the decoupling theory, the circular economy theory, the tourism system theory, and the stakeholder theory provide the support for the related study on carbon dioxide emissions and the development of low carbon tourism.

Part III Temporal and spatial variations of carbon dioxide emissions of the tourism industry and its decoupling analysis with tourism economy growth in China. Since the reform and opening up, the tourism industry in China has made significant development, continuously upgraded its status, enlarged the scale, been gradually mature in the inbound tourism market. Domestic tourism market becomes , more prosperous, and outbound tourism market is gradually expanded. The computation using the bottom – up approach and the relevant statistical data shows that the tourism industry in China has gained the rapid development and the carbon dioxide emissions of the tourism has also increased. The tourism traffic is the main source of carbon dioxide emissions volume of the tourism industry, followed by the tourist hotels and the tourism activities. The average annual growth rate of carbon dioxide emissions for the tourist hotels is highest, the second is tourism activities. Therefore, it is very necessary to develop energy conservation and emissions reduction and low carbon development for tourist traffic, tourist hotel, and scenic spots that is as an important place of tourism activities. The higher areas of the tourism carbon dioxide emissions are mainly concentrated in Beijing, Shanghai, Guangdong and other eastern coastal areas and central areas. The areas in northwestern such as Gansu, Ningxia, Qinghai and Tibet have the least amount of carbon dioxide emissions. From the decoupling performance of the tourism carbon dioxide emissions and tourism economy, there shows the change path of negative decoupling – weak decoupling – strong decoupling – negative decoupling – weak decoupling – negative decoupling. They have showed the fluctuant trend. The decoupling relationships of the tourism carbon dioxide emissions and tourism economic growth among the provinces have mainly showed the weak decoupling and negative one. The average decoupling index of all the statistics years is 0.93. On the one hand, the tourism economic growth has been efficient in terms of the energy using. On the other hand, it has also implied that the carbon dioxide emissions of the tourism industry are facing a huge challenge.

Part IV The related factors and the trend forecast of the carbon dioxide emissions of the tourism industry in China. The paper has selected the total number of the tourists, the tourism gross income, the proportion of the third industrial output value in GDP, the per capita spending on tourism and the tourism carbon dioxide emissions intensity as the factors of the tourism carbon dioxide emissionss. By the construction of STIRPAT model of the tourism carbon dioxide emissions and its driving factors, and using partial least squares regression method, the paper has calculated the influence of the affecting factors on the carbon dioxide emissions change of the tourism. The results have showed that the total number of the tourists, the tourism gross income, the proportion of the third industrial output value in GDP, and the per capita spending on tourism have the incremental effect on the carbon dioxide emissions of tourism industry in China. And they have been the driving factors of continuous increasing for the carbon dioxide emissions of tourism industry in China. The tourism carbon dioxide emissions intensity has showed the reduction effect. So improving of the energy utilization is an important method to realize the carbon dioxide emissions reduction of tourism industry in China. The forecast of STIRPAT model and BP neural network model shows that the carbon dioxide emissions of the tourism industry capacity in China will increase, but the increasing speed is relatively slow.

Part V The analysis and the countermeasures of the low carbon development of the tourism industry in China. The paper has constructed the evaluation index system of the low carbon development of tourist hotels from the perspective of stakeholder and determined the weight of indicators using analytic hierarchy process (AHP). The results have showed that for the low carbon development of tourist hotels, each internal department in it, the external government and industry associations, and the consumers and other stakeholders have different effects for the tourist hotels to promote the energy saving, emission reduction, and the low carbon development. At the same time, it has constructed the DPSIR model that includes the driving force, pressure, state, effect and response analysis of the low carbon development of tourist scenic spots. It uses the analysis of the network process (ANP) to determine the weight of indicators. For the low – carbon development of tourism spots, it has been paid attention highest for the condition of energy consumption, the main energy saving and emission reduction measures, the influence degree of resources and environment, the low carbon development policy and funding support etc.. On the basis of evaluation, the low carbon development of the tourism industry should be realized from three aspects including the government's macro planning, tourism enterprises middle – level management, tourist's micro behavior in order to promote the low carbon, healthy and sustainable development of the tourism industry.

Part VI Conclusions and prospects.

目　录

COTENTS

第1章　绪　论

1.1　研究背景及意义

1.1.1　研究背景

1.1.1.1　全球气候变化与低碳经济转型

近几十年来,全球气候变化及其引发的一系列环境问题已经成为人类社会广泛关注的焦点之一。根据政府间气候变化专门委员会(Intergovernmental Panel on Climate Change, IPCC)在 2007 年发布的评估报告,在 1906—2005 年,地球表面平均温度大约上升了 0.74℃;预计在 1990—2100 年的一百多年内,还要继续升高 1.4℃ ~4.8℃;气候变暖已是"不容置疑的客观事实","非常可能"(90% 以上)是人为温室气体浓度增加造成的,而二氧化碳是其中影响最大的温室气体,是全球气候变暖的主要因素(IPCC,2007)。如果按照当前的排放速率而不采取任何行动,以二氧化碳为主的全球温室气体排放在未来几十年内将会持续增加,进而导致全球气候变暖持续并加剧,并诱发全球气候系统的诸多变化,如极端天气气候事件发生的频率和强度的增加、大范围积雪和冰川的融化、海平面的持续上升的等一系列灾难性影响,进而会对自然生态系统产生危害、甚至影响到人类社会的生存和发展。

控制温室气体排放,减缓气候变暖是人类社会所面临的共同责任。1988 年,由联合国环境规划署(the United Nations Environment Programme,UNEP)和世界气象组织(World Meteorological Organization,WMO)联合成立了气候变化研究领域的权威组织——政府间气候变化专门委员会(IPCC),对推动国际社会对于全球气候变化的认识起到了重要作用。1990 年,IPCC 发布了第一份评估报告,确定了气候变化的科学依据。1992 年,联合国环境与发展大会(United Nations Conference on Environment and Development,UNCED)在巴西里约热内卢通过了《联合国气候变化框架公约》(United Nations Framework Convention on Climate Change,

UNFCCC),成为世界上第一个为控制 CO_2 等温室气体排放,以应对全球变暖的国际公约。该公约提出要减少温室气体排放,减缓气候变暖,遏制气候变化给人类带来的不利影响;提出了"共同但有区别的责任"的减排义务。该公约于 1994 年 3 月正式生效,并从 1995 年起每年举行一次《联合国气候变化框架公约》缔约方会议(简称为联合国气候大会),以评估全球应对气候变化的进展。此后,1997 年《京都议定书》(the Kyoto Protocol)、2007 年"巴厘岛路线图"(the Bali Roadmap)、2009 年《哥本哈根协议》(the Copenhagen Accord)、2011 年"德班平台和绿色气候基金"(the Durban Platform and the Green Climate Fund)等决议的提出和制定,充分表明了国际社会对于全球变暖和二氧化碳等温室气体减排合作的重视。然而,气候谈判关乎各国在气候秩序中的权利与义务关系,已经成为国际政治博弈的新舞台(曾贤刚等,2011)。在一系列国际气候谈判中,受历史发展、经济利益等原因的影响,一些国家对二氧化碳减排责任的分配还存在着严重分歧,阻碍了国际社会温室气体减排合作的进程。2015 年 12 月 12 日,在巴黎召开的第 21 次联合国气候大会(COP21)上,196 个缔约方一致通过了第一份具有法律约束力的全球减排协议——《巴黎协议》。该协议指出,"各方将加强对气候变化威胁的全球应对,把全球平均气温较工业化前水平升高控制在 2℃ 之内,并为把升温控制在 1.5℃ 之内而努力。"该协议的达成,表明全球近 200 个国家或地区将共同应对气候变化带来的挑战(新华网,2015)。

随着国际社会对全球气候变化影响的日益关注,世界各国对于控制二氧化碳等温室气体排放的共识也在不断得到加强。发展低碳经济是应对全球气候变暖,维持人类可持续发展的科学措施。"低碳经济"一词最早出现在 2003 年,英国政府在《我们能源的未来:创建低碳经济》(Our Energy Future:Creating a Low Carbon Economy)的能源白皮书中,首次提到了低碳经济。2006 年 10 月,由英国政府发布、前世界银行首席经济学家尼古拉斯·斯特恩牵头撰写的《斯特恩评述:气候变化的经济学》(Stern Review on Economics of Global Climate Change)报告指出:"全球每年以 1% 的 GDP 投入,可以避免将来每年 5% ~20% 的 GDP 损失,呼吁全球向低碳经济转型。"2007 年政府间气候变化专门委员会(IPCC)第四次评估报告指出,全球未来温室气体的排放量取决于发展路径的选择。2008 年,联合国环境规划署(UNEP)将"转变传统观念,推行低碳经济"确定为第 37 个世界环境日的主题,以此希望低碳经济能够成为各级决策者的共识。在 2009 年 12 月丹麦哥本哈根召开的联合国气候大会上,"低碳"的概念受到了世界各国广泛的重视,"低碳经济"、"低碳消费"、"低碳发展"、"低碳生活方式"等一系列新概念、新名词、新政策、新思路应运而生。因此,低碳经济将极有可能引领"第四次工业革命"(蔡萌,2012)。减少碳排放,促进碳吸收,推动世界经济的"低碳化"转型,是人类社会应对气候变化、实现全球可持续发展的核心任务和必然选择。

改革开放以来,我国社会经济取得显著绩效的同时,也出现了资源短缺、能源消耗、温室气体排放增加等问题。作为世界上最大的发展中国家,我国目前正处于工业化和城镇化的快速发展时期。我国已成为世界最大的温室气体排放国,占全球排放量的20.7%,约折合81.06亿t二氧化碳当量,面临着节能减排的巨大压力(搜狐网,2009)。作为一个负责任的大国,我国对控制温室气体排放给予了高度的重视。1992年,中国成为《联合国气候变化框架公约》的缔约国之一。1998年5月,签订了《京都议定书》,成为第37个签约国。2006年12月,首次发布《气候变化国家评估报告》(此后分别在2011年和2014年发布了第二次和第三次评估报告),总结了我国在气候变化方面的科研成果,为我国参与全球气候变化行动指出了方向。2007年6月,公布了《中国应对气候变化国家方案》(国发〔2007〕17号),我国成为第一个制订应对气候变化国家方案的发展中国家。2007年12月,发表《中国的能源状况与政策》,是在能源领域首次对外发布的白皮书,提出了实施节约优先的能源发展战略。2008年10月,我国发布了应对气候变化的纲领性文件——《中国应对气候变化的政策与行动》白皮书。2009年9月,在哥本哈根联合国气候变化峰会上,我国政府承诺将采取自主减排行动,到2020年实现单位GDP碳排放强度在2005年的基础上降低40%~45%。同年,国务院将单位GDP碳排放量作为约束性指标纳入国民经济和社会发展的中长期规划之中。2011年12月,国务院发布《"十二五"控制温室气体排放工作方案》(国发〔2011〕41号),明确提出将节能减排作为重点,将低碳经济作为发展理念,提高生态文明水平。2014年9月,我国发布了应对气候变化领域首个国家专项规划——《国家应对气候变化规划(2014—2020年)》。2014年11月,与美国共同发表了《中美气候变化联合声明》,极大地推动我国经济向绿色经济和低碳经济转型的进程。2015年6月,我国向《联合国气候变化框架公约》秘书处提交了应对气候变化"国家自主贡献"文件,提出到2030年单位国内生产总值二氧化碳排放比2005年下降60%至65%等目标。2015年9月,中美双方再次发表《中美元首气候变化联合声明》,协调双方共同面对气候变化的立场,推动全球经济向低碳转型。此外,我国与欧盟以及英法德等主要发达地区和印度、巴西等主要经济体分别发表了应对气候变化的多个联合声明。2015年9月,我国设立了规模为200亿元人民币的中国气候变化南南合作基金。从以上发展历程可以看出,我国政府在控制温室气体排放方面充分展现了大国的责任和担当,节能减排和低碳发展已成为我国社会经济转型和可持续发展的必然要求。

1.1.1.2 旅游业发展与全球气候变化密切相关

作为严重依赖自然环境和气候条件的产业之一,旅游业与气候变化的关系甚为密切

（Nicholls,2006;席建超等,2010）。气象气候条件不仅是旅游业发展的基础,同时也是重要的旅游资源之一。旅游业发展对全球气候变化具有高度的敏感性（Dubois and Ceron,2006a;钟永德等,2013）。气候变化不仅会引起自然景观和旅游季节发生变化,而且气候变化所带来的极端天气,如高温、暴雨、雾霾、冰冻等更会直接影响旅游业的发展。例如,受海水温度上升和 pH 值降低以及人类活动的影响,澳大利亚大堡礁的珊瑚层已消失过半,这一世界遗产将在未来 20 年左右的时间内消失殆尽（人民网,2012）。除此之外,一些海岛国家以及一些著名的旅游景点都面临着消失的威胁,使得这些国家和地区的旅游业遭受着严重的冲击（谢园方,2012）。因此,以全球气候变暖为主要特征的气候变化,对旅游业的影响越来越明显,成为全球旅游业面临的现实性挑战。

自 20 世纪 80 年代以来,全球气候变化对旅游业影响的研究开始受到国际组织与学术界的广泛关注。1995 年,IPCC 的第二次评估报告中关注了气候变化对旅游业的影响。2003 年 4 月,世界旅游组织（United Nations World Tourism Organization,UNWTO）、联合国环境规划署（United Nations Environment Programme,UNEP）和世界气象组织（World Meteorological Organization,WMO）联合在突尼斯召开了首届"气候变化与旅游国际会议"（International Conference on Climate Change and Tourism）,在发表的《杰尔巴宣言》（the Djerba Declaration）中指出,全球气候变化已经影响了部分国家的旅游业,并有继续扩张的趋势（钟永德等,2013）。2007 年,IPCC 的第四次评估报告中也论述了气候变化对滨海或岛屿等旅游目的地的影响。同年 10 月,UNWTO、UNEP、WMO 联合在瑞士达沃斯召开了第二届"气候变化与旅游国际会议",在通过的《达沃斯宣言》（the Davos Declaration）中指出,全球气候变化是 21 世纪旅游业可持续发展所面临的最大挑战。

同时,自 20 世纪 50 年代以来,随着经济的快速发展、新技术的广泛应用以及交通条件的改善,人们可自由支配的收入和闲暇时间大幅增加,旅游需求呈现规模化、大众化趋势,使得全球旅游业得到了快速发展。全球国际旅游人数从 1950 年的 0.25 亿人次增加到 2014 年的 11.38 亿人次,已经达到全球总人口的 1/7 左右,如图 1-1 所示（环球网,2015）。如此规模的人口"迁徙"对环境和气候变化的影响,已引起相关国际组织和社会各界的广泛关注（吴普和岳帅,2013）。随着人类环保意识的不断提高,旅游业已不再是真正意义上的"无烟产业"。在旅游业发展的过程中,旅游资源开发的过度化、无序化及商业化等,已经对生态环境和气候变化产生了越来越大的影响。2008 年,UNWTO、UNEP、WMO 联合发布了《气候变化与旅游:应对全球性的挑战》（Climate change and tourism:responding to global challenges）,首次全面评估了旅游业与气候变化之间的相互影响,并指出旅游业已成为能源消费的主要领域之一和温室气体排放的重要来源之一。以 2005 年为例,旅游业的二氧化碳排放量达到了 13 亿 t,在人类活动所有二氧化碳排放量中所占比例为 4.9%;在人为因素导致的全球气候变暖贡献率中,旅游业所占的比例为 5% ~ 14% (UNWTO - UNEP - WMO,2008)。如果旅游业继续维持现有的发展方式和增长速度,预计 2005—2035 年,这一影响会按照每年 3.2% 的速度增长(Peeters and Dubois,2010);旅游业 CO_2 的排放量将会增加 152%,整个旅游业的温室气体排放对全球变暖的贡献率将增加 188%(Scott et al.,2007)。2014 年联合国气候变化专家小组发布的旅游业相关资料和研究指出:"由于目前旅游业的不断增长,2025 年旅游业的温室气体排放量占全球排放量的比例将从现在的 3.9% ~ 6% 增长到 10% 左右;旅游业将受到气候变化的严重冲击"(中国旅游新闻网,2014)。

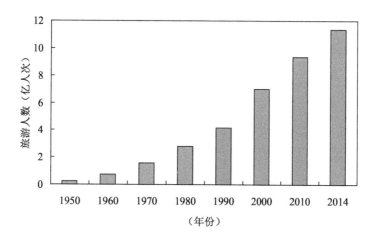

图 1 - 1 1950—2014 年国际旅游人数变化

以上事实表明,旅游业的发展在受到全球气候变化影响的同时,也在影响着全球气候的变化。因此,旅游业不仅是全球气候变化的受害者,也是全球气候变化的驱动者。旅游业必须采取措施以适应和减缓全球气候变化,这已经成为旅游业所面临的重要挑战。在此背景下,2008 年,由 UNEP、University of Oxford、UNWTO、WMO 等联合发表了《旅游业对气候变化的适应与缓解:框架、工具与实践》(Climate change adaptation and mitigation in the tourism sector: Frameworks, tools and practices),明确指出旅游业要走向低碳化发展。在 2009 年 5 月哥本哈根召开的"气候变化世界商业峰会(the Business & Climate Summit)"上,世界经济论坛(the World Economic Forum,WEF)提交了题为《走向低碳的旅行及旅游业》(Towards a Low Carbon Travel & Tourism Sector)的研究报告,正式提出了"低碳旅游"的概念(UNWTO,2009)。2009 年 11 月,位于南太平洋岛国的斐济成为第一个号召进行低碳旅游的国家,其国家旅游局率先提出了"低碳旅游,清洁旅游"的发展目标。2010 年北欧旅游局的主打品牌产品是"环保先行,绿色体验,低碳之旅"。国外的一些旅行社甚至个人,会选择购买碳排放指标来补偿自己的碳排放。部分企业,如汇丰,已经实现了"碳中和"、"零排放"的企业目标。

1.1.1.3 我国旅游业发展及其低碳转型

20世纪80年代以来,随着我国居民收入水平的提高和生活质量的提升,我国旅游人数和旅游收入每年都以年均两位数以上的速度增长,旅游业已成为我国国民经济中的重要产业,如图1-2所示。旅游者总数和旅游总收入分别从1985年的2.42亿人次、117亿元增加到2014年的37.39亿人次、33 800亿元,分别增长了15.46倍和288.89倍。据世界旅游组织预测,到2020年我国将成为世界第一大旅游目的地国家和世界第四大客源输出国。以2014年为例,我国国内旅游人数达到了36.11亿人次,实现国内旅游业收入30 305亿元;接待入境游客1.28亿人次,旅游外汇收入总额为569亿美元;出境游客首次突破1亿人次大关,达1.17亿人次;旅游业总收入占GDP比重达到了5.31%,占第三产业比重达到了11.02%(国家统计局,2015)。我国旅游业保持着发展速度越来越快、对国民经济贡献越来越大的良好势头,由小产业逐步向大产业转变。旅游市场已从入境游为主,发展到入出境旅游并重,形成了国内旅游、入境旅游、出境旅游三大市场三足鼎立的格局。2009年国务院在《关于加快发展旅游业的意见》(国发〔2009〕41号)中指出:"要将旅游业建设成为国民经济的战略性支柱产业和人民群众更加满意的现代服务业。"2014年8月,国务院公布了《国务院关于促进旅游业改革发展的若干意见》(国发〔2014〕31号),其中提出:"到2020年,境内旅游总消费额达到5.5万亿元,城乡居民年人均出游4.5次,旅游业增加值占国内生产总值的比重超过5%"(人民网,2014)。2015年1月召开的全国旅游工作会议指出:"到2020年,从初步小康型旅游大国迈向全面小康型旅游大国,年人均出游次数达到5次以上,达到中等发达国家水平,在规模、质量、效益上达到世界旅游大国水平"(国家旅游局,2015)。旅游业正在成为我国最强劲、最有潜力的经济增长点。

为实现我国碳减排的目标,各行各业都要根据各自碳排放现状及潜力,加大节能减排力度,实现低碳发展。作为第三产业的重要组成部分,旅游业的发展模式必须与其他产业部门配合,走低碳发展之路。在应对全球气候变化、减缓温室气体排放、发展低碳经济的大背景下,低碳旅游是实现旅游业可持续发展的重要途径。2008年11月,为响应国家对气候变化的战略部署,国家旅游局发布了《关于旅游业应对气候变化问题的若干意见》,提出了我国旅游业应对气候变化的若干措施。2009年7月和10月,分别在桂林和北京举行的"第二届可持续旅游与可替代性旅游会议"和"2009年中国地理学术年会"上,作为旅游业对"节能减排"政策的响应,"低碳旅游"被首次明确提出(蔡萌,

2012）。2009 年 12 月,国务院在《国务院关于加快发展旅游业的意见》(国发〔2009〕41 号)中明确提出:"大力推进旅游业的节能减排,五年内将星级饭店、A 级景区用水用电量降低 20%;并倡导低碳旅游方式。"2010 年 6 月,国家旅游局在《关于进一步推进旅游行业节能减排工作的指导意见》(旅办发〔2010〕80 号)中提出"争取五年内将星级饭店、A 级景区用水用电量降低 20%"的节能减排目标,并发布了旅游行业节能减排指南,如《饭店节能减排 100 条》《A 级景区节能 30 条》等(蔡萌,2012)。此后,全国各省市区纷纷将"低碳旅游"纳入到当地旅游业的发展规划之中。2011 年 1 月,我国确定了首批 50 个"全国低碳旅游实验区",并发布了《全国低碳旅游实验区评定标准》。2011 年 5 月,国家旅游局批准了《旅游饭店节能减排指引》(LB/018 - 2011)行业标准,并于当年的 7 月 1 日正式实施。2012 年 9 月 16 日,在中华环保联合会和中国旅游景区协会举办的全国低碳旅游发展大会上,黄山风景区等 19 家景区由低碳旅游实验区晋级为全国首批低碳旅游示范区。这些低碳旅游实验区和示范区的评定,以及饭店节能减排指引的发布,为我国低碳旅游的发展起到了引领和示范作用,进而推动了我国旅游业的低碳发展。

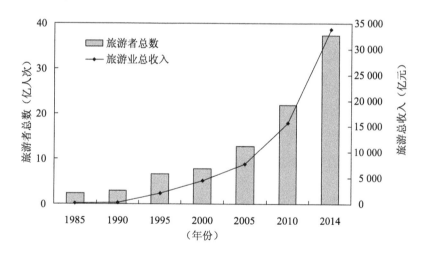

图 1 - 2　1985—2014 年我国旅游者总数和旅游总收入变化

做好旅游业的节能减排及低碳化发展,使其成为我国低碳经济的有机组成部分,可以在实现旅游业降低能源消耗、减少经营成本、提高行业利润的同时,进一步推动我国旅游业的结构优化与发展转型,促使旅游业向规模化、集团化方向发展。因此,宏观把握旅游业二氧化碳排放现状、影响因素及趋势预测,是旅游产业低碳发展的重要前提。此外,旅游业还涉及交通运输、住宿餐饮、批发零售、仓储和邮政通信、房地产等众多行业,在应对气候变化、节能减排和产业替代方面具有明显优势(石培华等,2010)。旅游业应做好节能减排,并通过旅游业产业链的引领和示范作用,成为实现低碳经济的重要载体(谢园方,2012)。因此,减少旅游业二氧化碳排放,走低碳旅游之路,已成为旅游业发展面临的一个重要课题,是旅游业可持续发展的关键。

1.1.2 研究目的

随着低碳经济的普及和旅游业的蓬勃发展,人们的生态文明意识逐渐觉醒。旅游业在促进区域经济发展和带动就业的同时,也存在着大量的能源消耗、物质损耗和废弃物排放问题。长期以来我国旅游业经营方式粗放,缺少节能减排意识,许多地区的旅游业发展呈现奢侈化趋势,造成了资源和能源的大量浪费,呈现出大而不强、快而不优的发展现状。因此,如何在保持旅游经济增长的同时降低旅游业二氧化碳排放,将低碳理念应用到旅游业发展过程中是我国旅游业可持续发展面临的一项重要课题。基于此,本书运用可持续发展理论、低碳经济理论、脱钩理论、循环经济理论、旅游系统理论、利益相关者理论等相关理论,在分析我国旅游业发展现状的基础上,通过文献研究与数理统计方法估算了我国旅游业二氧化碳排放的时空分布特征及其与旅游经济之间的脱钩关系;运用 STIRPAT 模型分析了影响我国旅游业二氧化碳排放的人文驱动因子,并利用 STIRPAT 模型和 BP 神经网络相结合的方法预测了未来我国旅游业二氧化碳排放的变化趋势,运用 AHP、DPSIR 与 ANP 相结合的方法分别对旅游饭店和旅游景区的低碳发展指标体系进行了评价,进而提出了我国旅游业低碳发展的对策。研究成果旨在测算我国旅游业的二氧化碳排放量及其低碳发展潜力,为国家有关部门制定切实有效的节能减排措施提供科学依据和决策参考。

1.1.3 研究意义

1.1.3.1 理论意义

(1)有助于拓展低碳旅游理论研究

目前,学术界对旅游业低碳发展的研究还处于初级阶段,对相关领域的研究还很薄弱。本书将可持续发展理论、低碳经济理论、脱钩理论、循环经济理论、旅游系统理论、利益相关者理论等有机融合,为旅游业低碳发展研究提供了理论支撑;并对低碳、低碳经济、低碳旅游等基本概念和内涵进行了探讨,分析了低碳旅游的核心要素和基本特征,拓展了旅游业低碳发展的基础理论研究。

（2）有助于丰富旅游业碳排放的定量研究

按照旅游业碳减排的"测量—减排—补偿"的逻辑主线,加强旅游业二氧化碳排放的定量研究,对旅游业节能减排有重要的指导意义。本书综合国内外学者的研究成果,测量了不同类型旅游业二氧化碳排放量的时间变化特征和空间分布格局,并进行了影响旅游业二氧化碳排放的人文因素及未来趋势预测分析,为我国旅游业节能减排政策和措施的制定提供了理论依据。

（3）有助于为系统评价低碳旅游提供依据

构建低碳旅游评价指标体系是旅游业低碳化发展的重要评判标准。但是,国内外关于低碳旅游评价还没有形成比较系统和完整的理论体系和评价指标体系。本书借鉴相关学者的研究,分别构建了适合我国旅游饭店和旅游景区低碳发展的评价指标体系,为政府决策者和管理者提供正确的价值导向,为系统评价低碳旅游提供了理论支持和依据。

1.1.3.2 实践意义

（1）有助于明确旅游业节能减排方向

低碳经济背景下的旅游业发展方式必然发生重大转型和变革。本书对旅游业二氧化碳排放进行测度,有助于确定旅游业二氧化碳排放的主要来源及节能减排的主要目标,为我国旅游业寻找在产品设计、生产和供应等过程中减少碳排放的机会,以较低或更低的碳排放量,提高旅游业的能源利用效率,为政府决策部门提供更有针对性、更科学的参考依据。

（2）有助于带动其他产业的低碳发展

旅游业涉及的部门和行业众多,在节能减排及低碳发展方面可以发挥引领和示范作用,是经济低碳化发展的重要环节。因此,旅游业的低碳发展,不仅可实现自身的可持续发展,旅游产业链的传导机制也会带动其他产业走低碳之路,从而可以在一定程度上促进低碳经济的发展,为推动国民经济整体低碳化发展、建设美丽中国做出贡献。

（3）有助于提高公众的低碳环保意识

旅游者、旅游企业及广大民众是低碳旅游的支持者和践行者。本书通过考察主要利益相关者对旅游业二氧化碳排放以及低碳旅游的认知和行为,向旅游者倡议低碳环保的旅游方式,可以提高旅游者的低碳环保意识,从而引导公众形成低碳生活理念、低碳旅游需求和低碳出游意识等,进而提高公众整体的生态文明意识,具有一定的实践意义。

1.2　国内外研究现状

1.2.1　国外研究现状

1.2.1.1　研究进程

20 世纪 90 年代以来,旅游所带来的能源和环境问题引起了相关组织和学者的广泛关注(汤姿和毕克新,2014)。Brunotte(1993)、Burnett(1994)对饭店业的能源效率进行了研究。1995 年,第 21 届旅游与旅行产业大会提出资源管理和能源消耗是旅游业发展的关键领域(WTTC,WTO and Earth Council,1995)。此后,一些相关研究开始逐渐增多。Tamirisa 等(1997)运用投入—产出的方法探索了能源利用与旅游目的地之间的联系,表明夏威夷的旅游业能源消耗占总能源消耗量的 60% 以上。Carlsson 等(1999)、Schafer 等(1999)对游客在旅行过程中所消耗的能源和产生的二氧化碳排放以及引起的环境影响进行了研究。进入 21 世纪以后,学者们针对旅游业能源消耗和二氧化碳排放的研究方法与内容均有较大突破性进展(唐承财等,2012)。Gössling 等(2000—2013)首次提出系统分析旅游业能源消耗的研究方法,计算了 2001 年全球旅游业的能源消耗和二氧化碳排放量,并对旅游业生态效率、航空旅行自愿碳补偿、碳中和旅游地、旅游食物管理、区域旅游二氧化碳排放测量等方面进行了深入系统的研究。Becken 等(2001—2013)从旅游住宿、旅游吸引物和旅游活动、航空旅行、旅游交通方式等多个角度,对旅游业的能源消耗与二氧化碳排放进行了一系列研究,并提出测算旅游业二氧化碳排放是实现可持续旅游的关键环节。随后,学者们从多个角度对不同国家和地区旅游业的能源消耗和二氧化碳排放进行了广泛的研究,涌现出 Scott、Gössling、Becken、Peeters 等代表性人物(Becken,2013)。与此同时,旅游业能源消耗和二氧化碳排放问题也引起相关旅游组织的重视。世界旅游组织(UNWTO)、联合国环境规划署(UNEP)和世界气象组织(WMO)先后在 2003 年和 2007 年召开两届旅游业与全球气候变化的国际会议,指出旅游业既受全球气候变化的影响,同时也是驱动全球气候变化的因素之一;提出应加强对旅游业二氧化碳排放的研究,并号召旅游业有责任进行节能减排(UNWTO,2003;UNWTO – UNEP – WMO,2008)。2009 年,世界旅游旅行理事会(the World Travel & Tourism Council,WTTC)确定了到 2020 年实现旅游业二氧化碳排放量在 2005 年的基础上削减 25% ~30%,到 2035 年削减 50% 的目标(WTTC,2009)。

1.2.1.2 研究内容

(1)区域旅游业二氧化碳排放

学者们和相关组织对不同区域的旅游业能源消耗和二氧化碳排放进行了测度(见表 1-1)。从全球层面,Gössling(2002)首次计算了全球旅游业的能源消耗和二氧化碳排放量,结果显示,2001 年旅游业的能耗占全球总能源消耗的 3.2%,二氧化碳排放量占全球二氧化碳排放总量的 5.3%。世界旅游组织(UNWTO)、联合国环境规划署(UNEP)和世界气象组织(WMO)的联合研究表明,2005 年全球旅游业二氧化碳排放总量为 1 307Mt,占全球二氧化碳排放总量的 4.95%;其中航空交通约占 40%,汽车交通约占 32%,其他交通约占 3%,旅游住宿约占 21%,旅游活动约占 4%(UNWTO - UNEP - WMO,2008),如图 1-3 所示。Peeters 和 Dubois(2010)的测算表明旅游业引起了全球 4.4% 的二氧化碳排放。

从国家和地区层面,Becken、Gössling 及其他学者测算了包括新西兰、澳大利亚、瑞典、挪威、德国以及加勒比海地区在内的 14 个国家和地区的旅游业的能源消耗、二氧化碳排放及温室气体排放量,为区域旅游二氧化碳排放研究提供了基础,详见表 1-1。另外,一些学者对景区的二氧化碳排放进行了测算,Kelly 和 Williams(2007)从旅游景区内部建筑及设备设施等、旅游从业人员上下班所乘坐的交通工具、游客从客源地到目的地的交通方式三个方面对加拿大滑雪旅游胜地 Whistler 的能源消耗及二氧化碳排放进行了研究。Kuo 和 Chen(2009)利用 LCA 法与问卷调查法,计算了我国台湾澎湖岛旅游业的能源消耗和温室气体排放量,表明旅游者对环境造成的负担要高于当地居民;Bhuiyan 等(2012)的研究表明,马来西亚 Sekayu 森林公园的人均二氧化碳排放量高于马来西亚的旅游业人均二氧化碳排放量。

此外,一些机构和学者对旅游业的二氧化碳排放量进行了趋势预测及情景分析。根据世界旅游组织预测,2005—2035 年,旅游业的二氧化碳排放量将以 2.5% 的年均速度增长(UNWTO,2009)。而 Gössling 和 Schumacher(2009)考虑旅游业技术进步和管理效率的提高,以 2005 年为基准,预计到 2035 年全球旅游业的二氧化碳排放量将增加 150%;Peeters 和 Dubois(2010)预测到 2035 年,全球旅游业二氧化碳排放将以每年 3.2% 的速度递增。Dubois 和 Ceron(2006)从国家层面预测到 2050 年,法国旅游业温室气体排放量将增加 90%。

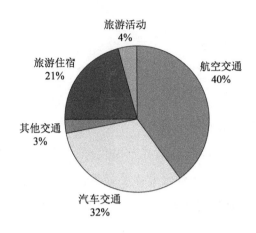

图1-3 2005年全球旅游业的二氧化碳排放结构

表1-1 全球部分国家/地区旅游业的能源消耗或二氧化碳排放的主要研究结论

区域/参考年	计算方法	研究结果	参考文献
全球,2001	自下而上法	旅游业的能耗占全球总能耗的3.2%,CO_2排放量占全球CO_2排放总量的5.3%	Gössling(2002)
全球,2005	自下而上法	旅游业CO_2排放总量为1 307Mt,占全球CO_2排放总量的4.95%,在2035年以前,将以2.5%的年均速度增长	UNWTO - UNEP - WMO (2008)
全球,2005	自下而上法(不包含一日游游客),情景分析法	旅游业引起了全球4.4%的CO_2排放,预计2005—2035年,这一影响会继续以年均3.2%的速度增长	Peeters and Dubois (2010)
新西兰,1997—1998	生命周期评价和投入产出分析	旅游CO_2排放量为6.8Mt,占全国CO_2排放总量的24.3%	Patterson and McDonald (2004)
新西兰,2000,1997—1998	自下而上法和自上而下法相结合	旅游业能耗为25～28PJ,CO_2排放量为1.4～1.6Mt	Becken and Patterson (2006)
瑞典,2001—2002,2005	自下而上法	旅游CO_2排放占瑞典CO_2排放总量的11%,预计到2020年,这一比例将达到16%	Gössling and Hall(2008)

续表

区域/参考年	计算方法	研究结果	参考文献
澳大利亚,2004	碳足迹法,旅游卫星账户	旅游温室气体直接排放量为 470 万 t,间接排放量为 2 810万 t	Department of Resources, Energy and Tourism of Australia（2009）
澳大利亚,2003—2004	生产支出法,旅游卫星账户	旅游温室气体排放量占全国温室气体排放量的 3.9% ~ 5.3%,在所有碳排放部门排名第5	Dwyer et al. (2010)
瑞士,1998	自下而上法和自上而下法相结合	旅游产生了 2.29 Mt CO_2	Perch – Nielsen et al. (2010)
夏威夷,1997	投入产出分析	旅游业的能源消耗量约占全州总能耗的 60%	Konan 和 Chan(2010)
马尔代夫,2009	自下而上法和自上而下法相结合	旅游 CO_2 排放量(0.47 Mt)占 CO_2 排放总量(1.3 Mt)的 36%	Bernard et al. (2010)
荷兰,2008	自下而上法	假期旅游产生了 15.6 Mt CO_2,占荷兰 CO_2 排放总量的 9.1%	de Bruijn et al. (2010)
挪威,2001	本国旅游者休闲消费的能耗	休闲业的能耗占总能耗量的 23%,其能源消耗强度比日常家庭和公共设施分别高20% 和380%	Aall(2011)
德国,2005	自下而上法	旅游 CO_2 排放量(37.5 Mt)占德国 CO_2 排放总量(841 Mt)的 4.5%	Gössling et al. (2011)
加勒比海地区,1994—2010	自下而上法,自上而下法	旅游 CO_2 排放占地区 CO_2 排放总量的 13% ~150%	Gössling (2012)

区域/参考年	计算方法	研究结果	参考文献
麦加,2011	生命周期方法	每位朝觐者每天产生 60.5kg CO_2 的温室气体排放量	Hanandeh(2013)
西班牙, 1995—2007	生命周期评价,投入产出模型	从 1995 到 2007 年,包含对基础设施的旅游投资在内导致了 34% 碳足迹的增长	Cadarso et al. (2014)
葡萄牙, 2000—2008	LMDI	旅游活动对 CO_2 排放量的影响最大,能源构成次之	Robaina – Alves et al. (2015)

注:因数据、样本及统计口径的差异,各研究结论间横向不可比。

资料来源:Gössling(2013),以及根据各参考文献整理。

(2)旅游交通二氧化碳排放

大量研究表明,旅游交通是旅游业能源消耗和二氧化碳排放的最重要的主体部分,而不同国家或地区的不同交通方式,其二氧化碳排放系数差异也较大(见表1-2)。根据世界旅游组织的统计,旅游交通的二氧化碳排放量占旅游业二氧化碳排放总量的75%左右,其中,飞机的二氧化碳排放量占旅游交通二氧化碳排放总量的40%,汽车占32%,其他交通方式占3%(Scott et al. ,2007;Simpson et al. ,2008)。在新西兰,2001年国内旅游者的旅游交通能耗量占旅游能耗总量的73%,而国际旅游者的旅游交通能耗量占旅游能耗总量的65%,跨国旅行的能耗量是国内旅行的4倍(Becken et al. ,2003);2005年国际和国内游客航空旅行的二氧化碳排放量分别为7 893 Gg 和3 948Gg(Smith and Rodger,2009);2007年往来新西兰国际邮轮的每位游客每公里的二氧化碳排放量在250~2 200g(Howitt et al. ,2010)。在瑞士,1998年旅游交通温室气体排放量占旅游业温室气体排放总量的87%,而航空运输占整个行业碳排放总量的80%(Perch – Nielsen et al. ,2010)。在中国台湾省的5个公园,1999—2006年私家车的二氧化碳排放强度最高,人均二氧化碳排放与交通方式的选择和距离远近有密切关系(Lin,2010)。在澳大利亚海滨,游船温室气体排放为70 000t CO_2,约占交通温室气体排放的0.1%(Byrnes and Warnken,2006)。在极地区域,特别是南极,旅游邮船旅游者每人每天的温室气体排放量是国际旅游线路平均值的8倍(Eijgelaar et al. ,2010)。在英国到法国南部的短途旅行中,停留时间和交通方式决定了旅游交通碳足迹的多少(Filimonau et al. ,2014)。

表 1-2 不同交通方式单位 CO_2 排放系数

出行方式	交通工具	碳排放系数 （gCO_2/pkm）	区域/参考年	参考文献
民航	飞机	396	全球平均,2000	Gössling(2002)
		188.9	新西兰,2000	Becken and Patterson(2006)
	国内航空	137	欧洲,2005	Peeters and Dubois(2010)
	国际航空	124	欧洲,2005	Peeters and Dubois(2010)
公路	汽车	132	全球平均,2000	Gössling(2002)
	汽车(OCE D90 国家)	133	欧洲,2005	Peeters and Dubois(2010)
	汽车(非 OC ED90 国家)	89	欧洲,2005	Peeters and Dubois(2010)
	私人汽车	68.7	新西兰,2000	Becken and Patterson(2006)
		97	中国台湾,2006	Lin(2010)
	旅游巴士	28	中国台湾,2006	Lin(2010)
	摩托车	58	中国台湾,2006	Kuo and Chen(2009)
铁路	铁路列车	27	欧洲,2005	Peeters et al. (2007)
	柴油型火车	98.9	新西兰,2000	Becken and Patterson(2006)
水运	轮船	106	中国台湾,2006	Kuo and Chen(2009)
	渡轮	66	欧洲,2005	Peeters et al. (2007)

资料来源:根据各参考文献整理。

　　也有学者预测了旅游交通二氧化碳排放的增长情况,如 Dubois 等(2006)预测到 2050 年,法国旅游交通的二氧化碳排放量将会上升到旅游业二氧化碳排放总量的 90%,由此,航空税政策有可能被推行(Peeters et al.,2007)。Mayor 和 Tol(2010)预测了国际旅游者在 2005—2100 年不同增长情境下对航空二氧化碳排放的影响。除航空的二氧化碳排放量较多外,不同区域内其他交通方式的二氧化碳排放量也有差异。Paravantis 和 Georgakellos(2007)

预计到2010年,小汽车所产生的二氧化碳排放量将会占据希腊整个陆路交通二氧化碳排放量的95%。

(3)旅游住宿二氧化碳排放

作为旅游业的重要组成部门,旅游住宿业的二氧化碳排放量占旅游业二氧化碳排放总量的21%(Scott et al.,2007;Simpson et al.,2008)。随着旅游业的快速发展,旅游住宿业也将保持较高的发展速度,其二氧化碳排放对全球气候变暖的影响也越来越重要(李旭等,2013)。饭店在运营期间,空调系统(制冷与采暖)、照明系统、电梯、餐饮服务、冷库、小家电等要直接消耗大量的电力、煤炭、液化石油气、天然气等能源(Becken et al.,2001;Deng and Burnett,2002;Rosselló – Batle et al.,2010)。由于各个国家经济发展水平和旅游业所处发展阶段的差异,不同区域、不同住宿类型的直接能源消耗也有较大差异(见表1–3)。一般来说,规模越大、设备设施越豪华、服务项目越多的住宿企业,其单位能耗也越大,二氧化碳排放量也就越多(见表1–4)。饭店是住宿业能源消耗和二氧化碳排放量最大的类型(Becken,2001;Gössling,2002;Kuo and Chen,2009)。

表1–3 全球部分国家/地区旅游住宿业的能耗

住宿类型	单位能耗(MJ/床晚)	区域/参考年	参考文献
饭店	155	新西兰,1998—2000	Becken et al.(2001)
	200	德国,1982	Brunotte(1993)
	87	塞浦路斯,2001	Simmons and Lewis(2001)
	256	桑给巴尔,饭店平均,1999	Gössling(2001)
	130	全球平均,2000	Gössling(2002)
	155	中国台湾,2006	Kuo and Chen(2009)
	51	西班牙马略卡岛,2001	Simmons and Lewis(2001)
	11	中国香港,1994	Burnett(1994)
B&B(早餐加住宿)	110	新西兰,1998—2000	Becken et al.(2001)
汽车旅馆	32	新西兰,1998—2000	Becken et al.(2001)
露营、小木屋	25	新西兰,1998—2000	Becken et al.(2001)
度假村	91	德国,1993	Lüthje and Lindstdt(1994)

续表

住宿类型	单位能耗(MJ/床晚)	区域/参考年	参考文献
旅舍、招待所	39	新西兰,1998—2000	Becken et al.(2001)
私人旅馆、公寓	41	中国台湾,2006	Kuo and Chen(2009)

资料来源:Gössling(2002);Kuo and Chen(2009),以及根据各参考文献整理。

针对旅游住宿业的直接能源消耗,学者们进行了广泛的研究,研究对象主要集中在旅游业比较发达的国家和地区,如澳大利亚(Dalton et al.,2009)、新西兰(Becken et al.,2001)、英国(Taylor et al.,2010;Filimonau et al.,2011)、加拿大(Kelly and Williams,2007)、新加坡(Wu et al.,2010)、中国香港(Deng and Burnett,2002;Lai,2015)、中国台湾(Tsai et al.,2014)、希腊(Michailidoua et al.,2015)、地中海地区(Karagiorgas et al.,2007;Erdogan and To-sun,2009;Sanyé-Menguala et al.,2014),以及太平洋、印度洋、加勒比海地区的岛国等(Gössling et al.,2002)。

此外,也有学者对旅游住宿业的间接能源消耗进行了研究,研究对象如住宿业运营期间废弃物的处理及物品的损耗(Bohdanowicz and Martinac,2007;Kuo and Chen,2009)、薪材消耗(Nepal,2008)、采购运输过程(Wu et al.,2010)、水资源消耗(Nadim et al.,2011)等所引起的能源消耗和二氧化碳排放。

表 1-4　全球旅游住宿业能源消耗与 CO_2 排放(2001 年)

住宿类型	单位能耗(MJ/床晚)	能耗总量(PJ)	单位 CO_2 排放量(kg)	CO_2 排放总量(Mt)
饭店	130	351.1	20.6	55.7
露营营地	50	49.8	7.9	7.9
公寓	25	17.2	4.0	2.7
自炊式旅馆	120	73.4	19.0	11.6
度假村	90	11.4	14.3	1.8
度假别墅	100	5.0	15.9	0.8
合计	—	507.9	—	80.5

资料来源:Gössling(2002)。

（4）旅游活动二氧化碳排放

旅游活动所产生的二氧化碳排放量也是不容忽视的。Becken 等（2002,2003）根据旅游吸引物和旅游活动的分类,调查了 2000 年新西兰旅游部门的能源消耗情况（见表 1－5、表 1－6）。其中,空中活动的单位能源消耗最大,平均为 424.3MJ/游客,直升机滑雪的单位能耗达到 1 300MJ/游客;而旅游吸引物中的建筑类单位能源消耗较小,为 3.5MJ/游客。Kuo 和 Chen（2009）研究得出中国台湾澎湖岛每位游客每次使用动力水上活动的单位能耗和二氧化碳排放最高,而每位游客每次参观历史遗址的单位能耗和二氧化碳排放最低（见表 1－7）。Dawson 等（2010）估算了加拿大北极熊观光旅游业每一个季度产生 20 892 t 的二氧化碳。因此,不同类型的旅游活动其能耗是不一样的,所产生的二氧化碳排放量也不同。Robaina － Alves et al.（2015）利用 LMDI 指数估算了葡萄牙 2000—2008 年的旅游业二氧化碳排放量,结果表明,旅游活动对旅游业二氧化碳排放的影响最大。

表 1－5　新西兰不同类型旅游活动的能源消耗表一（2000 年）

基本类型	次级分类	具体类型	能源消耗（MJ/游客）
吸引物	建筑	博物馆/艺廊,历史遗址	3.5
	公园	植物园,动物园	8.4
	文娱活动	体验中心,贡渡拉小舟	22.4
	产业	农业观光,农业吸引物,酒庄探访	11.5
	自然吸引物	地热吸引物,萤火虫岩洞	8.5
娱乐	表演	电影院,音乐会,毛利人表演,剧院	12
	其他	酒吧,赌场,购物	6.9
活动	空中活动	空中体育运动,空中观光,空中观鲸	424.3
	水上活动	喷水推进艇,帆船,观光船,海钓,观鲸	236.8
	探险活动	蹦极,攀岩,直升机滑雪,皮艇,山地自行车,泛舟	35.1
	自然活动	脚踏车,海豚,骑马,高尔夫,湖钓,健步,野生动植物	26.5

资料来源:Becken et al.（2003）。

表 1－6　新西兰不同类型旅游活动的能源消耗表二（2000 年）

旅游活动	能源消耗（MJ/游客）	旅游活动	能源消耗（MJ/游客）
直升机滑雪	1 300	探险活动	57

续表

旅游活动	能源消耗（MJ/游客）	旅游活动	能源消耗（MJ/游客）
观光飞行	340	泛舟	36
潜水	800	体验中心	29
乘船水上观光	165	动物园	16
航行（动力）	140	博物馆	10
引导徒步游	110	游客中心	7

资料来源：Becken and Simmons（2002）。

表 1-7　中国台湾澎湖岛不同类型旅游活动的能源消耗及 CO_2 排放（2006 年）

旅游活动	能源消耗 （MJ/游客）	CO_2 排放 （g/游客）	旅游活动	能源消耗 （MJ/游客）	CO_2 排放（g/游客）
观光	8.5	417	游泳	26.5	1 670
参观历史遗址	3.5	172	自然观察	8.5	417
风景观光	8.5	417	泛舟	35.1	2 240
使用动力的水上活动	236.8	15 300	钓鱼	26.5	1 670

资料来源：Kuo and Chen（2009）。

（5）旅游业对全球气候变化的缓解与适应

在征收旅游业碳税（Carbon Tax）方面，Mayor 和 Tol（2007）通过运用国内外旅游流模型，测算了 4 种调整后的飞机乘客税对英国旅游业的影响，为政府部门的决策提供了重要参考。Tol（2007）指出如果全球按 \$1 000/t C 对航空燃料征收碳税，将会改变人的旅行行为，进而使航空碳排放降低 0.8%；会对长途航班（碳排放系数高）以及短途航班（起飞和降落时碳排放较多）产生一定影响，而对中等距离的航班影响最小，可能会引起距离客源地较远和较近的国际游客量大幅减少。Koetse 和 Rietveld（2009）指出旅游者选择旅游目的地会受到温室气体附加税的影响；如果在区域范围内征收碳税，那么该区域将比未征税区域失去更多的游客。Dwyer 等（2012）通过分析澳大利亚旅游业引入碳税后的后果表明，碳税会引起宏观经济变量变化、减缓 GDP 增长等，同时旅游业的部分部门也因此而获益。

在旅游碳补偿（carbon offsetting）与碳中和（carbon neutral）方面，2007 年达沃斯气候变化与旅游业宣言（Davos declaration of climate change and tourism）中，"鼓励旅游者和游客降低

碳足迹,并参与碳补偿计划。"Gössling 等(2007)探讨了旅游者自愿参加旅游碳补偿计划,指出进行碳补偿是减少旅游业二氧化碳排放的一种方式。Smith 和 Rodger(2009)在计算新西兰 2005 年国际和国内游客的航空碳排放量的基础上,从国家尺度探讨了航空的碳补偿计划。Mair(2011)对在澳大利亚和英国的航空旅游者自愿购买碳补偿(Voluntarycarbon offsets, VCO)的研究发现,旅游者可以划分为生态中心主义者、中庸主义者和人类中心主义者三种类型,VCO 购买者通常为生态中心主义者,但并不是所有的生态中心主义者都购买 VCO。Gössling(2009)对"碳中和目的地"进行了概念性分析,指出其至少应包括"碳中和"、"气候中和"、"碳清洁"、"零碳"4 个方面的内容,通过测定—低碳—补偿三步走程序达到"碳中和",需要通过国家层面的执行和资金筹措来实现。McLennan 等(2014)分析了到澳大利亚的国际旅游者进行碳补偿的意愿,相比亚洲旅游者,欧洲旅游者进行碳补偿的意愿更为普遍。

除了政策或有关技术手段外,改变旅游者行为方式和公众意识也是旅游业节能减排的重要方面。虽然国际旅游者明白其旅游行为可能导致气候变化,但是很少有人愿意主动改变自身的旅游方式,利益相关者还没有投入到应对气候变化的行动中(McKercher et al.,2010;Weaver,2011)。因此,选择适当的旅行方式、减少对交通的需求、延长旅游者在旅游目的地的平均逗留时间、提高旅游者的公众意识是旅游业应对气候变化的主要策略(Belle and Bramwell,2005;Simpson et al.,2008;Brouwer et al.,2008)。在出行方式上,提倡使用公共交通减少私家车出行,加大交通运输率,鼓励短程旅游等(Lin,2010)。Buckley(2011)提出了"慢旅游"方式,强调旅游的过程和目的地同样重要,反对乘坐飞机等快速交通工具,更重视游的过程。Higham 等(2014)通过调查挪威、英国、德国和澳大利亚 4 个国家旅游者对待航空旅行方式的态度发现,改变旅游者的出行方式除了旅游者本身自愿行为外,还需要不同的政策手段加以调控。

1.2.1.3 研究方法

定量测算旅游业能源消耗与二氧化碳排放量是旅游业制定节能减排措施的基础与前提。由于旅游业涉及的部门和行业众多,包含直接和间接的能源消耗与二氧化碳排放,加上旅游业统计数据缺乏这一现实,因此,目前还没有形成系统成熟的测算旅游业能源消耗和二氧化碳排放量的方法。通过文献研究,目前最常用的测算方法主要有:自下而上法、自上而下法、实证研究法、碳足迹法、生命周期评价法、情景分析法等(见表 1 – 8)。

(1)自下而上法

"自下而上"法(Bottom – up Approach)是从到达旅游目的地的游客数据分析入手,向上逐级计算旅游业各部门的能源消耗和二氧化碳排放量。该方法的关键在于需要科学合理地界定旅游业各部门的边界。优点是逻辑算法简单,可测算出不同旅游部门与旅游行为的能源消耗和二氧化碳排放量。但是实际操作难度很大,因为该方法不仅需要大量的相关数据和信息,还需要大量的实地调研数据;同时,由于未考虑旅游业间接的能耗与二氧化碳排放,使估算结果总体偏小(吴普和岳帅,2013)。尽管如此,在学者们的实际研究工作中,自下而上法被采用得最多(Becken,2002;Smith and Rodger,2009;Howitt et al.,2010;de Bruijn et al.,2010;Gössling,2012)。

(2)自上而下法

"自上而下"法(Top - down Approach)是把旅游业视为国民经济体系中的一个部门,运用国家平均能源利用数据并结合环境经济综合核算方法测算旅游业能源消耗和二氧化碳排放(谢园方和赵媛,2010)。该方法的关键在于国家或地区层面要有详细的旅游能源消耗和二氧化碳排放的统计数据。优点是从国家或地区层面分析旅游产业的能源消耗和二氧化碳排放,并可与国民经济其他经济部门进行横向对比,也可用于分析如碳税等宏观经济手段对旅游业发展的影响。但是目前许多国家和地区并没有建立相关的旅游统计账户,较难获得详尽的相关数据(唐承财等,2012)。因此,学者们将自上而下法与自下而上法相结合来确定研究的系统边界,通过建立国家或地区旅游卫星账户(Tourism Satellite Accounts,TSA),来综合估算国家或地区的旅游业能源消耗与二氧化碳排放情况(Becken and Patterson,2006;Perch - Nielsen et al.,2010;Gössling,2012)。

(3)实证研究法

实证研究法(Empirical Research)是将旅游各部门进行分类,明确各部门的研究界限和内容,通过选取代表性样本进行问卷调查,以获得有效数据,根据各能源类型之间的转换系数,得出能源消耗总量和二氧化碳排放量(谢园方和赵媛,2010)。这种方法的优点是容易获取第一手的能源消耗与二氧化碳排放数据,是一种获取信息和数据的有效手段。但是由于研究人员的问卷设计能力和实地调查的方法不同,该方法的主观性较大(唐承财等,2012)。Becken 和 Simmons(2002)采用实证研究法将新西兰的旅游吸引物与旅游活动划分成吸引物、娱乐、活动三大类和 11 个子类别,以电话询问或调查问卷的方式对选取的若干样本进行统计分析,在构建出合理的研究框架的基础上,估算了新西兰旅游吸引物和旅游活动的能源消耗。

(4)碳足迹法

碳足迹法(Carbon Footprint Approach)是对某一活动过程(或某一产品生命周期内积累

的)直接或间接的温室气体排放量的度量(Wiedmann,2009)。是在生态足迹的概念基础上发展而来的,用来测量旅游企业、旅游活动、旅游产品或旅游者通过交通、住宿、餐饮等引起的消耗能源和二氧化碳排放。碳足迹法是对生产—消费全过程、直接和间接二氧化碳排放全包含的统计。这种方法的优点是测算结果较为全面,可以了解旅游业能源消耗和二氧化碳排放的全过程。但是该方法将客源地的能源消耗和碳排放转嫁到旅游目的地,不仅模糊了区域界线,而且夸大了旅游业的间接能源消耗和二氧化碳排放(吴普和岳帅,2013)。Loke等(1997)利用碳足迹法计算出旅游者能耗占夏威夷总能耗的比重平均为60%。Department of Resources,Energy and Tourism of Australia(2009)利用碳足迹法估算出2003年—2004年,澳大利亚旅游业碳足迹为1.15亿t。

(5)生命周期评价法

生命周期评价法(Life Cycle Assessment,LCA)是将旅游过程视为一个完整的产品生命周期,旅游者开始旅行—到达目的地—回到客源地的每个环节均可能产生能源消耗和二氧化碳排放。这种方法的优点是可清晰地了解整个旅游过程的能源负荷,可进行不同部门的能源负荷对比,并选择能源负荷较低的旅游线路。但是难以准确测量所有的能源指标,而且尚未有专门的旅游能源统计数据,需进一步调查隐含的能源负荷(唐承财等,2012)。Kuo和Chen(2009)运用生命周期评价法研究台湾澎湖岛旅游业对环境的影响,结果表明每位旅游者在旅行过程中使用了1 606MJ的能源和607L的水,产生了109 034g的CO_2和2 660g的CO,排放了416L的废水等;而且旅游者比当地居民产生了更多的环境负担。

(6)情景分析法

情景分析法(Scenario Method)是在某个区域某些年份的旅游收入、旅游者人数、旅游能源消耗与碳排放等相关数据的基础上,根据旅游业的发展趋势,利用情景分析方法,构建出旅游业能耗与二氧化碳排放的预测模型。该方法的优点是可利用区域历年旅游业的收入、游客等统计数据,采用情景分析法进行预测,进而提出旅游业节能减排的最佳措施。但是,该方法的关键与难点是历年参数和数据的准确性,以及采用的预测模型的科学性(唐承财等,2012)。Peeters和Dubois(2010)在调查2005年全球旅游业二氧化碳排放的基础上,运用情景分析法进行了未来30年和45年的情景模拟分析。Jones(2013)设计了四种情景来模拟英国威尔士区旅游业温室气体的排放,表明旅游业的温室气体减排依靠旅游以外的技术进步,以及社会和政策的支持。

1.2.2　国内研究现状

1.2.2.1　研究进程

与国外相比,国内旅游业能源消耗与二氧化碳排放研究起步较晚,目前仍处于探索研究阶段(谢园方和赵媛,2010)。2007 年开始有关酒店能源消耗的研究(高兴等,2007)。2008 年开始出现关于旅游线路产品和旅游景区二氧化碳排放的研究(李鹏等,2008;章锦河,2008),并倡导"低碳化"旅游方式(萧歌,2008)。2009 年,低碳旅游的理念逐渐升温(刘啸,2009);尤其是哥本哈根气候会议后,学者们开始积极关注旅游业缓解气候变化的途径,有关低碳旅游的研究开始增多,多是以定性研究为主(魏小安,2009;黄文胜,2009;蔡萌和汪宇明,2010a)。2010 年,一些学者开始利用碳足迹衡量旅游业的碳排放,开始了定量计算旅游业二氧化碳排放的研究(李鹏等,2010;王怀採,2010)。2011 年,石培华和吴普首次系统地估算了全国旅游业的能源消耗与二氧化碳排放。此后,关于不同地区旅游业及其各个部门的能源消耗与二氧化碳排放量测算的研究开始增多,采用的研究方法也日益多样化(唐承财等,2012;钟永德等,2013)。与此同时,学者们从低碳景区、绿色饭店、低碳交通等多个方面探讨了旅游业节能减排的对策与措施,并紧跟实践步伐,扩展至旅游城市(圈)、旅游全行业的低碳建设及节能减排研究(吴普和岳帅,2013)。

1.2.2.2　研究内容

(1)区域旅游业二氧化碳排放测算

在区域旅游业二氧化碳排放测算方面,石培华和吴普(2011)利用"自下而上法"首次从全国层面估算了旅游业能源消耗和二氧化碳排放量,结果显示:2008 年我国旅游业能源消耗为 428.3PJ,占全国总能耗量的 0.51%;排放二氧化碳 51.34 Mt,占全国二氧化碳总排放量的 0.86%。王凯等(2014)采用"自下而上"法,估算了 1991—2010 年中国旅游业的二氧化碳排放量,并运用脱钩理论、ADF 单位根检验、协整分析以及 Granger 因果关系检验,辨识和分析了中国旅游经济增长与二氧化碳排放之间的耦合关系。在省域/地区层面,一些学者利用"自下而上法"对江苏省(陶玉国和张红霞,2011)、江西省(焦庚英等,2012)、广西壮族自治区(古希花,2012)、湖南省(赵先超和朱翔,2013)、内蒙古(杨存栋和王雪,2014)、黑龙江省(汤姿,2015)旅游业的能源消耗或二氧化碳排放进行了测量。一些学者从旅游碳足迹入手,对鄂西生态文化旅游圈(李凤琴等,2010)、江西省(王立国等,2011)、舟山群岛(肖建红等,2011)、深圳市(汪清蓉,2012)、福建省(曹辉等,2014)旅游业的二氧化碳排放进行了测量。此外,Liu 等(2011)采用 IPCC 报告中的方法计算了成都市的旅游二氧化碳排放量;

谢园方和赵媛(2012)借鉴"旅游消费剥离系数"概念,构建出符合我国目前统计口径的旅游业二氧化碳排放测度方法,并以长三角地区为例进行了实证研究;袁宇杰和蒋玉梅(2013)基于投入产出模型并从终端消费角度核算了山东省旅游二氧化碳排放;陶玉国等(2014)依托投入产出表测度了江苏省旅游业二氧化碳排放总量,并利用LMDI分解了影响因素的作用机理;胡林林和贾俊松(2014)采用组合的ESARIMA模型对江西省在1999—2011年的旅游业二氧化碳排放数据进行拟合与预测;秦耀辰等(2015)基于改进的环境投入产出—生命周期(EIO-LCA)模型构建了旅游业二氧化碳排放矩阵,分析了开封市旅游业及相关部门的碳排放状况(见表1-8)。

表1-8 我国区域旅游业的能源消耗或二氧化碳排放的主要研究结论

区域/参考年	计算方法	研究结果	参考文献
全国,2008	自下而上法	能耗为428.3PJ,占全国总量的0.51%;其结构比例为旅游交通72.08%,住宿业22.6%,旅游活动5.32%。二氧化碳排放量为51.34Mt,占全国总量的0.86%;其结构比例为旅游交通67.72%,住宿业29.92%,旅游活动2.36%	石培华和吴普(2011)
全国,2007	投入产出法	中国旅游间接碳排放为44.41MtC,占终端能源间接消耗碳排放总量的2.93%,部门构成是交通运输、仓储和邮政通信业占44.72%,批发、零售和住宿、餐饮业占34.55%,其他服务业占20.73%	袁宇杰(2013)
全国,1991—2010	自下而上法,脱钩理论,协整分析	中国旅游经济增长与CO_2排放量除2003年为未脱钩以外,其余年份均处于相对脱钩状态;旅游经济增长与二氧化碳排放之间存在长期的协整关系;存在从CO_2排放到旅游经济增长的单向Granger因果关系	王凯等(2014)
江苏省,2009	自下而上法	能耗和二氧化碳排放总量分别为32.56PJ和3.7Mt,占江苏能源总消耗量和二氧化碳排放总量的比例分别为0.53%和0.56%	陶玉国和张红霞(2011)
江西省,2007	碳足迹	旅游碳足迹总量为379.17万t~395.83万t,平均旅游碳足迹54.09kg/人次~56.46kg/人次;六大部门的二氧化碳排放比例从大到小排序依次为旅游交通、购物、住宿、餐饮、游览、娱乐	王立国等(2011)

续表

区域/参考年	计算方法	研究结果	参考文献
江西省，2001—2010	自下而上法，ArcGIS	旅游业总能耗和 CO_2 排放量呈显著增加的趋势,江西北部的增加趋势明显大于南部,中部最小	焦庚英等(2012)
广西壮族自治区，2000—2009	自下而上法	旅游业能耗由 2000 年的 9.39PJ 增至 2009 年的 17.17PJ,二氧化碳排放量由 2000 年的 1.17Mt 增至 2009 年的 2.09Mt	古希花(2012)
湖南省，2000—2009	自下而上法	旅游业二氧化碳排放占湖南省二氧化碳排放的比重为 1.11%,其中旅游交通占 73.34%,旅游住宿占 24.19%,旅游活动占 2.45%	赵先超和朱翔(2013)
山东省，2007	投入产出模型	旅游业碳排放总量为 7.88MtC,其中国内旅游碳排放占 93.07%,入境旅游碳排放占 6.93%	袁宇杰和蒋玉梅(2013)
长三角地区，2005—2008	旅游消费剥离系数	旅游业碳排放总量持续攀升,并与旅游业总收入成正相关;其中旅游交通仓储和邮电业碳排放在旅游业碳排放总量中占主导地位	谢园方和赵媛(2012)
舟山群岛，2008	碳足迹	旅游过程碳足迹为 376 587.860 6tCO_{2-e},其中旅游交通碳足迹最大,其次是旅游住宿和旅游废弃物	肖建红等(2011)
成都市，1999—2004	IPCC 报告中的方法	旅游业能耗从 1999 年的 1.8×10^7GJ 增加到 2003 年的 2.3×10^7GJ,碳排放量从 1.7×10^6t 增加到 2.1×10^6t	Liu 等(2011)
深圳市，2008	自下而上法	旅游业总的能源消耗是 1.35×10^{11}MJ, CO_2 排放量为 9.85Mt,各组分排放量从大到小依次是行、食、游、住、购、娱	汪清蓉(2012)
江苏省，1997,2002,2007	投入产出，LMDI	旅游业碳排放总量增长较快;国内游客是主要碳源;应降低能源利用强度和引导旅游消费低碳发展	陶玉国等(2014)
江西省，1999—2011	ESARIMA 组合模型	旅游业碳排放总量从 1999 年的 0.583Mt 增长到 2011 年的 4.06Mt,在预测的未来 7 年间,年均增长率仍达 8.34%	胡林林和贾俊松(2014)

区域/参考年	计算方法	研究结果	参考文献
福建省，2000—2010	旅游碳足迹综合模型和行业模型	旅游业二氧化碳排放强度为615.77kg/千美元；总旅游碳足迹呈逐年递增趋势；人均旅游碳足迹的增长趋势相对平缓，入境旅游碳足迹所占比重呈下降趋势	曹辉等（2014）
黑龙江省，1995—2011	自下而上法，脱钩理论	旅游业 CO_2 排放量从 1995 年的 68 万吨增加到 2011 年的 326.33万吨；旅游碳排放与旅游经济处于弱脱钩和负脱钩状态，全部年份的平均脱钩指数为 0.96	汤姿（2015）
开封市，2012	EIO-LCA 模型	直接碳排放占碳排放总量比例较小；旅游业各部门的碳排放量及直接碳排放比存在较大的差异	秦耀辰等（2015）

资料来源：根据各参考文献整理。

（2）旅游交通二氧化碳排放

旅游交通是旅游业二氧化碳排放的最重要环节，其二氧化碳排放量也受到了学者的关注。魏艳旭等（2012）的研究表明，随着旅游业发展，中国旅游交通碳排放量由 1980 年的 301.5 万 t 增长到 2009 年的 6 152 万 t，其中以公路和民航碳排放量最大；从空间分布来看，旅游交通碳排放量较高的地区主要为我国旅游业较为发达的地区。更多学者对景区交通的碳排放进行了研究，包战雄等（2012）通过对国内代表性景区的调查表明，旅游交通二氧化碳排放的比例随景区对游客吸引半径的增加而增多。窦银娣等（2012）运用生命周期评价理论测算了南岳风景区旅游交通系统的碳足迹，结果显示，公路旅游交通的碳足迹最大，其次是索道旅游交通，它们在系统运营使用阶段碳足迹较多，人行道旅游交通系统中建造施工和运营后期阶段能源消耗比较大。李伯华等（2012）的研究表明，能源结构效应和人口规模效应是南岳景区旅游交通碳排放增加的主要因素，而能源强度效应和经济规模效应则是抑制旅游交通碳排放的有效因子。肖潇等（2012）通过比较 3 个旅游交通模式差异明显的景区，得出结论：不同旅游平均距离的景区碳排放结构均衡度有所差异，距离偏低景区的碳排放结构最不均衡；距离高和中等的景区对飞机的碳减排敏感度较高，距离偏低的景区自驾车的碳减排效果最为明显。上官筱燕和孙瑞红（2013）的研究表明，九寨沟旅游景区内居民用车已经成为影响景区内交通碳排放的第二大驱动因素。罗芬等（2014）从旅游者总人数、出行距离、交通方式类型等要素构建旅游者旅游线路交通碳排放计量模型，并提出了消费溯源、边界明确和区域共担三项旅游者交通碳排放计量原则。陶玉国等(2015)运用剖析替代式自下而上法机理,测量了长三角地区的旅游交通碳排放量,结果表明,区域旅游公共交通的碳排放具有"中国式"烙印。杜鹏和杨蕾(2015)引入时空差异因子,构建了具有较好开放性的区域旅游交通碳足迹测算模型。测算结果表明,2011 年我国旅游交通碳足迹总量约为 132.1 × 10^8 kg,各省市区碳足迹结构特征差异明显。

(3)旅游饭店二氧化碳排放

作为旅游业的主要用能部门之一,旅游饭店的能耗普遍高于大型公共建筑能耗的平均水平,并且占社会能耗总量的比重逐年上升(焦健等,2011)。从我国每平方米建筑面积综合能耗平均值来看,五星级饭店为 60.87kg 标准煤,四星级饭店为 47.29kg 标准煤,三星级饭店为 40.36kg 标准煤(国家旅游局,2010)。据测算,三星级饭店一年的能量消耗大约为 1 400t标准煤,排放二氧化碳约为 3 500t(刘蕾等,2012)。我国酒店业每万元的总产出需要消耗 330.99kg 标准煤,仍然处于高耗能阶段;与部分发达国家相比,还存在很大差距;酒店住客的日常能耗量远高于城市居民日常生活的能耗量;酒店业在节能减排以及发展低碳经济方面还不具有比较优势(刘益,2012)。饭店电力消耗主要集中在中央空调系统上,其次是动力和照明(陆净岚等,2005)。空调、热水、照明和机电四部分的能耗约占饭店总能耗的80% ~90%(魏卫等,2013)。大型饭店的餐饮服务也是高耗能区域,一次餐饮服务全过程平均的能源消耗为 145.4MJ/人/次,餐饮服务的能耗约占酒店总能耗的53%(高兴等,2007)。至于酒店住宿产品,其碳足迹是日常生活碳足迹的倍增;主要集中在运营期,来源包括能源消耗、废弃物释放、制冷剂泄漏等;其中直接能源消耗约占 60.98%;酒店住宿产品的能源消耗量、排放系数对碳足迹有重要影响(李鹏等,2010)。目前,国内旅游饭店的节能潜力约为28.61%,减排潜力巨大(胡传东,2009)。但是,饭店业推广节能减排的市场环境还不成熟,节能成本过高和节能管理人才严重匮乏是制约饭店业推广节能减排的关键原因和瓶颈(魏卫等,2010)。此外,影响饭店业低碳技术扩散的因素中,低碳设备成本与性能、信息媒介是主要的内部障碍,而消费者与政府的理解支持不足是外部因素(魏卫等,2013)。杨璐等(2015)指出山岳型景区酒店碳足迹具有排放主体部门是客房、能源消耗以电为主、碳足迹季节性波动等特征。胡林林等(2015)指出我国旅游住宿碳排放密度西北部小、东南部大,呈现出类"胡焕庸线"特征;影响旅游住宿碳排放的因素包括交通活动、研发活动、电信配套设施建设活动、宏观经济活动等。

(4)旅游路线和景区二氧化碳排放

针对旅游路线产品的碳排放研究方面,李鹏等(2008)通过对三种"香格里拉八日游"线路产品的实证研究表明,旅游者每天人均产生的 CO_2 分别为230.97 kg、56 149 kg、50.24kg。鉴英苗等(2012)计算得到海南环东线三天两晚旅游路线的碳足迹产生量是全国人日均碳排放的6.8倍,主要集中在交通、饮食与住宿三方面。针对旅游景区,章锦河(2008)经过计算得出九寨沟与黄山风景区旅游业的二氧化碳排放量在2004年分别为309 455.66t与146 947.84t,游客人均二氧化碳排放量分别为161.85kg与91.74kg,旅游业的二氧化碳排放对气候变化与生态影响的特征明显。邹永广(2011)构建了旅游景区碳足迹对环境影响的评价指标体系,结果显示,对环境影响最大的是餐饮碳足迹,其次是交通碳足迹,再次是旅游活动和住宿碳足迹;而景区居民日常生活产生的碳足迹相比垃圾碳足迹对环境影响更大。李世宏等(2013)利用碳足迹测算得到张家界景区旅游者的碳足迹总量为6 682.56t,按碳足迹量所占总量比例从大到小依次为交通、住宿、餐饮、娱乐、游览、购物。周年兴等(2013)计算得到2010年庐山风景区旅游者碳排放总量为87 475t,以交通和住宿碳排放为主;而景区内陆地生态系统碳吸收为9 447t,仅占区内碳排放量的23.47%,旅游业使庐山成为一个显著的碳源。向旭等(2014)的研究表明,山岳型景区的碳汇以森林碳汇为主,西岭雪山景区的碳源值要远高于碳汇值,碳中和系数为0.141,距离碳平衡还有较大差距。

(5)对旅游业节能减排的认知

李祝平(2009)通过对饭店顾客消费态度和意愿的实地调研发现,虽然顾客有一定的绿色消费意识,但并未完全转化为真正的绿色消费行为,而且不同的顾客之间存在较大差异。汪清蓉和李飞(2011)通过问卷调查和现场访谈发现,公众对低碳旅游认知不够深入,具有学历、收入和职业差异;大部分公众愿意学习并实践低碳旅游,但对计算"碳排放"并进行碳补偿持观望态度;少部分公众认为低碳旅游只是一个口号,降低了旅游过程的舒适性;大部分公众能采取出行前制订周详的计划、主动关闭电视机和选择有机食品等低碳行为。周勇和林伟聪(2012)通过调查分析表明,饭店消费者大多乐于接触相关的饭店绿色环保措施,对绿色饭店的支持度也很高,但是并不愿为入住绿色饭店而支付较高的价格。吴倩倩和郑向敏(2012)调查了旅游目的地居民对于旅游影响的感知,结果表明,受教育程度越高的居民对发展低碳旅游的认知程度越高,越倾向于支持低碳旅游实验区建设。侯芳和胡兵(2013)以广州市低碳酒店游客为例对低碳旅游感知价值进行识别,确定了情感诉求型、低碳忠实型、远离型、质量务实型四类细分目标消费族群,所占比例分别为40.38%、39.11%、15.38%、5.13%。唐明方等(2014)的研究表明,低碳旅游的认知水平与旅游者的教育程度、入住酒店星级和年平均旅游次数呈显著正相关;游客对低碳旅游的意愿程度普遍较高,赵黎明等(2015)采用结构方程模型分析方法开展的研究表明,公众的低碳旅游行为由一般行为与积极行为构成,公众对一般行为的认知和参与度较高,对积极行为的认知和参与度偏低。

(6)旅游业应对气候变化的对策措施

旅游业节能减排措施:

由于旅游业涉及的部门较多,因此,其节能减排和低碳发展也需要多个部门的合作。石培华等(2010)构建了概念性政策框架设计思路,并提出了旅游主管部门、旅游企业、旅游经营者和旅游者"四位一体"的减排措施。唐承财等(2011)从政府部门、旅游目的地、旅游企业和旅游者四大低碳旅游核心利益相关主体出发,提出了我国低碳旅游的可持续发展策略。钟林生等(2011)建议从提高旅游全行业对气候变化的认识、加强旅游资源保护与创新、开发气候适应性强的旅游产品、增强主动应对气候变化的综合能力、建立健全应对气候变化的保障机制、积极开展国际交流与合作等几个方面采取措施以应对气候变化带来的影响与挑战。王群和章锦河(2011)提出理论上应从澄清相关概念、界定旅游业系统、统一碳足迹测度口径、旅游业碳排放影响等方面加强研究,实践上应从政府领导、主体参与、重点领域突破、多重措施并举等方面建立低碳旅游实施机制。唐承财(2014)构建了基于旅游产业能源系统、旅游地生态系统、旅游地环境系统与低碳旅游经济系统的旅游地旅游业低碳发展模式。熊元斌和陈震寰(2014)从发展规划、公共营销和利益协调机制等方面提出了我国低碳旅游的发展对策。

低碳旅游发展对策:

在低碳旅游交通上,吴晨等(2012)建议山岳型景区应发展以客运索道和登山步道为主的交通系统,沟谷型景区应发展以电动巴士、自行车道和步行道为主的联动交通系统,湖泊型景区应发展以低碳游船为主,辅之以环湖自行车道和游步道的综合交通系统。李立和汪德根(2012)认为,旅游城市应科学合理布局城市公交换乘点和公共自行车点,引进城市BRT、轨道交通等,构建城市的立体低碳公共交通系统,不仅能直接减少碳的排放量,并可保持旅游城市和景区风貌而且促使交通通畅,还能满足旅游者的需求,引导绿色消费。杜鹏和杨蕾(2015)认为依靠市场机制,增加低碳交通工具的比重、提高能源使用效率、加强制度建设和低碳宣传教育将是交通低碳化发展的主要方向。

在低碳饭店建设方面,魏卫等(2012)通过分析得出,碳减排措施、低碳管理及碳排放等方面是评价饭店低碳化水平的重要指标。翁钢民和刘岩(2011)从加大低碳饭店的宣传推广力度、对低碳饭店给予资金和政策支持、采用低碳经营模式和清洁生产工艺、制订合理的低碳产品价格、积极开展绿色营销等方面提出了低碳饭店的实现路径。吕荣胜等(2012)通过问卷调查与深度访谈发现,酒店自身节能管理、节能服务公司及政府三个主体对星级酒店节能应用与推广具有积极影响。刘益(2012)根据我国酒店业能源消耗的特点,从酒店设计、能源管理、酒店服务、酒店消费、产业结构等方面提出了酒店业实现低碳化经营的途径。丁敏（2014）指出在低碳经济环境下，饭店要在产品、价格、渠道、促销策略等方面采取相应的低碳发展对策。

在低碳旅游景区和目的地建设方面，李晓琴和银元（2012）参照驱动力—状态—响应模型，选取经济、环境、运营、技术、管理等 5 个层面 34 个指标构建了低碳景区的综合评价指标体系。李世宏等（2013）从使用清洁能源、加强区域合作、优化计量方法、充分利用现有设施、规范游客行为等方面提出了旅游景区碳减排路径。Shi 和 Peng（2011）从转变旅游景区的传统商业管理模式、加强低碳旅游消费的宣传和教育、政府加大鼓励和扶持政策力度、采取节能减排技术等方面，提出了旅游景区的低碳发展路径。马勇等（2011）从旅游目的地的吸引物、设施、管理水平、环境等角度构建了低碳旅游目的地模型及综合评价指标体系。蔡萌和汪宇明（2010）认为营造城市低碳旅游吸引物体系、发展城市低碳旅游设施、培育城市畅爽旅游体验环境、倡导城市低碳旅游消费方式是实现旅游城市转型发展需要关注的 4 个基本层面。朱国兴等（2013）从资源保护、规划与设计、低碳景区运营、低碳景区管理 4 个方面构建山岳型低碳旅游景区创建指标体系。王小红和张弘（2014）利用正能城市的概念和发展模式，探讨了正能景区建设的可能性、建设标准、评价指标，以及开发建设的路径方法等内容。

1.2.3　国内外研究现状评述

1.2.3.1　对比分析

（1）研究进程

国外学者从 20 世纪 90 年代开始进行旅游中能源利用问题的研究。进入 21 世纪后，旅游业能源消耗和二氧化碳排放已受到许多学者的重视，从不同角度开展了针对旅游业能耗和二氧化碳排放的研究。而国内旅游业能源消耗与二氧化碳排放研究起步较晚。自 2009 年 9 月开始，针对旅游业节能减排和低碳旅游的研究逐渐增多，从 2011 年起有关旅游业能源消耗与二氧化碳排放的定量研究开始增多，但目前仍处于探索研究阶段。

（2）研究方法

国外学者通过生命周期评价、碳足迹法、"自下而上"法、"自上而下"法、旅游卫星账户等方法进行了旅游业能源消耗与二氧化碳排放的定量估算与情景分析研究，并识别了旅游交通、住宿及旅游活动的单位能耗和二氧化碳排放等关键性参数。国内学者集中于从宏观角度定性分析低碳旅游的实现路径、模式与对策，对旅游业的能源消耗和二氧化碳排放的定量估算相对滞后，多运用"自下而上"法，缺乏可信度高的定量计算和数据依据。

（3）研究内容

国外研究目前已识别出旅游业能耗和二氧化碳排放的重点领域及结构，按照"测定—低碳—补偿"三步走的逻辑主线，基本形成了体系化、宏观与微观相结合的旅游业节能减排的政策及措施，内容涉及管理、财税、工程、技术、教育、政策等多方面。国内测算旅游业的能源消耗和二氧化碳排放的研究较少，特别是对其未来预测和情景分析仍是空白。有关旅游业节能减排的对策与措施以宏观描述居多，缺乏具体的、有针对性的对策和措施。

1.2.3.2 研究启示与展望

（1）加强定量测度

按照国外通行的旅游业碳补偿的"测量—减排—补偿"三部曲模式，二氧化碳排放的测量是制定旅游业节能减排措施的基础。由于旅游产业关联度高，涉及的行业和部门众多，很难将其完全从各个经济部门的统计数据中剥离出来。国外的相关研究常使用类推的方法，根据不同的研究视角，选取不同的测量方法和指标体系。而我国目前还没有建立自主的二氧化碳排放计量体系。因此，为了对比分析旅游业能耗和二氧化碳排放的区域差异，要科学构建适宜国际统一的旅游业能耗和二氧化碳排放的测度模型，并根据我国旅游业的实际，对不同类型旅游交通方式、住宿形式、旅游活动的单位能耗及二氧化碳排放强度等关键性参数开展实证研究。

（2）进行预测和情景分析

旅游业能源消耗和二氧化碳排放的预测与情景分析是衡量旅游业影响全球气候变化的重要前提，也是旅游业对全球气候变化的缓解与适应的决策依据。在我国，随着旅游业的快速发展，旅游业能源消耗和二氧化碳排放都将会随着旅游市场规模的扩大而增加。因此，必须强化对旅游业能源消耗和二氧化碳排放未来情景的动态认识，进行不同情景的模拟及预测分析，为我国旅游业节能减排政策和措施的制定提供科学依据。

（3）深化研究内容

在加强旅游业内部的能源消耗和二氧化碳排放结构及其特征分析的基础上，除了测度旅游业能耗和二氧化碳排放总量的时间变化趋势，也要进行区域旅游业能耗和二氧化碳排放的空间分布特征分析。同时，要加强影响旅游业能耗和二氧化碳排放的机制机理研究，为旅游业节能减排提供科学指导。探讨如何将低碳发展理念融入旅游业节能减排研究之中，构建旅游业低碳发展模式。此外，还应进行旅游者的行为特征分析，考察主要利益相关者对旅游业能耗和二氧化碳排放，以及低碳旅游的认知和行为，为制定旅游业节能减排的政策和措施提供决策与行动的科学依据。

1.3 研究内容和技术路线

1.3.1 研究目标

本书在分析我国旅游业发展概况的基础上,通过运用数理统计方法测算我国旅游业二氧化碳排放量,可以揭示其时间变化和空间分布特征;通过对旅游业二氧化碳排放与旅游经济之间脱钩关系的动态变化分析,可以反映旅游经济增长对能源利用的效率高低;通过STIRPAT模型探讨旅游业二氧化碳排放与社会经济发展指标间的关系,可以确定影响旅游业二氧化碳排放的主要因子;通过STIRPAT模型和神经网络方法预测旅游业二氧化碳排放的未来变化趋势,可以提早预知未来二氧化碳排放量及对旅游业产生的压力;通过构建旅游饭店和旅游景区的低碳发展评价指标体系,通过确定权重可以明晰影响旅游饭店和旅游景区低碳发展的主要因素,进而从政府、旅游企业、旅游者等层面提出促进旅游业低碳发展的策略。从理论层面,提出旅游业二氧化碳排放及低碳发展的分析框架;从方法层面,建立旅游业二氧化碳排放测算方法,及旅游二氧化碳排放与旅游经济的脱钩模型、影响因素模型、趋势预测模型,以及旅游饭店与旅游景区低碳发展评价指标体系;从实践层面,提出促进旅游业低碳发展的目标和适应性对策。

1.3.2 研究内容

本书在充分分析国内外学者相关研究成果、介绍相关概念及相关理论的基础上,分析了我国旅游业的发展现状,通过文献研究与数理统计方法估算了我国旅游业二氧化碳排放的时间变化特征及空间分布特征,并分析了其与旅游经济的脱钩关系,探讨了影响我国旅游业二氧化碳排放的人文驱动因子,并对我国旅游业二氧化碳排放的未来变化趋势进行了预测,建立了旅游饭店和旅游景区的低碳发展评价指标体系,进而提出了我国旅游业低碳发展的对策。具体包括以下几个方面的内容:

①相关概念及理论基础。首先,介绍低碳、低碳经济、低碳旅游等相关概念及内涵,并分析了低碳旅游的核心要素和基本特征等内容。其次,阐述可持续发展理论、低碳经济理论、脱钩理论、循环经济理论、旅游系统理论、利益相关者理论等旅游业低碳发展的理论基础。

②我国旅游业二氧化碳排放量的时空变化及其与旅游经济的脱钩分析。首先,从产业地

位、产业规模、入境旅游、国内旅游和出境旅游方面阐述了我国旅游业的发展概况。其次,采用"自下而上法"从旅游交通、旅游住宿、旅游活动三个方面来估算全国旅游业二氧化碳排放量的时间变化特征,并从空间角度分析了各省区市旅游业二氧化碳排放量的动态演变过程。最后,利用脱钩理论,分析了全国及各省区市旅游二氧化碳排放与旅游经济之间的脱钩关系。

③我国旅游业二氧化碳排放的影响因素及趋势预测。首先,选取旅游者总数、旅游业总收入、第三产业产值占 GDP 比重、人均旅游花费、旅游二氧化碳排放强度作为旅游二氧化碳排放的影响因子,构建旅游二氧化碳排放与其驱动因子关系的 STIRPAT 模型,并利用偏最小二乘回归法计算了各因素对旅游业二氧化碳排放变化的影响。其次,将 STIRPAT 模型和 BP 神经网络模型相结合,对我国旅游业二氧化碳排放的变化趋势进行了预测与分析。

④我国旅游业低碳发展评价及对策分析。首先,从利益相关者角度构建了旅游饭店低碳发展的评价指标体系,运用层次分析法(AHP)确定了各项指标权重。其次,构建了旅游景区低碳发展的驱动力—压力—状态—影响—响应 DPSIR 模型,运用网络层次分析(ANP)确定了各项指标权重。最后,从政府宏观规划、旅游企业中观管理、旅游者微观行为三个层面提出我国旅游业的低碳发展对策。

1.3.3 研究方法

1.3.3.1 文献综述法

利用中国知网、万方网、Google 学术搜索、ScienceDirect、SpringerLink 等电子数据库查阅、收集、整理相关文献,了解国内外气候变化与旅游业发展关系、旅游业能源消耗与二氧化碳排放、低碳旅游等领域的研究进展、研究趋势与研究方法。通过对这些文献进行系统的梳理分析与归纳总结,形成本书的基本研究思路和研究框架。同时,利用中国统计年鉴数据库获取旅游业各部门及各省区市的相关统计数据。

1.3.3.2 实地调查法

通过走访代表性旅游景区、旅游饭店、旅行社等企业部门,了解景区、饭店的餐饮和住宿部门、旅行线路的基本情况及能源使用情况,获取第一手数据和资料。同时,对政府旅游部门、旅游企业(景区、饭店、旅行社)、旅游者进行问卷调查和深度访谈,了解主要利益相关者对旅游业能源消耗和二氧化碳排放、低碳旅游的认知和行为。此外,利用参加国内外旅游学术会议的机会,与国内外专家和同行交流。探讨旅游业二氧化碳排放和低碳旅游的研究思路、研究方法、应对策略等。

1.3.3.3 定量研究法

运用 Eexcel 和 SPSS 软件对统计数据和调研数据进行整理、处理后,运用数理统计模型定量估算我国旅游业二氧化碳排放量的时间和空间变化;运用脱钩指数分析旅游二氧化碳排放与旅游经济的脱钩关系;运用STIRPAT模型和偏最小二乘回归法分析影响旅游业二氧化碳排放的主要因素;结合STIRPAT模型和BP神经网络模型对我国未来旅游业二氧化碳排放量进行预测;运用层次分析法(AHP)确定旅游饭店低碳发展的评价指标权重,运用DP-SIR模型和网络层次分析法(ANP)确定旅游景区低碳发展的评价指标权重,为提出旅游业低碳发展策略提供坚实基础。

1.3.3.4 定性分析法

在文献综述的基础上,对低碳旅游的概念体系、核心要素、基本特征等进行界定和辨析;借鉴已有的研究成果,在定量计算的基础上,就旅游业二氧化碳排放的时间变化、空间分布、影响因素、趋势预测及低碳发展评价等方面进行深入分析,并从政府、旅游企业、旅游者等不同层面探索旅游业低碳发展的策略。

1.3.4 技术路线

本书的技术路线如图1-4所示。

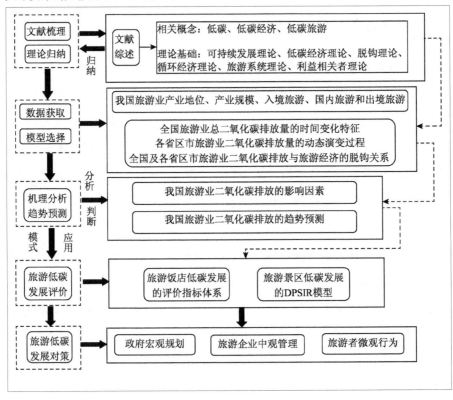

图1-4 论文的技术路线

第2章 相关概念及理论基础

在全球发展低碳经济的大背景下,旅游业也面临着节能减排及低碳发展,低碳旅游的概念应运而生。明晰低碳旅游的概念体系、核心要素、基本特征等对旅游业节能减排及低碳发展具有重要的理论意义。可持续发展理论、低碳经济理论、脱钩理论、循环经济理论、旅游系统理论、利益相关者理论为旅游业二氧化碳测算及其低碳发展提供了重要的理论基础。

2.1 低碳旅游的内涵

2.1.1 概念体系

2.1.1.1 低碳

随着世界工业经济的发展,人类活动,特别是开采、燃烧石油、煤炭等化石能源,以及对森林、草场等植被生态系统的破坏,使得大气中的二氧化碳等温室气体的含量显著增加,引起全球平均气温上升,导致全球气候正经历着以变暖为主要特征的变化,全球气候正面临着前所未有的危机。

温室气体(Greenhouse Gas,GHG),或称温室效应气体,是指任何会吸收和释放红外线辐射并存在于大气中的气体,包括水汽(H_2O)、二氧化碳(CO_2)、甲烷(CH_4)、氧化亚氮(N_2O)、氢氟碳化物(CFCs)、全氟碳化合物(PFCs)、六氟化硫(SF_6)等。其中,后六种是京都议定书中规定控制的温室气体。这六种中,二氧化碳的排放量大、增温效应强、生命周期长,是对气候变化影响最大的温室气体。

低碳(low carbon),是指较低(或更低)的温室气体(以二氧化碳为主)排放。低碳旨在倡导一种以低能耗、低污染、低排放为基础的生产、消费、生活模式,从而减少温室气体的排放。低碳的内涵包括低碳经济、低碳生活、低碳生产、低碳消费、低碳城市、低碳旅游、低碳社会、低碳文化等,其中低碳经济和低碳生活是其核心内容。通过推行低碳经济发展模式、践行低碳生活方式,实现人类社会的可持续发展。

2.1.1.2 低碳经济

为了缓解温室效应,减少二氧化碳排放,国际社会通过谈判已达成了一些共识。特别是在1997年12月于日本京都召开的《联合国气候变化框架公约》(United Nations Framework Convention on Climate Change)第三次缔约方大会上,149个国家和地区共同通过了《京都议定书》(Kyoto Protocol),旨在减少温室气体排放量,从而抑制全球变暖,由此引发了低碳经济理念的形成和发展。

"低碳经济"(Low-carbon Economy)一词首次正式出现是在2003年2月,由时任首相布莱尔代表英国政府发布的《我们能源的未来:创建低碳经济》(Our Energy Future:Creating a Low Carbon Economy)白皮书中,指出:"低碳经济是通过更少的自然资源消耗和更少的环境污染,获得更多的经济产出,是创造更高的生活标准和更好的生活质量的途径和机会;到2050年,英国的温室气体排放量将在1990年水平上减少60%,从根本上将英国变成一个低碳经济的国家"(DTI,2003)。

英国环境专家鲁宾斯德(2008)认为:"低碳经济是一种新兴的经济模式,其核心是在市场机制的基础上,通过制度和政策的制定和创新,推动提高能效技术、节约能源技术、可再生能源技术和温室气体减排技术的开发和应用,促进整个社会经济向高能效、低能耗和低排放的发展模式转型。"

庄贵阳(2007)认为,"低碳经济是人文发展水平和碳生产力同时达到一定水平下的经济形态,旨在实现控制温室气体排放的全球共同愿景。其实质是能源效率和清洁能源结构问题,核心是能源技术创新和制度创新,目标是减缓气候变化和促进人类的可持续发展。"

冯之浚和牛文元(2009)认为,"低碳经济是低碳发展、低碳产业、低碳技术、低碳生活等一类经济形态的总称。以低能耗、低排放、低污染为基本特征,以应对碳基能源对于气候变暖影响为基本要求,以实现经济社会的可持续发展为基本目的。其实质在于提升能耗的高效利用、推行区域的清洁发展、促进产品的低碳开发和维持全球的生态平衡。"

中国环境与发展国际合作委员会(China Council for International Cooperation on Environment and Development,CCICED)2009年将"低碳经济"界定为"一个新的经济、技术和社会体系,与传统经济体系相比在生产和消费中能够节省能源,减少温室气体排放,同时还能保持经济和社会发展的势头。"

潘家华等(2010)指出,"低碳经济是指碳生产力和人文发展均达到一定水平的一种经济形态,具有低能耗、低污染、低排放和环境友好的特点,旨在实现控制温室气体排放和发展社会经济的全球共同愿景。"

沈满洪等(2011)则认为:"低碳经济是以二氧化碳为主的温室气体减排为基本特征的经济形态,主要表现为经济低碳化和低碳经济化。经济低碳化就是产业经济活动和消费生活方式都要进行碳减排;低碳经济化就是低碳技术和低碳产品等成为企业获取利润的新契机和居民获得效用的新时尚。"

陈兵等(2014)从碳排放权配置的视角,认为"低碳经济是环境资源趋于供求均衡和配置优化的一种新型经济形态。本质上是对环境资源(碳排放权)的优化配置与使用,致力于'环境资源利用的社会福利总效应'趋于最大化。"

尽管学者们对低碳经济概念的表述方式存在着差异,但都表达了同样的内涵:低碳经济是指通过技术创新和政策措施等多种手段,尽可能地减少高碳能源(如煤炭、石油等)的消耗,削减和控制以二氧化碳为主的温室气体排放量,实现人类经济、社会和生态环境可持续发展的一种经济发展模式。其基本特征是低能耗、低排放、低污染和高效能、高效率、高效益(三低三高);其目标是以较少的温室气体排放获得较大的经济产出;其实质是能源的高效利用、发展清洁能源及碳排放权的优化配置;其核心是能源利用效率、碳减排技术、产业结构优化和政策制度创新;其途径是建立低碳生产体系和低碳消费模式。

2.1.1.3　低碳旅游

"低碳旅游"(Low-carbon Tourism)一词最早见于2009年5月召开的"气候变化世界商业峰会"(the Business & Climate Summit)上,由世界旅游组织(UNWTO)、世界经济论坛(WEF)、国际民用航空组织(ICAO)、联合国环境规划署(UNEP)等组织机构联合发布的《走向低碳的旅行及旅游业》(Towards a Low Carbon Travel & Tourism Sector)的发展报告中。但是该报告并没有界定"低碳旅游"的概念,只是将其作为旅游部门应对气候变化的一种战略途径。

2009年12月哥本哈根气候大会后,"低碳"的概念得到了广泛的重视,"低碳经济"、"低碳发展"、"低碳旅游"等一系列新概念应运而生。同年12月我国在《国务院关于加快发展旅游业的意见》(国发〔2009〕41号)中,特别提出要"倡导低碳旅游方式"。此后,学者们从各个不同的角度对低碳旅游的概念进行了广泛而深入的探讨。

刘啸(2009)认为,"低碳旅游就是借用低碳经济的理念,以低能耗、低污染为基础的绿色旅游。它要求通过食、住、行、游、购、娱的每一个环节来体现节约能源、降低污染,以行动来诠释和谐社会、节约社会和文明社会的建设。"

黄文胜(2009)认为,"低碳旅游是指以减少二氧化碳排放的方式,保护旅游地的自然和文化环境,包括保护植物、野生动物和其他资源,尊重当地的文化和生活方式,为当地的人文社区和自然环境做出积极贡献的旅游方式。"

蔡萌和汪宇明(2010)认为,"低碳旅游是指在旅游发展过程中,通过运用低碳技术、推行碳汇机制、倡导低碳旅游消费方式,以获得更高的旅游体验质量和更大的旅游经济、社会、环境效益的一种可持续旅游发展新方式。"

石培华等(2010)认为,"低碳旅游是低碳经济理念在旅游业发展中的具体体现,是一种全新的旅游发展模式。它是以完整的旅游系统作为研究对象,将旅游产品服务的低碳生产与低碳消费作为主要发展内容,其目的是要实现旅游业的低碳化和可持续发展。"

候文亮(2010)认为,"低碳旅游是在保证旅游者旅游经历不降低的前提下,以实现旅游经济增长与旅游业碳排放脱钩为目标的新型旅游方式和管理理念。即低碳旅游作为一种旅游方式,适用于所有类型的旅游景区(点),同时它在本质上又是一种全新的管理理念。"

唐承财等(2011)认为,"低碳旅游是指以可持续发展与低碳发展理念为指导,采用低碳技术,合理利用资源,实现旅游业的节能减排与社会、生态、经济综合效益最大化的可持续旅游发展形式。"

王谋(2012)认为,"低碳旅游是为保障气候安全,旅游行业在不牺牲消费体验和质量的前提下,综合利用节能、可再生能源、碳汇等多种途径实现控制及减少温室气体排放的发展方式。"

马勇和杨洋(2015)认为,"低碳旅游主要注重和实现旅游产业发展的'低碳化',在原有旅游服务不打折的情况下,通过节能减排、转变发展理念、改变消费方式等手段实现旅游发展'低碳'的目标,推进旅游发展与环境的协调。"

综合以上关于低碳旅游的定义,低碳旅游是将低碳经济的理念融入到旅游业之中,通过应用节能技术以及倡导低碳旅游生产和消费,在旅游业的食、住、行、游、购、娱的各个环节降低以二氧化碳为主的温室气体的排放,在保证游客的旅游体验质量的同时,实现旅游经济、社会发展、生态环境综合效益最大化的一种可持续旅游发展的新方式。

从发展目标、发展方式与发展内容分析,低碳旅游的内涵包括三个方面:以实现旅游业的节能减排,以及经济、社会、生态效益的最大化为发展目标;以低碳技术应用、能源高效利

用、旅游观念转变为发展方式;以旅游产品服务的低碳生产与低碳消费为发展内容。作为对
低碳经济发展模式的响应,低碳旅游以完整的旅游系统为对象,将低碳技术应用、能源高效
利用、旅游观念转变应用在旅游业的食、住、行、游、购、娱的各个环节中,在政府部门、旅游
者、旅行社、旅游饭店、旅游景区、当地社区等多部门的共同努力下,通过旅游产品的低碳生
产与低碳消费,实现旅游业的节能减排以及经济、社会、生态效益的最大化,最终实现旅游业
的可持续发展,如图 2 - 1 所示。其实质是在全球气候变化背景下,低碳理念在旅游业中的
具体体现,以及旅游业对发展低碳经济的一种响应方式。因此,低碳旅游既是一种理念,也
是一种措施。

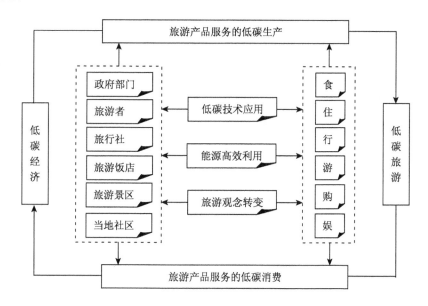

图 2 - 1　低碳旅游的内涵

2.1.1.4 低碳旅游与生态旅游、可持续旅游的对比

作为一种新的旅游发展方式,低碳旅游与生态旅游、可持续旅游之间存在着一定的区别
和联系(见表 2 - 1)。分析三者之间的关系,可以进一步加深对低碳旅游的认识。

生态旅游(Ecological Tourism)一词最早由加拿大学者 Moulin 在 1980 年提出。
1983 年,世界自然保护联盟(IUCN)特别顾问、墨西哥专家谢贝洛斯·拉斯喀瑞(Cebal-
los - Lascuráin)首次在文献中使用了“生态旅游”(ecotourism)一词。1987 年,
Ceballos - Lascuráin 将生态旅游的概念定义为:“出于研修、欣赏和享受风景及当地的野
生动植物和文化特征等目的,到相对未开发过或未被污染过的自然区域去旅行。”1993
年,国际生态旅游协会将生态旅游定义为“在一定的自然区域内,具有保护自然环境和

维护当地人民生活双重责任的旅游活动。"此后,许多学者和机构从不同角度对生态旅游进行了界定和阐述。虽然对生态旅游概念还没有统一,但是经过长期的学术探讨,达成了一些共识。生态旅游的概念重点在"以自然为基础的活动"和"为保护做贡献"两个方面,强调旅游者对旅游目的地的社会经济发展的责任,不仅要求保护生态环境与地方文化的完整性,而且必须维持并提高当地居民的生活水平;强调"生态"与"旅游"的有机结合,用生态学思想指导旅游业的发展,达到生态效益、经济效益、社会效益的最大化,实现旅游业的可持续发展;核心特质是自然性、教育性或学习性、可持续性、伦理责任、旅游体验等(卢小丽等,2006;石培华等,2010)。

可持续旅游(Sustainable Tourism)的概念最早在1990年加拿大温哥华召开的全球可持续发展大会上被提出,认为可持续旅游即"引导所有资源管理既能满足经济、社会和美学需求,同时也能维持文化完整、基本的生态过程、生物多样性和生命支持系统",并提出了旅游可持续发展的五大目标,即"增进人们对旅游所产生的环境效应与经济效应的理解,强化其生态意识;促进旅游的公平发展;改善旅游接待地区的生活质量;向旅游者提供高质量的旅游经历;保护未来旅游开发赖以生存的环境质量。"1993年,在世界旅游组织出版的《旅游与环境丛书》的《旅游业可持续发展——地方旅游规划指南》中对可持续旅游的定义为:"在维持文化完整、保持生态环境的同时,满足人们对经济、社会和审美的要求;它能为今天的主人和客人们提供生计,又能保护和增进后代人的利益,并为其提供同样的机会。"这一定义不仅指出了旅游业本身的特质,而且提出了区际公平和代际公平的思想,对可持续旅游发展具有重要的指导意义。1995年,在由联合国教科文组织、联合国环境规划署和世界旅游组织等组织的"世界旅游可持续发展会议"上通过的《旅游可持续发展宪章》指出:"可持续旅游发展的实质,就是要求旅游与自然、文化和人类生存环境成为一体,自然、文化和人类生存环境之间的平衡关系使许多旅游目的地各有特色,旅游发展不能破坏这种脆弱的平衡关系,体现了可持续旅游的满足需要、环境限制、公平性三层含义。"1999年,世界旅游组织、世界旅游理事会和地球理事会指出,"可持续旅游在维持文化完整、保持生态环境的同时,满足人们对经济、社会和审美的要求;它能为当代人提供生计,又能保护和增进后代人的利益,并为其提供同样的机会。"从以上定义可以看出,可持续旅游的核心思想是强调"旅游发展环境的持续性"、"旅游发展效益的福利性",以及"旅游发展机会的公平性"(石培华等,2010;谢园方,2012)。

表 2 -1　低碳旅游与生态旅游、可持续旅游的辨析

	低碳旅游	生态旅游	可持续旅游
基本内涵	以实现旅游业的节能减排以及经济、社会、生态效益的最大化为主要目标,以低碳技术应用、能源高效利用、旅游观念转变为发展方式,以旅游产品服务的低碳生产与低碳消费为发展内容	重点在"以自然为基础的活动"和"为保护做贡献"两个方面;强调旅游者对旅游地的社会经济发展的责任;强调"生态"与"旅游"的有机结合,达到生态、经济、社会三者综合效益的最大化	在保持和增强未来发展机会的同时,满足游客和接待地区居民的需要,在旅游发展中维护公平,引导所有资源管理既能满足经济、社会和美学需求,同时也能维持文化完整、保持生态环境
核心思想	节能减排,获得经济、社会、生态效益的最大化,实现旅游业的可持续发展	自然性、教育性或学习性、可持续性、伦理责任、旅游体验等	旅游环境的持续性、发展效益的福利性、发展机会的公平性
侧重强调	重点在"降碳",注重从实践角度控制旅游业各个环节的碳排放量	重点在"生态",强调对保护生态环境与改善当地居民生活质量的责任	重点关注社会、文化层面的"可持续性",注重增强旅游业的可持续发展能力
操作层面	通过低碳技术应用、能源高效利用、旅游观念转变实现"节能减排",技术及结果可量化、可对比	要求尽可能减少人为因素以保障旅游业的可持续发展,强调对自然景观的保护开发	较为抽象,多停留在概念层面,发展效果难以测量,更多体现的是一种发展理念

资料来源:根据石培华等(2010),唐承财等(2011),蔡萌等(2012)文献整理。

　　低碳旅游的概念产生于生态旅游与可持续旅游之后,从表 2 -1 可看出三者在基本内涵、核心思想、侧重强调和操作层面都存在异同。作为两种旅游发展方式,低碳旅游和生态旅游均属于可持续旅游的范畴,都是以达到生态、经济、社会三者综合效益的最大化,实现旅游业的可持续发展为目标。可持续旅游是在维持文化完整与保护生态环境的基础上,满足旅游发展的需求,并注重代际公平与可持续发展,强调"环境的持续性、效益的福利性、机会的公平性",关注旅游过程、旅游活动对旅游目的地的各种影响,注重增强旅游业的可持续发展能力。生态旅游更多是以自然型旅游地为目的地,强调旅游者对旅游目的地的社会经济发展的责任,加强对自然景观的保护开发,维护旅游环境的生态持续性,尽可能减少人为因素的负面影响,实现可持续旅游的发展目标。低碳旅游是从实践角度出发,通过低碳技术应

用、能源高效利用、旅游观念转变等方式控制旅游业各个环节的碳排放量,做到旅游产品服务的低碳生产与低碳消费,从而达到旅游业的节能减排,实现可持续旅游的发展目标。低碳旅游既不局限于自然旅游,也不局限于旅游目的地,其涉及旅游者、旅游资源、旅游业的各个环节,核心是"节能减排",目的是"可持续发展"。因此,低碳旅游是对低碳经济发展理念的一种行动响应,是将生态旅游和可持续旅游的理念转化为具体实践行动的一种旅游发展方式,是实现旅游业可持续发展的有效途径(石培华等,2010;唐承财等,2011;蔡萌,2012)。

2.1.2　核心要素

根据低碳旅游的定义和内涵,其核心要素主要包括低碳旅游者、低碳旅游目的地、低碳旅游产品和低碳旅游消费等方面,如图2-2所示。低碳旅游者是低碳旅游的支持者;低碳旅游目的地是低碳旅游的空间载体,为旅游者提供各种低碳旅游产品;旅游者通过选择低碳旅游产品,自觉践行低碳旅游消费行为。因此,低碳旅游体系是低碳旅游者、低碳旅游目的地、低碳旅游产品以及低碳旅游消费相互作用、相互影响、相互协调的结果。

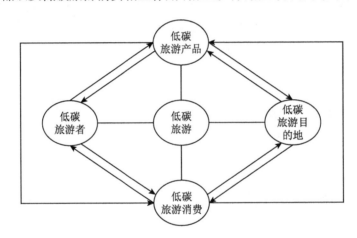

图2-2　低碳旅游的核心要素

2.1.2.1　低碳旅游者

旅游者是低碳旅游的重要支持者和践行者,低碳旅游者主动承担旅游业节能减排的社会责任,以旅游活动的低碳或零碳排放为标准,选择低能耗、低排放、低污染的旅游出行方式及旅游设备设施,主动减少旅游活动过程中各个环节的碳排放,主动参与碳补偿或碳抵消。因此,低碳旅游者是指不仅具有低碳环保意识,同时将低碳意识付诸于低碳旅游实践行动,而且愿意并能购买低碳旅游产品的旅游者(候文亮,2010;周连斌,2013)。

2.1.2.2 低碳旅游目的地

旅游目的地是低碳旅游发展所依托的空间载体。低碳旅游目的地,是指在一定的区域空间范围内,从规划建设、运作模式、发展战略以及市场营销等方面贯彻低碳旅游发展理念,建立低碳旅游吸引物以及相关的低碳旅游服务设施,通过低碳旅游目的地管理和低碳运营方式,营造良好的低碳旅游环境,实现低碳或零碳排放的、可持续发展的旅游目的地(马勇等,2011;周连斌,2013)。

2.1.2.3 低碳旅游产品

旅游产品是向旅游者提供的物质产品与精神产品的总和。低碳旅游产品是旅游经营者遵循"低能耗、低排放、低污染"的要求,向旅游者提供的各种物品和服务,既包括低碳旅游交通、低碳旅游景区、低碳旅游餐饮、低碳旅游住宿、低碳旅游设施设备与低碳能源结构体系,也包括低碳旅游运营管理、低碳服务、文化理念等内容,涉及低碳生产、低碳经营与低碳消费的各个环节和过程(周连斌,2013)。

2.1.2.4 低碳旅游消费

低碳旅游消费是指旅游者在旅游活动中,自愿选择低能耗、低排放、低污染的旅游体验(餐饮、住宿、出行、游览、购物、娱乐)产品,旨在减少个人碳排放量的各种旅游消费行为。低碳旅游消费注重对低碳旅游的宣传和倡导,形成自觉低碳旅游行为,包括低碳旅游出行方式与旅游者在旅游目的地的低碳行为方式,如采取低碳交通、低碳餐饮、低碳住宿等,以及"碳抵消或碳补偿"等低碳旅游行为(马勇等,2011;蔡萌,2012)。

2.1.3 基本特征

2.1.3.1 低碳环保性

低碳环保性是低碳旅游的基本特征。低碳旅游的核心理念是降低碳排放,获得经济、社会、生态效益的最大化,实现旅游业的可持续发展。因此,低碳旅游要求旅游开发者和经营管理者广泛应用低碳技术,不断开发和提供各种低碳旅游产品;旅游者在旅游活动的各个环节主动选择低碳旅游产品,践行低碳旅游消费模式,以减少自身的旅游活动产生的碳排放,进而实现旅游发展过程的低能耗、低排放和低污染的目标。

2.1.3.2 技术创新性

低碳技术创新性是低碳旅游发展的根本动力。通过低碳旅游的技术创新,在旅游过程中减少高碳能源使用、提高能源利用效率、增加可再生能源和碳中性能源的使用、创建旅游清洁能源结构,建立一种节能减排的旅游经济发展模式。低碳旅游的技术创新性主要体现在低碳旅游的技术创新和由此衍生的低碳旅游的产品创新、低碳消费的理念创新,以及与此相配套的低碳旅游的制度创新、低碳管理的模式创新等。

2.1.3.3 关联带动性

关联带动性指低碳旅游活动不仅涉及旅游发展中的各个环节,而且可以带动相关产业的低碳发展。旅游业是一个关联性很强的产业,旅游活动的旅行工具、餐饮住宿、观光游览、消遣娱乐、购物消费等,直接涉及交通运输业、住宿餐饮业、批发零售业、仓储和邮政通信业等产业,同时又与国民经济其他产业部门有间接的联系。因此,应做好旅游业的节能减排,并通过旅游业产业链的引领和示范作用,使之成为实现低碳经济的重要载体。

2.1.3.4 广泛参与性

作为一个跨行业、跨部门的综合性产业,旅游业的低碳发展不仅需要旅游业各部门的参与,也需要其他行业部门的支持与配合。因此,低碳旅游的发展需要政府相关部门、旅游开发者、旅游企业管理经营者、旅游者、社会团体、社区居民、其他相关产业部门等的多方参与,将低碳理念有意识地融入到各自的活动中,以节能减排为主要目标,主动开展低碳行动,减少自身旅游活动的碳排放量,共同促进旅游业的低碳发展。

2.1.3.5 生态教育性

低碳旅游发展的关键在于公众低碳环保意识与生态文明意识的形成与提高。作为新兴的旅游发展方式,低碳旅游的推广实施是一个漫长和艰难的过程。要实现低碳旅游的发展目标,必须对公众进行低碳理念教育和生态文明教育。通过内容丰富、方式直观、寓教于乐的低碳旅游宣传、教育和培训,可提高公众的低碳环保意识与生态文明意识,进而构建以低碳、环保、生态、伦理、责任、文明等为行为修养原则的低碳旅游文化价值体系。

2.2　相关理论基础

2.2.1　可持续发展理论

可持续发展(Sustainable Development)是人们对发展经济和保护环境之间的关系加以反思和认识的结果。1962 年,美国海洋生物学家雷切尔·卡逊(Rachel Carson)撰写的划时代的著作《寂静的春天》(Silent Spring),引发了人们对工业发展所带来的环境污染和生态破坏问题的思考。可持续发展一词最早出现在 1972 年于瑞典斯德哥尔摩召开的联合国人类环境会议(the United Nations Conference on the Human Environment)上。1980年,世界自然保护同盟(IUCN)、联合国环境规划署(UNEP)、野生动物基金会(WWF)在共同发表的《世界自然资源保护大纲》(World Conservation Strategy)中提道:"必须研究自然的、社会的、生态的、经济的以及利用自然资源过程中的基本关系,以确保全球的可持续发展。"1981年,美国学者布朗(Lester R. Brown)在《建设一个可持续发展的社会》(Building a Sustainable Society)中提出,"通过控制人口增长、保护基础资源和开发再生能源,实现社会的可持续发展"。1983年11月,联合国成立了世界环境与发展委员会(the World Commission on Environment and Development,WCED)。1987年,以挪威前首相布伦特兰夫人(Gro Harlem Brundtland)为首的联合国世界环境与发展委员会(WCED)在《我们共同的未来》(Our Common Future)这一报告中,正式提出了可持续发展的概念和模式,并以此为议题对人类共同关心的环境与发展问题进行了系统的阐述,受到世界各国政府组织和机构的极大重视,并产生了广泛的影响。1992年,在巴西里约热内卢召开的"联合国环境与发展大会"上通过了以可持续发展为核心的《里约环境与发展宣言》(Rio Declaration)、《21世纪议程》(Agenda 21)等文件,集中阐述了40个领域的可持续发展问题,提出了120个实施项目,是可持续发展理论走向实践的一个转折点。1993年,我国政府编制了《中国21世纪人口、资源、环境与发展白皮书》,将可持续发展战略纳入到我国经济和社会发展的长远规划,指出"走可持续发展之路,是中国在未来和下世纪发展的自身需要和必然选择"。

自从可持续发展概念得到普遍认可和推广之后,其定义和内涵也在不断地丰富。目前被广泛应用和认可的定义是《我们共同的未来》中所提出的,即"可持续发展是既满足当代人的需求,又不对后代人满足其需求的能力构成危害的发展"。这一定义包含了可持续发展的公平性(fairness)、共同性(common)、持续性(sustainability)等原则,强调要协调好经济、社会、环境之间"发展"和"可持续"的关系,注重经济、社会、环境三位一体的可持续发展。可持续发展涉及自然、环境、经济、社会、科技、文化、技术、政治等诸多方面,是一种正确的发展观。

随着旅游业的快速发展,传统旅游发展模式所带来的环境、生态、经济、社会、文化等问题逐渐显现。1990年,在加拿大温哥华召开的"全球可持续发展大会"上,旅游组行动策划委员会提出了《旅游持续发展行动战略》草案,首次了提出了可持续旅游(Sustainable Tourism)的概念及其基本理论框架,并阐述了可持续旅游发展的主要目的。1993年,在英国出版了Journal of Sustainable Tourism学术期刊,标志着已初步形成了旅游可持续发展的理论体系。1995年,在西班牙加那利群岛的兰沙罗特岛召开的"世界可持续旅游发展会议"上,由联合国教科文组织（UNESCO）、联合国环境规划署（UNEP）、世界旅游组织（UNWTO）和岛屿发展国际科学理事会（ICSU）等组织共同通过了《可持续旅游发展宪章》（Charter for Sustainable Tourism）、《可持续旅游发展行动计划》（Action Plan for Sustainable Tourism）等纲领性文件，阐述了旅游可持续发展的基本理论，为旅游可持续发展制定了行为准则，并制定了推广可持续旅游的具体程序，标志着可持续旅游进入了实践阶段。1997 年 6 月，世界旅游组织（UNWTO）、世界旅游理事会（WTTC）和地球理事会（EC）在联合国大会第九次特别会议上正式发布了《关于旅行与旅游业的 21 世纪议程：迈向环境可持续发展》（Agenda 21 for the Travel & Tourism Industry：Towards Environmentally Sustainable Development），提出将"可持续旅游业发展规划"作为其行动框架中一个重要的优先领域。1997 年，世界旅游组织授权中国国家旅游局出版了《旅游业可持续发展：地方旅游规划指南》，用以指导全国各地旅游业的持续发展。

　　旅游业可持续发展就是要"保护好旅游业赖以生存发展的自然资源、人文资源和其他资源，使其不仅能为当今社会谋利，也能为将来所用"。因此，旅游可持续发展既能实现当代人为满足其旅游需求而发展旅游业的权利，又不损害旅游环境和子孙发展旅游业的权利，体现了可持续旅游的公平发展、共同发展、协调发展、高效发展和多维发展。公平发展的核心是确保在从事旅游开发的同时实现代际平衡，即不损害后代人进行旅游开发的可能性；共同发展强调旅游业是一个有机统一的系统，各个子系统应共同发展；协调发展是要协调好旅游、经济、社会与环境之间的关系；高效发展是旅游、经济、社会、环境协调下的有效率发展；多维发展允许不同文化、不同类型的旅游发展模式（远萌，2012）。

　　旅游业的低碳发展与自然、环境、经济、社会、科技、文化等学科紧密相关，因此，可持续发展理论对发展低碳旅游有着重要的指导意义。用可持续发展理论指导低碳旅游发展，其目标是通过低碳技术应用、能源高效利用等方式，在以提高能源效率为中心的前提下，处理好旅游发展和能源消耗、温室气体排放的关系，在为旅游者提供高质量的旅游环境和旅游体验的同时，改善旅游地居民生活水平和环境质量，使得生态环境维持良性循环，实现旅游业的节能减排，以及经济效益、社会效益和环境效益的最大化。因此，低碳旅游是实现旅游业可持续发展的重要途径之一，低碳旅游必须以可持续旅游理论作为基本的立足点、出发点，可持续发展旅游理论也是贯穿并指导本研究的一个重要理论基础。

2.2.2　低碳经济理论

　　低碳经济（Low-carbon Economy）是在气候变化国际制度框架遭受挫折的形势下，为了打破国际气候谈判的僵局,2003年由时任英国首相的布莱尔在《我们能源之未来:创建低碳经济》白皮书中率先提出的(DTI,2003)。2006年,世界银行前首席经济学家尼古拉斯·斯特恩在《斯特恩评述:气候变化的经济学内涵》报告中,呼吁全球向"低碳经济"转型(Stern,2007)。2008年,英国政府正式发布了《气候变化法案》(Climate Change Bill),确定了英国中长期的减排目标。2008年,联合国环境规划署将当年的世界环境日主题定为"转变传统观念,推行低碳经济"。同年爆发的国际金融危机不仅重创了实体经济,而且促使人们逐渐意识到,不能以牺牲资源环境为代价换取经济的增长,要利用低碳生产方式和消费方式,通过集约发展和清洁发展实现世界经济的绿色复苏。2009年在丹麦哥本哈根召开的"联合国气候大会"上,各国家或地区虽未就控制温室气体排放达成一致,但低碳经济的理念及生产、生活方式却从此展开。在此背景下,世界经济开始向以"低能耗、低排放、低污染和高效能、高效率、高效益"为特征的低碳经济转型。

低碳经济是在应对全球气候变化背景下,实现可持续发展的重要途径之一,其本质是实现经济发展方式的低碳化,以更少或较少的二氧化碳等温室气体排放来实现更大的经济效益产出。这主要包括两方面含义:一是能源结构的清洁化,二是能源利用效率的不断提高。其发展的核心是在市场机制基础上,调整社会经济的发展模式与发展理念,通过制度创新和政策制定,推动低碳技术的研发和应用,促进整个社会经济发展向低能耗、低碳排放、高能效的发展模式转变,最终实现以更少的能源消耗和温室气体排放来支持社会经济的可持续发展目标。因此,低碳经济的发展目标可以概括为保障能源安全、缓解气候变化、促进经济发展(蔡萌,2012)。低碳经济的本质是提高碳生产力,即以更少的 CO_2 排放,获得更高的 GDP产出。而低碳经济的发展与区域所处的经济发展阶段、低碳技术的应用与创新、社会经济活动的消费模式、不同类型的能源资源禀赋等密切相关(潘家华等,2010)。要从提高能效和减少能耗、发展低碳能源并减少碳排放、发展吸碳经济并增加碳汇、推行低碳价值理念等方面促进低碳经济的实现。

低碳旅游是低碳经济在旅游业的具体体现。因此,低碳经济理论对旅游业低碳发展具有重要的指导意义,也是本书写作的一个重要理论基础。在低碳经济理论指引下,需要明晰我国旅游业二氧化碳的排放现状、与旅游经济之间的关系、影响因素及趋势预测,进而探讨如何将低碳技术、碳汇机制、低碳消费方式应用在旅游设施、旅游吸引物、旅游体验环境、旅游消费方式上,如图2-3所示。运用各种节能减排技术,提高旅游基础设施和服务设施利用水平,达到节约旅游运营成本的目的;运用低碳技术创新旅游吸引物的类型,或者直接将低碳技术含量高的旅游产品包装成为旅游吸引物;通过增加绿色环境、提高环境的生态化含量等碳汇机制,培育低碳化的旅游体验环境;引导旅游者践行低碳生活方式,在低碳旅游体验环境中,以较低的个人旅游碳排放,实现旅游发展的社会和生态效益(蔡萌和汪宇明,2010)。

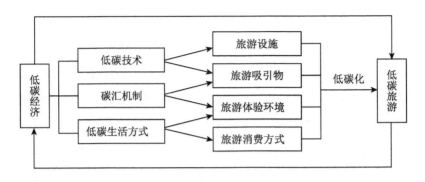

图 2-3 旅游对发展低碳经济的响应方式(蔡萌和汪宇明,2010)

2.2.3 脱钩理论

脱钩(Decoupling)是与耦合(Coupling)相对的,均是来源于物理学的概念。耦合指两个或多个物理量之间,由于具有密切的相关性,使其在发展过程中相互干预、相互牵制的现象;而脱钩是指两个或多个物理量之间不再相互响应并不再同步变化的现象。1966 年,国外学者提出了关于经济发展与环境压力之间的"脱钩"问题,并将其引入到社会经济研究领域。此后,随着 20 世纪七八十年代经济增长与物质消耗相背离的现象出现,有关经济发展与资源环境压力的脱钩研究逐渐增多,如 Kraft(1978)应用脱钩关系探讨了能源消耗和总产出间的因果关系。20 世纪 90 年代初,英国政府在一份可持续生产和消费的战略报告中,提出了第一套用来衡量材料和能源使用效率的脱钩指标(尹敬东等,2012)。2000 年经济合作和发展组织(Organization for Economic Cooperation and Development,OECD)将脱钩概念引入到农业政策支持的研究,并将其定义为:"阻断经济增长与环境冲击之间的联系或者说使两者的变化速度不同步,即在某一时期内,如果环境压力的增长率小于经济的增长率,就是环境与经济增长的脱钩。"在 2002 年,OECD 提出了脱钩指标计算方法,得到了广泛应用。近年来,脱钩理论已经拓展到环境与能源、生态保护、循环经济、农产品生产贸易等领域,并取得了阶段性研究成果。

通常,根据环境库兹涅茨曲线(Environmental Kuznets Curve,EKC)假说,随着经济的增长,资源消耗或环境压力也会逐渐增大,在达到一个峰值后开始降低,与经济之间呈现倒"U"形曲线关系。但是,库兹涅茨曲线效果的实现,并非是一个自然的过程,需要人为加以干预。当采取一些有效的政策措施和应用新的技术时,在加快经济增长的同时,可能会消耗更多的资源或产生较低的环境压力,这个过程就被称为脱钩(彭佳雯等,2011)。"脱钩"是指用较少的物质消耗生产出较多的经济社会财富,它反映出经济增长与物质消耗或者环境承载并非同步变化。"脱钩"理论主要用来分析经济发展和资源消耗之间的"解耦"关系。在一定时期内,当某种资源消耗的速度或某一环境质量指标恶化的速度或某种环境压力指标变化的速度小于经济增长的速度时,就认为是出现了相对脱钩或弱脱钩;当在经济增长过程中,资源消耗总量在减少或环境质量在改善或环境压力在降低时,则为绝对脱钩或强脱钩(焦文献等,2012)。

低碳经济也是一种脱钩经济,发展低碳经济的目标是通过能源替代、发展低碳能源、应用低碳技术,最终实现经济增长与由能源消费引发的碳排放之间的"脱钩"。在降低旅游业二氧化碳排放的同时如何保持旅游经济的快速增长,是实现旅游业可持续发展面临的一个重要课题。旅游二氧化碳排放与旅游经济的脱钩理论可以表述为:当旅游业能源消耗、二氧化碳排放速度高于旅游经济增长速度(即旅游经济增长高度依赖能源消耗)时,两者为耦合关系;当旅游业能源消耗、二氧化碳排放速度低于旅游经济增长速度(即旅游经济增长对能源消耗的依赖程度不大)时,则认为两者存在相对脱钩关系;当旅游业能源消耗、二氧化碳排放总量与之前持平或减少而相关旅游经济增长指标的总量增加时,两者处在绝对脱钩状态。而当旅游业能源消耗、二氧化碳排放总量减少的同时,旅游经济呈现出下滑趋势,但旅游经济下滑速度低于旅游业能源消耗、二氧化碳排放速度时,二者为相对脱钩;反之,则意味着旅游业能源消耗、二氧化碳排放与旅游经济环境均处于恶化状态(古希花,2012)。

因此,评价旅游低碳发展的标准不是单一的以旅游业二氧化碳排放量的减少为标准,也不是单一地看旅游经济发展状况,要综合二者之间的关系,旅游二氧化碳排放量的增长速度可以大于、等于以及小于旅游经济的增长速度("小于"为理想状态)。建立旅游经济与旅游二氧化碳排放之间的脱钩关系,可以反映出旅游经济增长与能源消耗投入及生态环境保护之间的不确定关系。从长远看,如果不能够实现旅游业能源消耗或二氧化碳排放与旅游经济增长之间有效脱钩,旅游经济增长本身将难以持续,旅游业发展将会受到严重威胁。运用脱钩指标可以较好地检验某个区域旅游业二氧化碳排放与旅游经济的关系,并且能够找出造成脱钩的原因,从而为区域制定灵活的旅游发展政策提供依据。目前脱钩理论在旅游业的应用还比较少,但可以作为旅游业低碳发展的理论基础。本书将利用脱钩理论分析我国旅游业二氧化碳排放与旅游经济之间的关系,以期明确我国旅游业节能减排的潜力和目标,为制定切实有效的低碳发展措施提供更有针对性、更科学的决策依据。

2.2.4 循环经济理论

循环经济（Circular Economy），即物质闭环流动型经济（李燕等，2008），起源于 20 世纪 60 年代环境保护思潮兴起的时代。美国经济学家波尔丁（Kenneth Ewart Boulding）在 1966 年率先提出了循环经济的概念，受到太空中飞行的宇宙飞船的启发，他将地球经济系统比喻成一艘宇宙飞船，要靠不断消耗自身有限的资源而生存，如果不合理开发资源，不断破坏环境，地球最终将像资源耗尽的宇宙飞船那样毁灭。唯一延长寿命的方法就是实现飞船（地球）内的资源循环，尽可能减少废弃物排放。因此，应该摒弃传统的经济增长模式，而转向依靠生态型资源的循环经济发展模式。20 世纪 70 年代，循环经济的思想只是一种理念；80 年代，人们认识到应采用资源化的方式处理废弃物；90 年代，人们逐渐认识到传统的直线型的经济发展模式造成了经济系统与自然环境系统之间物质流动的滞胀，循环经济开始受到广泛关注（王奇和王会，2007）。随着可持续发展战略的推行，环境保护、清洁生产、绿色消费和废弃物的再利用才整合为系统的以资源循环利用、减少废物产生为特征的循环经济战略，成为国际经济发展的新趋势。此后，一些发达国家积极采取"资源—产品—再生资源—再生产品"的循环经济发展模式，以较小的成本取得了较大的经济效益和环境效益。我国于 20 世纪 90 年代起引入了循环经济理念。2004 年，中央经济工作会议提出大力发展循环经济，以面对经济发展中的能源消耗、环境污染和资源短缺问题。2008 年，我国通过了《中华人民共和国循环经济促进法》，并于 2009 年正式施行，该法规确定了循环经济的基本管理制度。

循环经济是按照自然生态系统物质循环和能量流动规律重构经济系统，使经济系统在物质循环过程中，建立起一种新的经济形态。其本质是一种生态经济，是运用生态学规律指导人类社会的经济活动。循环经济的原则为减量化、再利用和再循环（Reduce，Reuse，Recycle，3R），其特征主要体现为新的系统观、新的经济观、新的价值观、新的生产观、新的消费观。循环经济强调在经济活动中如何利用"3R"原则来实现资源节约和循环利用，提倡在生产、流通、消费全过程的资源节约和充分利用，更注重经济与生态的协调。在生产层面上，循环经济将传统经济的"资源/能源（resource/ energy）—产品（product）—废物（waste）"的开放型单向线性流动模式转变为"资源/能源（resource/ energy）—产品（product）—再生资源/能源（renewable resource/ energy）—再生产品（renewable product）"的闭合型循环流动模式；在经济层面上，循环经济是以尽可能少的资源和能源消耗以及尽可能小的环境代价，实现最大的经济效益、社会效益和生态效益。此外，还有学者针对循环经济的发展模式，提出了新型循环经济,其原则是在 3R 的基础上发展为 5R,即再思考(rethink)—减量化(reduce)—再使用(reuse)—再循环(recycle)—再修复(repair)(吴季松,2006)。

作为资源依托型产业,丰富的自然资源和人文资源以及良好的生态环境是旅游业发展的基础。但是,旅游经济的快速发展在增加旅游收入的同时,也会产生大量的环境污染与废弃物排放。而旅游资源和旅游产品又具有可以被旅游者多次共同使用和循环使用的特点,因此旅游业发展的本质与循环经济的目标一致,旅游循环经济是循环经济在旅游业的应用。发展旅游循环经济,可以通过旅游产业链的传导效应,促进构建与优化相关产业的循环体系、城镇基础设施体系和生态保障体系,使得旅游业成为发展循环经济的有效载体(李云霞和杨萍,2006)。旅游循环经济是建立在旅游资源与环境协调发展、物质与能源循环利用上的一种经济发展方式,是用生态学规律来指导旅游资源的利用与保护、旅游企业的管理与运营、旅游市场的培育与开发,建立旅游资源与环境持续利用、物质与能源循环利用的一种新型发展方式,是实现旅游业可持续发展的必由之路(李庆雷和明庆忠,2007)。

循环经济的减量化、再利用和再循环的原则也是低碳旅游发展的根本准则。因此,循环经济为低碳旅游提供理论和技术支撑。低碳经济作为一种新的经济发展模式,不是一个简单的低碳技术应用问题,而是一个涉及经济、社会、环境系统的综合性问题,这与当前大力推行的节能减排和循环经济有着密切的关系。在低碳经济背景下的低碳旅游与循环经济存在着一个共同发展的基础,即强调污染物或温室气体的低排放以及能源的高效利用(唐婧,2010)。因此,低排放和高利用是循环经济和低碳旅游协同发展的前提。旅游业的低碳发展提倡最大限度地提高旅游资源与能源的利用率,以旅游环境保护为目标,以资源节约和物质循环利用为技术手段,在经济上合理、技术上可行和满足市场需要的前提下,运用生态学原理把旅游经济活动重构组成一个"资源—产品—再生资源"的反馈式流程和"低能耗——高利用——低排放"的低碳旅游循环利用模式,以环境污染、废弃物排放、能源消耗和二氧化碳排放最小化,以及资源利用和能源效率最大化来实现旅游经济持续增长,从而实现旅游经济活动的生态化,达到消除环境污染、降低旅游业能耗、减少旅游业碳排放、提高旅游经济效益社会效益和生态效益的目的,如图 2 - 4 所示。因此,旅游循环经济是降低旅游业能源消耗、减少旅游业碳排放、解决旅游环境问题的重要途径,是实现旅游业可持续发展的必由之路。本书以循环经济理论为基础,从减量化、再循环、再利用等多个角度选择了旅游饭店和旅游景区的低碳发展评价指标,对于探讨旅游企业在低碳旅游循环经济发展模式下,如何实现自身良性发展和内在效益增长具有十分重要的理论指导意义。

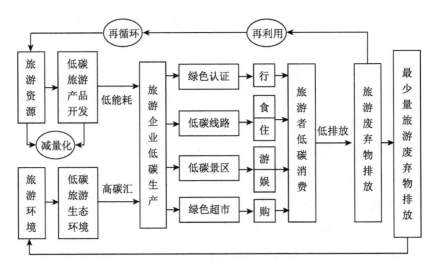

图 2 - 4　低碳旅游循环经济发展模式

2.2.5　旅游系统理论

20 世纪 70 年代,尼尔·雷博(Neil Leiper)首次提出了"旅游系统(Tourism System)"的概念。此后,有关旅游系统的认识不断深化,并逐渐成为旅游科学研究中的一个重要基础理论。旅游科学的研究对象就是旅游活动系统(吴必虎,1998)。旅游的本质属性是旅游者从客源地出发,到达旅游目的地参观、游览,再回到客源地的过程。旅游研究就是将旅游活动从发生到结束的整个过程看成一个系统,把旅游系统内的各组成要素当成相互作用、相互依存的变量,在复杂的相互关系中,选择一种以较少费用消耗获得较大综合效应的方案。在整个旅游活动过程中,除了客源地与目的地两者内部的过程及两者之间的相互作用外,还涉及一些相关支持系统的运行。因此,从系统论的角度来看,旅游是以旅游目的地的吸引物为核心,以旅游者流动的异地移动性为特征,以闲暇时间和消费为手段,形成的功能和结构较为稳定的一个经济、社会、环境组合而成的系统(吴晋峰和包浩生,2002)。综合来看,整个旅游系统可以进一步划分为旅游客源地系统、旅游目的地系统、旅游媒介系统、旅游支撑系统。旅游客源地系统是由旅游者及其活动所构成的系统,包括本地客源、国内客源及国际客源等,是旅游活动的主体;旅游目的地系统由旅游吸引物、旅游设备设施、旅游接待服务等要素组成,满足旅游者的游览、娱乐、食宿、购物等旅游需求;旅游媒介系统为旅游者提供了旅游交通工具、旅行社的咨询预订服务以及信息服务等。上述三个系统共同组成了一个结构紧密的内部系统,在其外围还有一个由政策、制度、经济、环境、社会、文化、人才、政治、技术等因素组成的旅游支持系统。

旅游系统理论为旅游业低碳发展提供了旅游学的理论基础。要促进旅游业的低碳发展,需要运用系统论的观点探讨在旅游各子系统中如何实现低碳发展,如图 2－5 所示。即在旅游发展过程中,将低碳理念与低碳技术融入低碳旅游发展之中,构建由低碳旅游客源地系统、低碳旅游目的地系统、低碳旅游媒介系统、低碳旅游支持系统四部分组成的低碳旅游系统。具体来讲,在低碳旅游客源地系统方面,推动低碳旅游消费观念的转变,培育低碳旅游者的低碳意识和低碳行动;在低碳旅游目的地系统方面,通过引入低碳技术和能源高效利用,实现旅游吸引物、旅游设备设施的低碳化改造,为旅游者提供低碳旅游产品和服务;在低碳旅游媒介系统方面,应提供低碳旅游交通方式与旅游信息咨询服务,大力营销或宣传低碳旅游产品,倡导旅游者低碳出行;在低碳旅游支持系统方面,政府部门要制定低碳旅游运行的政策环境、标准与法律法规,提供资金和技术保障,其他相关部门和机构要进行低碳旅游运行的文化支持,通过宣传、教育和培训活动,形成促使公众参与低碳旅游的积极氛围,以此共同促进整个低碳旅游系统的运行。

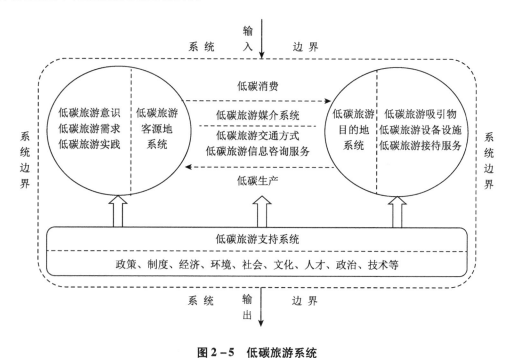

图 2－5　低碳旅游系统

旅游系统理论为本书分析构建我国旅游业低碳发展评价指标体系以及旅游业低碳发展对策的提出,提供了相应的理论指导。从旅游系统理论角度,探讨如何实现旅游系统的低碳化运行,是旅游业低碳发展的本质。通过低碳技术应用、能源高效利用以及旅游生产与消费观念的转变,促进低碳技术与清洁能源在旅游系统中的应用,推动与旅游者相关的食、住、行、游、购、娱等系统要素的低碳发展,实现旅游系统的低碳运转,促进旅游业节能减排目标的实现,从而实现旅游系统的经济、社会、环境效益的统一(唐承财等,2011;蔡萌,2012)。因此,旅游系统的低碳发展是旅游业低碳发展的根本保障,也是实现旅游业节能减排的重要途径。

2.2.6 利益相关者理论

利益相关者理论(Stakeholder Theory)是20世纪60年代起源于欧美国家的一种管理理论。1963年,斯坦福研究中心(SRI)的研究人员首次提出了"利益相关者"(Stakeholder)概念,认为"利益相关者是一个群体,没有它的支持,组织将不会存在",并在1969年将其应用于管理领域之中。1984年,弗里曼(Freeman)在《战略管理:一种利益相关者的方法》一书中将利益相关者定义为"任何能够影响组织目标实现,或者能够被实现该目标的过程影响的个人和群体"(Freeman,1984)。20世纪90年代以来,利益相关者理论受到了管理学家和经济学家的重视,被认为是认识和理解"现实企业"的工具。1995年,多纳德逊(Donaldson)在国际管理学界的重要杂志 Academy of Management Journal 发表的论文中,认为"企业是由利益相关者组成的系统,与社会大系统一起运作,企业的目标是为其所有的利益相关者创造财富和价值。"此后,在经过弗里曼(Freeman)、科林斯(Collins)、布莱尔(Blair)、米切尔(Mitchell)等为代表的学者的共同发展后,利益相关者理论已经形成了比较完善的理论框架(吴儒练,2013)。综合来看,利益相关者理论可以归纳为:"企业是为受企业决策影响的诸多利益相关者服务的组织,其发展离不开利益相关者的投入或参与;企业需要通过各种显形契约和隐形契约来规范利益相关者的责任和义务,进而为利益相关者和社会有效地创造财富。"因此,利益相关者理论的核心问题是利益相关者的认定以及利益相关者的特征。一般来讲,企业的利益相关者包括股东、雇员、消费者、债权人、供应商、政府部门、当地社区等个人或机构。由于利益相关者理论兼顾了经济、社会、环境的各个方面,因此,该理论研究已从企业逐渐扩展到社区、社会团体、城市以及相关的生态环境、持续发展、公平伦理等领域。

20世纪80年代末期,随着旅游业发展带来的生态环境问题、社会影响问题、公平发展问题的日益突出,以及旅游行业的高度分散性和旅游目的地间的竞争加剧,一些学者开始使用利益相关者理论指导旅游业的发展,集中体现在旅游规划与管理、旅游环境伦理、旅游业可持续发展、生态旅游、社区旅游及其协作等多层面的利益相关者问题研究,取得了丰富的理论和实践成果(郭华,2008)。1999年,在智利圣地亚哥召开的世界旅游组织第十三届大会上通过的《全球旅游伦理规范》(Global Code of Ethics for Tourism)中,引入了利益相关者的概念,并提供了不同旅游利益相关者行为参照标准,进一步推动了利益相关者理论在旅游领域的研究(吴儒练,2013)。从利益相关者理论维度看待旅游业发展问题,作为覆盖面广、产业链长、关联部门多的一个综合性产业,旅游业涉及的利益相关者也较多,主要包括旅游者、旅游企业、当地社区、政府部门、学术界及相关机构、媒体,以及与旅游业发展相关的建设、环保、林业、文化、交通等部门,分别扮演着实践者、执行者、参与和受益者、调控者、研究指导者、宣传者、执行监督和协助者的角色(宋瑞,2005)。

旅游利益相关者理论不仅是对旅游可持续发展理论的补充和深化,同时也对旅游业低碳发展具有较高的理论研究与实践指导意义。作为一种旅游业的可持续发展方式,低碳旅游是一个系统的、长期的过程,具有涉及面广、与其他行业关联度高的特征,涉及旅游企业、旅游者、当地社区、政府部门、旅游行业组织、学术研究机构、相关社会团体、社会公众、媒体等众多利益相关主体(吴儒练,2013)。依据与低碳旅游发展的密切程度及影响或被影响的程度,旅游业低碳发展涉及的主要利益相关者可划分为核心利益相关者、潜在利益相关者和边缘利益相关者三个层次,如图 2-6 所示。核心利益相关者对旅游业低碳发展具有至关重要的影响,主要包括旅游企业、旅游者、当地社区和政府部门。其中,旅游企业是低碳旅游的实践者和执行者,旅游者是低碳旅游的实践者和体验者,当地社区是低碳旅游的参与者和受益者,政府部门是低碳旅游的调控者和引导者。潜在利益相关者涉及学术研究机构和以旅游行业协会、环保组织、野生动物保护组织等为代表的非政府组织,他们密切关注着低碳旅游发展进程和实施效果,并主动参与到低碳旅游的理论和实践发展当中。其中,学术研究机构是低碳旅游的研究者和指导者,非政府组织是低碳旅游的协助者和支持者。边缘利益相关者对低碳旅游发展进程起宣传和监督的作用,包括媒体组织和社会公众。其中,媒体组织是低碳旅游的宣传者和监督者,社会公众是低碳旅游的追随者和响应者。因此,旅游业的低碳发展要综合考虑各利益相关者的利益,同时也需要相关利益主体的支持配合,相互协调,共同推进低碳旅游的持续发展。本书借助利益相关者理论,分别构建了旅游饭店和旅游景区低碳发展的评价指标体系,通过权重结果来分析各个利益相关者在旅游饭店和旅游景区低碳发展中的定位、作用及其利益诉求,进而从不同利益相关者角度提出了旅游业低碳发展的对策,促使各利益相关者发挥各自的作用和优势,共同推动旅游业的低碳发展。

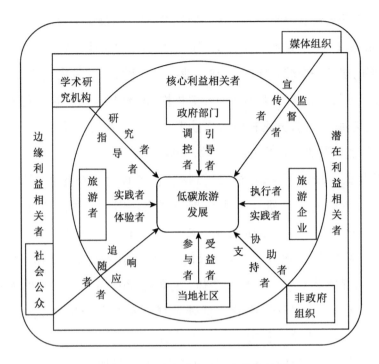

图 2-6　低碳旅游的主要利益相关者

2.3　本章小结

通过对低碳、低碳经济、低碳旅游概念的界定,明确了低碳旅游的内涵。低碳旅游体系核心要素主要包括低碳旅游者、低碳旅游目的地、低碳旅游产品和低碳旅游消费等方面,它们之间相互作用、相互影响、相互协调。低碳旅游的基本特征表现为低碳环保性、技术创新性、关联带动性、广泛参与性、生态教育性。可持续发展理论和低碳经济理论是本书研究的重要理论基础,贯穿于本书整个研究内容之中;脱钩理论为分析我国旅游业二氧化碳排放与旅游经济之间的关系提供了理论依据;循环经济理论、旅游系统理论、利益相关者理论为建立旅游业低碳发展评价指标体系,以及提出旅游业低碳发展对策提供了强有力的理论支撑。

第3章 我国旅游业二氧化碳排放的时空变化及其与旅游经济的脱钩分析

改革开放30多年来,我国旅游业得到了快速发展。然而,旅游业在快速发展的同时,与其相关的交通运输、住宿餐饮、旅游活动及设备设施消耗着大量的能源,并排放出大量的二氧化碳。本书从旅游交通、旅游住宿、旅游活动三个方面分析了我国旅游业二氧化碳排放量的时间变化特征和空间演变趋势。同时,运用脱钩指数,对我国旅游业二氧化碳排放与旅游经济增长之间的脱钩程度进行了定量分析,对于实现旅游经济增长前提下的旅游业低碳发展具有重要意义。

3.1 我国旅游业发展概况

3.1.1 旅游产业地位不断提升

从新中国成立后到改革开放之前,我国旅游业属于外事工作的延伸和补充,政治性因素和外交色彩非常浓厚,只是承担和完成了一些外事接待任务。虽然接待的海外到访人数非常有限,但是作为一种重要的民间外交形式,收到了良好的效果(张广瑞,2011)。1978年,我国开始实行改革开放政策,悠久的发展历史和丰富的旅游资源吸引了大量的境外游客,入境旅游人数和旅游外汇收入保持着较快的增长速度,旅游业已成为改革开放的突破口和增创外汇重要来源之一。1985年,旅游业被国务院列为国家重点支持发展的一项事业;1986年,被正式纳入了国民经济和社会发展第七个五年计划,标志着我国旅游业已从外事接待型转入经济产业型,旅游业的产业地位得到明确认可,我国旅游业发展进入了一个新的发展阶段。1991年,在"八五"计划纲要中,旅游业被列为第三产业发展的重点;1992年6月,中共中央、国务院在《关于加快发展第三产业的决定》中,提出将旅游业作为第三产业的重要行业;1995 年,在党的十四届五中全会上通过的"九五"计划建议中,将旅游业确定为第三产业中"积极发展"的"新兴产业"的第一位(高舜礼和龙晓华,2009)。1998 年、1999 年中央经济工作会议做出了将旅游业列为国民经济新的增长点的决策,旅游业进入了一个快速发展的时期。2001 年 12 月,国家计委在《"十五"期间加快发展服务业若干政策措施的意见》中,把旅游视为"需求潜力大的行业,形成新的经济增长点"的产业。2007 年 3 月,国务院在《关于加快发展服务业的若干意见》中,提出要"重点发展现代服务业,规范提升传统服务业",其中旅游业被列为面向民生的服务业。2009 年 12 月,国务院在《关于加快发展旅游业的意见》(国发〔2009〕41 号)中指出,"要将旅游业建设成为国民经济的战略性支柱产业"。这是从国家层面来讲,国内外关于旅游业最高定位的文件,表明旅游业地位已提升至国家的战略层面之上。几乎所有的省区市都将旅游业作为战略性支柱产业,85% 以上的市地州盟、80% 以上的市县区将旅游业定位为支柱产业,成为区域经济新的增长点(国家旅游局,2015)。2013 年 2 月,为提升旅游消费水平,促进旅游休闲产业健康发展,国务院办公厅发布了《国民旅游休闲纲要(2013—2020 年)》。2013 年 10 月 1 日,我国第一部《中华人民共和国旅游法》正式颁布实施,标志着我国旅游业进入了全面依法兴旅、依法治旅的新阶段,是我国旅游业发展史上的一个里程碑。2014 年 8 月,国务院发布了《国务院关于促进旅游业改革发展的若干意见》(国发〔2014〕31 号),制定了针对性强、更细更实的政策措施,对做强做大旅游产业、规范旅游市场、丰富旅游产品、完善旅游服务、进一步激发市场推动旅游业发展的活力和潜力、促进旅游业健康持续发展,更好满足人民群众日益增长的旅游需求,具有重要的现实意义,是面对新形势中央政府对旅游业改革发展做出的又一重大部署。2015 年 8 月,国务院办公厅印发了《关于进一步促进旅游投资和消费的若干意见》,提出了确定促进旅游投资和消费的 6 方面、26 条具体政策措施,对于推动现代服务业发展,增加就业和居民收入,提升人民生活品质,具有重要意义,并指出旅游业是我国经济社会发展的综合性产业,是国民经济和现代服务业的重要组成部分。

3.1.2　旅游产业规模持续扩大

改革开放 30 多年来,旅游业已经从外事接待型的事业,发展成为全民广泛参与就业、创业的民生产业。旅游已经从少数人的奢侈品,发展成为大众化、经常性消费的生活方式(国家旅游局,2015)。旅游人数和旅游业总收入逐年增长,旅游业已成为我国重要的产业之一(见表 3 – 1)。1985 年到 2014 年,我国接待境内外游客总数从 2.42 亿人次增加到 37.39 亿人次,增长了 14.45 倍;我国旅游业总收入从 117 亿元增加到 33 800 亿元,增长了 287.89 倍

（国家统计局,2015）。在此期间,除了 1989 年政治风波、2003 年"非典"疫情、2008 年全球金融危机等影响,造成了暂时性比重下滑以外,旅游业总收入所占 GDP 比重和第三产业增加值比重是持续增长的,分别从 1985 年的 1.31%、4.58% 上升到 2014 年的 5.31%、11.02%,旅游业对国民经济的贡献程度大幅度提高。与此同时,我国旅游业直接就业人数已近 1 000 万人,相关从业人员已超过 8 000 万人,表明旅游业在扩大就业方面发挥着日益重要的作用。从以上分析可以看出,我国旅游产业规模在不断扩大,已发展成为综合性的现代产业,在拉动内需、推动就业、促进经济增长、带动相关产业发展等方面的作用越来越明显,已经成为我国国民经济的支柱产业之一。

表 3 - 1　1985—2014 年我国接待旅游者总数与总收入变化

年份	接待国内外游客总数（亿人次）	旅游业总收入（亿元）	比上年增长（%）	旅游业总收入占 GDP 比重（%）	旅游业总收入占第三产业增加值（%）
1985	2.42	117	—	1.31	4.58
1986	2.64	159	35.90	1.56	5.04
1987	2.86	209	31.45	1.75	5.96
1988	3.08	271	29.67	1.82	6.01
1989	2.48	220	-18.82	1.30	4.07
1990	2.89	276	25.45	1.49	4.75
1991	3.13	351	27.17	1.62	4.86
1992	3.48	467	33.05	1.75	5.11
1993	4.33	1 134		3.27	10.01
1994	5.51	1 655	45.94	3.54	11.09
1995	6.61	2 098	26.77	3.59	11.69
1996	6.64	2 487	18.54	3.66	12.17
1997	6.71	3 112	25.13	4.16	12.95
1998	7.28	3 439	10.51	4.32	13.17
1999	7.57	4 002	16.37	4.81	14.80
2000	7.86	4 519	12.92	5.05	15.12
2001	8.28	4 995	10.53	5.13	15.07
2002	9.24	5 566	11.43	5.31	15.43

续表

年份	接待国内外游客总数 （亿人次）	旅游业总收入 （亿元）	比上年增长 （%）	旅游业总收入占 GDP比重（%）	旅游业总收入占第三 产业增加值（%）
2003	9.21	4 882	−12.29	4.18	12.96
2004	11.60	6 840	40.11	5.01	15.77
2005	12.75	7 686	12.37	4.20	10.47
2006	14.67	8 935	16.25	4.24	10.77
2007	16.93	10 957	22.63	4.44	11.30
2008	18.01	11 600	5.87	3.86	9.63
2009	20.00	12 900	11.21	3.78	8.72
2010	21.95	15 700	21.71	3.94	9.18
2011	27.50	22 500	43.31	4.77	11.07
2012	30.92	25 900	15.11	5.02	11.19
2013	33.91	29 475	13.80	5.18	11.24
2014	37.39	33 800	14.67	5.31	11.02

注：由于从1993年起开展了国内旅游抽样调查，当年国内旅游收入与上年不可比。

资料来源：根据历年《中国统计年鉴》《中国旅游统计年鉴》《中国国内旅游抽样调查资料》数据整理。

3.1.3 入境旅游市场逐渐成熟

入境旅游是"指外国人、华侨、港澳台同胞等游客来中国（大陆）进行观光、度假、探亲访友、就医疗养、购物、参加会议或从事经济、文化、体育、宗教等活动，停留时间不超过一年"。入境旅游是我国旅游业发展的起点。改革开放当年，来华旅游的入境人数达180.92万人次，旅游外汇收入2.63亿美元，一个潜在而巨大的国际入境旅游市场迅速发展。20世纪90年代，在"大力发展入境旅游，积极发展国内旅游，适度发展出国旅游"的政策环境下，入境旅游被放到了优先发展的地位，使得我国入境旅游人数和旅游外汇收入得到了快速增长。2001年起，我国已经成为亚洲第一大入境旅游接待国、世界第五大入境旅游接待国。2011年，我国更跃居全球第三大入境旅游接待国。

图3−1反映了1978—2014年我国入境旅游人数和旅游外汇收入变化情况。从中可以看出，我国入境旅游人数和旅游外汇收入呈现出逐步上升的趋势。其中，入境旅游人数从1978年的0.02亿人次增加到2014年的1.28亿人次，增长了63倍；旅游外汇收入从1978

年的 2.63 亿美元增加到 2014 年的 569 亿美元,增长了 215.35 倍。入境旅游在为国家创造大量旅游外汇的同时,也成为我国对外文化交流的重要途径。然而,入境旅游的发展也极易受到国际或国内重大事件的影响。如 2003 年的"非典"疫情、2008—2009 年全球金融危机的后发效应,使我国入境旅游市场受到了严重冲击,入境旅游人数明显减少、旅游外汇收入明显下降。2012 年以来,受金融危机影响,欧美和亚洲国家出境游疲软、日本游客大幅减少,此外我国国内自然灾害,以及人民币汇率导致在华旅游成本上涨等因素,也使得我国入境旅游人数呈现出下降的趋势,旅游外汇收入增长放缓。但是,从总体来看,我国入境旅游市场已逐渐成熟,市场格局基本形成(远萌,2012)。

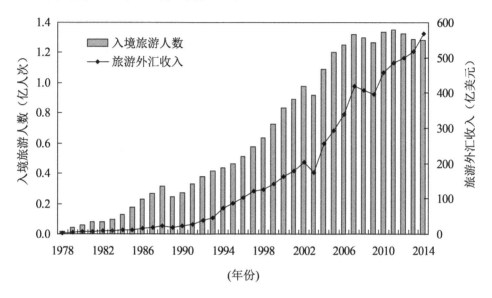

图 3-1　1978—2014 年我国入境旅游人数和旅游外汇收入

3.1.4　国内旅游市场日趋繁荣

国内旅游是指"中国(大陆)居民在中国(大陆)进行观光游览、度假、探亲访友、就医疗养、购物、参加会议或从事经济、文化、体育、宗教等活动,其出游的目的不是通过所从事的活动谋取报酬。"与入境旅游相比,我国国内旅游起步较晚,直到 1985 年才有关于国内旅游人数和国内旅游收入的统计数据。20 世纪 80 年代,我国旅游业的发展重点在入境旅游方面,对国内旅游的态度是"不支持、不提倡、不反对"的三不方针。因此,在国内旅游发展初期,国内旅游人数和国内旅游收入发展缓慢,如图 3-2 所示。1993 年,国务院转发了《国家旅游局关于积极发展国内旅游的意见》,提出了发展国内旅游的"因地制宜、积极引导、稳步发展"方针,促进了国内旅游市场的进一步发展,国内旅游人数和国内旅游收入逐渐增加。1999 年,为了刺激消费和拉动内需,国务院调整了法定节假日,形成了春节、"五一"、"十一"三个旅游黄金周,有效地推动了国内旅游市场的发展,国内旅游逐步升温,旅游人数和旅游收入稳步增长,促进了国内大众旅游时代的到来。针对国内旅游市场的繁荣,2005 年,国家提出了"大力发展入境旅游,规范发展出境旅游,全面提升国内旅游"的旅游业发展方针,突出了发展国内旅游的重要性。2008 年,国家旅游局首次明确地将国内旅游放到了优先的地位,提出"大力发展国内旅游,积极发展入境旅游,有序发展出境旅游",将发展国内旅游作为基本立足点,培养消费热点(张广瑞,2011)。2008 年,我国政府又增加了清明、端午、中秋三个小长假,有效推动了国内旅游市场的进一步繁荣。旅游已经从少数人的奢侈品,发展成为大众化、经常性消费的生活方式。目前,我国国内旅游市场规模全球排名第一,我国旅游业已进入大众化、产业化发展的新阶段。

　　20 世纪 80 年代以来,市场经济蓬勃发展,人民生活水平日益提高,带薪假期和闲暇时间增多,这些都有效地促进了我国国内旅游市场的繁荣发展。图 3 - 2 反映了 1985—2014 年我国国内旅游人数和旅游收入变化情况。从中可以看出,我国国内旅游人数和旅游收入呈现出逐步上升的趋势。其中,国内旅游人数从 1985 年的 2.4 亿人次增加到 2014 年的 36.11 亿人次,增长了 14.05 倍;国内旅游收入从 1985 年的 80.30 亿元增加到 2014 年的 30 312 亿元,增长了 376.48 倍。国内旅游易受国内突发事件的影响,如 2003 年的"非典"疫情对国内旅游业冲击很大,导致国内旅游人数和旅游收入均明显下降。但是,旅游业具有很大的弹性,在不确定因素解除之后,旅游业能迅速恢复到之前的水平并快速增长。目前,国内旅游占我国三大旅游市场的比重已超过 90%,成为我国居民生活消费的重要组成部分,在国民经济和社会发展中的地位和作用日益加强。

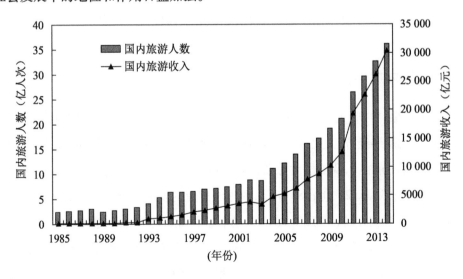

图 3 - 2　1985—2014 年我国国内旅游人数和旅游收入

3.1.5　出境旅游市场逐步扩展

完整的旅游业是由入境旅游、国内旅游和出境旅游三个部分组成的。出境旅游是指"中国(大陆)居民因公或因私出境前往其他国家、中国香港特别行政区、中国澳门特别行政区和中国台湾省进行观光、度假、探亲访友、就医疗养、购物、参加会议或从事经济、文化、体育、宗教等活动。"我国的出境旅游是从 20 世纪 80 年代中期的港澳探亲游发展起来的;1988 年,泰国成为我国出境旅游的第一个目的地国家,我国出境旅游正式起步。20 世纪 90 年代以来,随着经济的不断发展和人民生活收入水平的不断提高,我国开始"适度发展"出境旅游,新加坡、马来西亚、泰国、菲律宾等东南亚国家和地区陆续成为我国公民探亲旅游的目的地。1997 年,国家旅游局、公安部《中国公民自费出国旅游暂行管理办法》的实行,促进了我国公民自费出国旅游的发展。2002 年,国务院公布了《中国公民出国旅游管理办法》,进一步"规范发展"出境旅游,我国的出境旅游市场已经进入了快速发展的轨道。同时,随着中国对外开放的不断扩大和深化,我国公民出境旅游的目的地国家和地区不断增多。目前,中国已与146 个国家或地区签署了 ADS(被批准的旅游目的地国家)协议。

随着人民生活水平的提升、消费层次的提高以及精神文化的新追求,我国出境旅游人数保持着较快的增长速度。从图 3-3 可以看出,1995 年,我国公民出境旅游人数为 713.9 万人次;2014 年,我国出境旅游人数首次突破 1 亿人次大关,达到了 1.16 亿人次(国家统计局,2015)。其中,我国的出境旅游的人员比例结构已经发生了变化,因公出境旅游人数所占比例相对下降,因私出境旅游人数比例在不断提高,从 1995 年的 28.77% 上升到 2014 年的

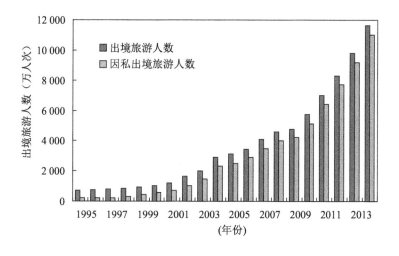

图 3-3　1995—2014 年我国出境旅游人数

94.37%。就绝对数量而言,中国出境旅游市场已超德国与美国,成为世界第一大出境旅游市场。2014年习近平主席在APEC会议期间宣布,"未来五年,中国内地公民出境旅游人数将超过5亿人次。"从官方最高层面明确了未来我国出境旅游市场规模保持快速发展的不可逆性。可见,我国的出境旅游市场发展潜力巨大,成为我国综合国力增强、居民生活水平提高、对外开放扩大的重要表现。从"请进来"到"走出去",不断增长的中国出境旅游消费对目的地国家和地区旅游发展、经济增长、就业带来了明显的拉动作用,同时,对我国平衡货物贸易顺差、缓解贸易摩擦、消减人民币升值压力起到了重要作用。

3.2 旅游业二氧化碳排放的测算方法和数据来源

3.2.1 系统界定

按照世界旅游组织定义,"旅游是人们为了休闲、商务和其他目的前往并逗留在常住环境以外的地方不超过连续一年的旅行活动";"旅游者是指出于休闲、商务或其他目的到惯常居住环境之外的地方进行旅行和逗留的人,其连续时间不超过一年。"但是,由于"旅游"的概念非常复杂,因而学术界对"旅游"、"旅游者"的界定尚未达成共识,仍存在争议。但就概念的本质来说,"旅游"是指"人们利用闲暇时间对非惯常环境的一种体验,是一种短暂的生活方式和生存状态"(张凌云,2008;王玉海,2010)。"旅游者"指的就是从事这种"体验"的游客。那么,作为一个产业,"旅游业"就是指:"为满足旅游者在旅游活动中的各种消费需要,为旅游者提供各种产品或服务的企业的总和"(李江帆和李美云,1999;黄远水和宋子千,2007;韩春鲜和马耀峰,2008)。

从以上分析可以看出,旅游业是指凭借旅游资源和设备设施,为旅游者在餐饮、住宿、交通、游览、购物、文娱等环节提供各种产品和服务的一个综合性行业。而旅游业所涉及的"食、住、行、游、购、娱"每个环节都直接或间接使用能源并产生二氧化碳排放;同时,旅游业与102个产业有前向或后向的直接联系,使得旅游业二氧化碳排放的系统边界很难确定(宋增文,2007)。根据国内外学者和机构的研究,旅游业的能源消耗和二氧化碳排放主要来源于旅游交通、旅游住宿、旅游活动等三大部分(Gössling,2002;UNWTO,2008;石培华和吴普,2011)。因此,本书将旅游业二氧化碳排放系统界定为旅游交通、旅游住宿、旅游活动三个方面,并从这三个方面来测算我国旅游业的二氧化碳排放量,以期从宏观上把握我国旅游业二氧化碳排放的总体特征;测算范围包括发生在我国大陆境内的国内旅游和入境旅游活动,不包括发生在国外及我国港澳台地区的出境旅游活动。

3.2.2　旅游业二氧化碳排放的测算方法

由于旅游业产业链长,涉及的行业部门众多,加上旅游业自身统计资料及数据的相对缺乏,要精确计算旅游业二氧化碳排放量几乎不可能,只能采取估算的方法(石培华和吴普,2011;王凯等,2014)。目前,国内外关于旅游业二氧化碳排放的测算方法很多。在现有方法中,"自上而下"法和"自下而上"法应用较为广泛。"自上而下"法,要求国家或地区层面有专门的旅游业二氧化碳排放统计数据,而我国目前没有完整的旅游卫星账户,在《能源统计年鉴》中也没有专门设置旅游业能源消费统计项。因此,难以采用该方法估算旅游业二氧化碳排放量。"自下而上"法,以到达旅游目的地的游客数据为基础,通过调查研究旅游者在旅游交通、旅游住宿、旅游活动各环节的二氧化碳排放量,向上逐级计算旅游业的二氧化碳排放量。本书主要采用"自下而上法"来测算旅游业二氧化碳排放量,下面讲解具体计算方法。

旅游交通二氧化碳排放量计算公式:

$$Q_T = \sum_{i=1}^{n} \alpha \cdot N_i \cdot D_i \cdot P_{Ti} \tag{3-1}$$

其中,Q_T 是旅游交通的二氧化碳排放量;α 为不同交通方式客流量中旅游者所占比例;N_i 为选择 i 类交通方式的旅客量;D_i 为旅客选择 i 类交通方式的出行距离;$N_i \cdot D_i$ 表示 i 类交通模式的旅客周转量(passenger kilometers,pkm);P_{Ti} 为 i 类交通方式的 CO_2 排放系数(g/pkm);n 表示交通方式的总类数,包括飞机、汽车、火车和水运。

不同旅游交通方式的规模是影响其二氧化碳排放量的主要因素。由于人们出行目的并不是都与旅游有关,因此研究中的 α 值主要是参考已有研究成果确定。借鉴石培华和吴普(2011)、魏艳旭等(2012)、《中国航空运输发展报告(2007/2008)》等研究结果,本书确定铁路、公路、水运和民航旅客周转量对应的 α 值分别为32.7%、27.9%、10.6%和36.7%,以此来代替各种旅游交通方式的规模,并将此 α 值应用于不同年份、不同地区的估算。此外,不同交通方式的单位二氧化碳排放系数在不同的国家和地区有很大差异(见第1章表1-2)。本书根据国内外学者的研究成果,结合中国的实际情况,确定了我国各种交通方式单位二氧化碳排放系数,其中,火车的单位 CO_2 排放系数为27g/pkm,汽车为133g/pkm,轮船为106g/pkm,飞机为137g/pkm,并假设各年的单位 CO_2 排放系数保持一致(UNWTO - UNEP - WMO,2008;Kuo and Chen,2009;Peeters and Dubois,2010;Gössling,2012;魏艳旭等,2012)。

旅游住宿二氧化碳排放量计算:

$$Q_H = 365 \cdot C \cdot R_k \cdot P_{He} \cdot P_{Hc} \cdot \frac{1}{1000} \cdot \frac{44}{12} \qquad (3-2)$$

其中,Q_H 为旅游住宿的二氧化碳排放量;C 为旅游住宿业的总接待能力(用总床位数表示);R_K 为旅游住宿业的床位年出租率;P_{He} 为旅游住宿业的每床每晚单位能耗系数;P_{Hc} 为单位热值含碳量;$\frac{1}{1000}$ 是单位转换系数;$\frac{44}{12}$ 是 C 到 CO_2 的转换系数。

不同时段的不同国家/地区的旅游住宿业的能耗系数如第 1 章表 1-3 所示。由于我国旅游住宿业的统计数据,只有星级饭店的数据比较完整,因此本书以星级饭店的二氧化碳排放情况代替旅游住宿业的二氧化碳排放量。一般来说,星级越高、规模越大、设施越豪华、服务项目越多的旅游饭店,其单位能耗也越大。因此,根据国内外学者的研究结果,结合我国饭店的星级制度,本书采用的星级饭店每张床位每晚单位能耗系数 P_{He} 分别为:五星级饭店 155MJ/床晚,四星级 130MJ/床晚,三星级 110MJ/床晚,二星级 70MJ/床晚,一星级 40MJ/床晚,并假设历年的单位能耗值保持一致(Gössling,2002;石培华和吴普,2011;肖建红等,2011;汪清蓉,2012;Tang et al.,2013)。此外,根据 1990 年世界电力组织的转换系数,P_{He} 的取值为43.2gC/MJ(Gössling,2002)。

旅游活动二氧化碳排放量计算公式:

$$Q_A = \sum_{i=1}^{n} M \cdot w_i \cdot P_{Ai} \qquad (3-3)$$

其中,Q_A 为旅游活动的二氧化碳排放量;M 为旅游者人数;w_i 为选择 i 类旅游活动的旅游者比例;P_{Ai} 为第 i 类旅游活动单位二氧化碳排放系数。

随着旅游经济的快速发展,旅游已成为大众化的活动,旅游活动形式和内容也呈现出多样化的特点。如第 1 章表 1-5 ~ 表 1-7 所示,不同形式、不同内容、不同规模的旅游活动其能源消耗和二氧化碳排放量差别较大,而旅游活动的能源消耗和二氧化碳排放的区域差异和个体差异也十分明显(石培华和吴普,2011;焦庚英等,2012)。要收集与各种旅游活动的形式和内容相对应的旅游者人数数据是非常困难的,尤其是在全省或全国这样大尺度范围内。根据本书的研究目的并考虑到数据的可获得性,本书借鉴石培华和吴普(2011)的研究成果,从旅游目的的角度将旅游者的旅游活动类型划分为观光旅游、休闲度假、商务出差、探亲访友、其他旅游活动等五种,其单位二氧化碳排放系数分别为 417g/游客、1670g/游客、786g/游客、591g/游客、172g/游客,并假设历年的单位二氧化碳排放系数保持一致。各种旅游活动类型的旅游者人数可以通过国家旅游局发布的《旅游抽样调查资料》和《中国旅游统计年鉴》综合得出。

综上,旅游业总二氧化碳排放量计算:

$$Q = Q_T + Q_H + Q_A \tag{3-4}$$

其中,Q 表示旅游业总二氧化碳排放量;Q_T 是旅游交通的二氧化碳排放量;Q_H 为旅游住宿的二氧化碳排放量;Q_A 为旅游活动的二氧化碳排放量。

3.2.3 旅游业二氧化碳排放与旅游经济的脱钩关系测度方法

目前,脱钩关系分析主要有两种基本模型,分别是 OECD 脱钩指数模型和 Tapio 脱钩状态分析模型(彭佳雯等,2011)。

OECD 脱钩指数模型:经济合作与发展组织(OECD)的专家将脱钩定义为"用来形容阻断经济增长与环境污染之间的联系或者说使二者的变化速度不同步"(OECD,2002)。OECD 脱钩指数主要是描述环境压力(状态)与经济驱动力变化之间的关系,通过脱钩指数(Decoupling Index)与脱钩因子来衡量脱钩指标构建变化。计算公式为(孙耀华和李忠民,2011):

$$DI = \frac{(EP/DF)_{t_1}}{(EP/DF)_{t_0}} \tag{3-5}$$

$$D_f = 1 - DI = 1 - \frac{(EP/DF)_{t_1}}{(EP/DF)_{t_0}} \tag{3-6}$$

式中,DI 为脱钩指数;D_f 为脱钩因子;EP 为环境压力指标值;DF 为经济驱动力指标值;t_0、t_1 分别为基期和末期。脱钩因子 D_f 的取值范围为 $(-\infty,1]$。当 D_f 的值 $\in (-\infty,0]$时,处于连接状态;当 D_f 的值 $\in (0,1]$时,出现脱钩现象,又可以进一步划分为绝对脱钩和相对脱钩。如果两者的增长速度都为正,当经济驱动力增长率高于环境压力变化率时,为相对脱钩;当经济驱动力增长率为正,而环境压力变化率下降或为负值时,为绝对脱钩,这是一种高效的经济增长模式。但是,OECD 脱钩指标对基期和末期时间段的选择过于敏感,不同的基期和末期时间段计算得到的脱钩因子差别很大,不利于脱钩状态的判定(孙耀华和李忠民,2011)。

Tapio 脱钩状态分析模型:是在 OECD 脱钩指数模型基础上发展而来的,有效克服了 OECD 脱钩模型在基期选择上的困境,将经济驱动力指标与环境压力指标的各种可能组合给予了合理定位,提高了测度的准确性和分析的客观性。Tapio(2005)在研究1970—2001年芬兰的交通行业发展与二氧化碳排放问题时,引入了脱钩弹性(decoupling elasticity)指标,即经济发展变化的幅度与其导致二氧化碳排放改变程度的比值,反映了二氧化碳排放变化对于经济变化的敏感程度(田云等,2012)。以 CO_2 排放为环境压力,GDP 为经济驱动力,其脱钩弹性系数计算公式如下(Tapio,2005):

$$e_{(CO_2,GDP)} = \frac{\% \triangle CO_2}{\% \triangle GDP} \qquad (3-7)$$

式中, $e_{(CO_2,GDP)}$ 表示经济发展与二氧化碳排放之间的脱钩弹性系数值; $\% \triangle CO_2$ 表示二氧化碳排放的增长率; $\% \triangle GDP$ 表示经济的增长率。依据脱钩弹性系数值的不同,可进一步划分为弱脱钩、强脱钩、衰退脱钩、扩张负脱钩、强负脱钩、弱负脱钩、扩张连接、衰退连接等八种脱钩状态,详见表 3 - 2。

本书选用 Tapio 模型对我国旅游业二氧化碳排放与旅游经济增长的脱钩关系进行分析,构建了旅游业二氧化碳排放与旅游经济的脱钩指数(DI,Decoupling Indicator),即指一定时期内旅游业二氧化碳排放量变化的速度与旅游经济规模变化的速度的比,是衡量旅游业二氧化碳排放与旅游经济增长关系的一个指标。以 Tapio(2005)的脱钩模型为基础,进行相应的变量变换,计算公式如下(Tang et al.,2014):

$$DI = \frac{\% \triangle Q}{\% \triangle G} \qquad (3-8)$$

其中, DI 表示旅游业二氧化碳排放与旅游经济的脱钩指数; $\% \triangle Q$ 表示旅游业二氧化碳排放的增长率; $\% \triangle G$ 表示旅游经济的增长率。脱钩指数的分类及含义,详见表 3 - 3。

表 3 - 2 Tapio 的八种脱钩状态与弹性值

状态		环境压力 EP	经济驱动力 DF	弹性 e
脱钩	弱脱钩	> 0	> 0	$0 \leqslant e < 0.8$
	强脱钩	< 0	> 0	$e < 0$
	衰退脱钩	< 0	< 0	$e > 1.2$
负脱钩	扩张负脱钩	> 0	> 0	$e > 1.2$
	强负脱钩	> 0	< 0	$e < 0$
	弱负脱钩	< 0	< 0	$0 \leqslant e < 0.8$
连接	扩张连接	> 0	> 0	$0.8 \leqslant e < 1.2$
	衰退连接	< 0	< 0	$0.8 \leqslant e < 1.2$

资料来源:根据 Tapio(2005)整理。

表 3 - 3　旅游业二氧化碳排放与旅游经济的脱钩状态判定标准

状态	%△Q	%△G	DI	含义
强脱钩	<0	>0	<0	旅游业 CO_2 排放增长率为负,旅游经济的增长率为正,是最理想的状态
弱脱钩	>0	>0	0<DI<1	旅游业 CO_2 排放增长率小于旅游经济的增长率,是比较理想的状态
临界	>0	>0	=1	旅游业 CO_2 排放增长率等于旅游经济的增长率
负脱钩	>0	>0	>1	旅游业 CO_2 排放增长率大于旅游经济的增长率
衰退脱钩	<0	<0	>1	旅游业 CO_2 排放下降率大于旅游经济的下降率
弱负脱钩	<0	<0	0<DI<1	旅游业 CO_2 排放下降率小于旅游经济的下降率
强负脱钩	>0	<0	<0	旅游业 CO_2 排放增长率为正,旅游经济增长率为负,是最不利的状态

资料来源:根据 Tapio(2005),赵兴国等(2011),杨嵘和常烜钰(2012),远萌(2012)等文献修改。

3.2.4　数据来源与处理

数据来源:①考虑到我国 1985 年才有国内旅游的统计数据,因此,本书计算时间段为 1985—2012 年;②全国各种交通运输方式的旅客周转量主要来自《中国统计年鉴(1986—2013)》;31 个省区市(不含我国香港、澳门和台湾地区,下同)的各种交通方式的旅客周转量来自于各省份相应年份的统计年鉴;③全国及各省区市的星级饭店的饭店数、床位数、客房出租率等相关数据来自《中国旅游统计年鉴(1992—2013)》和《中国旅游年鉴(1990—2013)》;④旅游者人数包括国内旅游者和入境旅游者两部分。全国接待的国内和入境旅游人数数据主要来自《中国统计年鉴(1986—2013)》;31 个省区市的 1990—2008 年的入境旅游人数来自于《新中国六十年统计资料汇编》,2009—2012 年的数据来自《中国统计年鉴(2010—2013)》;国内旅游人数来自于各省区市相应年份的统计年鉴;各种类型旅游活动的规模参考《旅游抽样调查资料(2001—2013)》中的国内旅游活动和口岸调查入境游客活动综合得出;⑤全国旅游业总收入数据根据历年《中国统计年鉴》《中国旅游统计年鉴》《中国国内旅游抽样调查资料》整理;31 个省区市的旅游业收入来源于各省区市相应年份的统计年鉴及旅游业统计公报;⑥所涉及的参照数据,如不同交通方式的单位二氧化碳排放系数、不同星级饭店的单位能耗值、各种旅游活动的单位二氧化碳排放系数、不同交通方式客流量中旅游者的比例等,主要从国内外学者的相关参考文献及一些组织和机构的研究报告成果中获取。由于技术进步、能源效率提高,以及宏观经济发展的影响,各种能耗系数、二氧化碳排放系数、游客比例等会发生一定变化,但在本书的研究时段内,这种变化并不会引起计算结果与实际值出现数量级的差异。因此,在本书研究中,假设各种能耗系数、二氧化碳排放系数、游客比例保持不变,且不考虑其地区差异。

数据处理:①由于我国从 1991 年才开始星级饭店的评定工作,因此,为保证数据的连续性,本书对 1985—1990 年的各星级饭店的床位数、客房出租率进行了数据处理。其中,1985—1990 年的各星级饭店的床位数按照 1991 年各星级饭店的床位数比例得到,客房出租率采用 1991 年各星级饭店的客房出租率数值;②为了进一步分析国内外旅游者、城镇与农村居民旅游活动二氧化碳排放量的大小,本书将旅游活动的二氧化碳排放源分为国内旅游者和入境旅游者,并把国内旅游者分为城镇居民和农村居民。考虑数据可获取性,将 1985—1999 年各种类型旅游活动的比例数据与 2000 年采用同一数值,2000—2012 年各种类型旅游活动的比例数据以当年数据为准;③由于部分省区市 1990 年之前的旅游业相关数据不全,而 1990 年之后的数据相对全面,因此考虑到数据的可获取性,本书分别选取了全国 31 个省区市的 1990—1992 年、2009—2012 年的旅客周转量、星级饭店的床位数和客房出租率、旅游人数等数据。为了避免截面数据分析可能造成的偶然性,本书分别选用 1990—1992 年、2010—2012 年各 3 年的平均值来分析各地区旅游业二氧化碳排放情况;④基于数据可比性考虑,为剔除物价上涨因素,本书以 1985 年作为价格基准年,利用 GDP 指数(1978 = 100)得到不变价的 1985—2012 年我国旅游总收入;以 1990 年作为价格基准年,利用各省区市不变价 GDP 指数得到修正后的 1990—2012 年各地区旅游总收入,以剔除价格因素对旅游收入产生的影响。

3.3　我国旅游业二氧化碳排放的时间变化

3.3.1　旅游交通二氧化碳排放变化

随着交通运输业的发展,人们的出行变得方便而频繁,全国交通旅客周转量由 1985 年的 4 437 亿人公里增长到 2012 年的 33 383.1 亿人公里,增长了 6.52 倍。旅客周转量的增加,势必消耗更多的能源并增加二氧化碳的排放。作为客运交通的重要组成部分,旅游交通的二氧化碳排放量不容忽视。1985 年到 2012 年,我国旅游交通的二氧化碳排放量从 932.13 万 t 增加到 2012 年的 10 254.64 万 t,增长了 10 倍,年均增长率达到了 9.4%,如图 3 - 4 所示。从历年变化来看,1985—1988 年,我国旅游交通二氧化碳排放量呈现快速增加的趋势;1989—1990 年,受 1989 年政治风波的影响,入境旅游减弱导致对旅游交通需求量的减少,使得我国旅游交通二氧化碳排放量下降;1991—1994 年,我国旅游交通二氧化碳排放量呈现快速增加的趋势;1995—2002 年,呈现出缓慢增加的趋势;受 2003 年"非典"疫情的影响,出游人数减少,导致旅游交通二氧化碳排放量下降;2004—2012 年,我国旅游交通二氧化碳排放量呈现出快速增加的趋势。

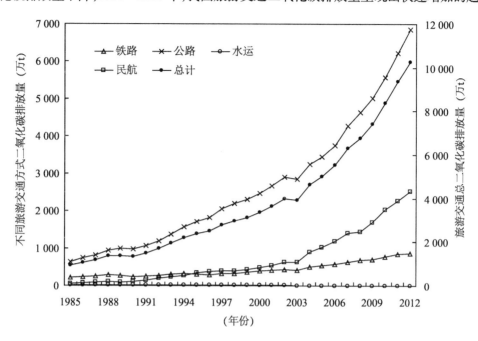

图 3 - 4 1985—2012 年我国旅游交通二氧化碳排放变化

1985—2012 年,四种旅游交通方式的二氧化碳排放量有着不同的变化特征,如图 3 - 5 所示。从时间变化上看,民航、公路和铁路旅游交通的二氧化碳排放量均呈现增加趋势,分别增长了 43.06 倍、10.71 倍、4.06 倍,年均增长率分别达到了 15.5%、9.27%、5.57%;而水运旅游

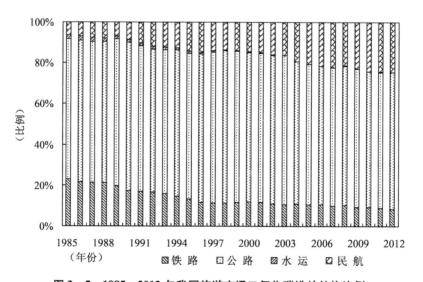

图 3 - 5 1985—2012 年我国旅游交通二氧化碳排放结构比例

交通的二氧化碳排放量却呈现出下降趋势。从总量上看,公路旅游交通的二氧化碳排放量最高,其次是民航和铁路旅游交通,水运旅游交通最低。从结构比例来看,公路旅游交通的二氧化碳排放比例最高,平均值为70.49%,变化比较平稳;民航旅游交通的二氧化碳排放比例平均值为15.19%,呈现出明显增加的趋势;铁路旅游交通的二氧化碳排放比例平均值为13.59%,呈现出逐渐下降的趋势;水运旅游交通的二氧化碳排放比例最低,并呈现出下降趋势。可以看出,公路和民航是旅游交通二氧化碳排放量的主要来源,而且民航的二氧化碳排放量增长幅度最大,所占二氧化碳排放量的比重也越来越大,将会成为未来旅游交通二氧化碳排放的主要来源。

3.3.2 旅游住宿二氧化碳排放变化

伴随着旅游业的发展,我国的星级饭店总数、房间数和床位数分别从1985年的995家、150 770间、333 156张增加到2012年的11 367家、1 497 188间、2 677 436张,导致了其二氧化碳排放量的增加。从图3-6可以看出,我国旅游住宿二氧化碳排放量从1985年的54.87万t增加到2012年的1 078.75万t,增长了18.66倍,年均增长率达到了12.07%。从历年变化来看,1985—1998年,我国旅游住宿二氧化碳排放量呈现缓慢增加的趋势;1999—2007年,呈现出快速增加的趋势;2008—2012年,呈现出波动变化。

1985—2012年,五种类型星级饭店的二氧化碳排放量有着不同的变化特征。从时间变化上看,五星级和四星级饭店的二氧化碳排放量呈现增加趋势,分别增长了33.74倍、50.63倍,三星级、二星级和一星级饭店的二氧化碳排放量均呈现出先增多后下降的趋势,如图3-6所示。从总量变化上看,三星级饭店的二氧化碳排放量最高,其次是四星级和二星级饭店,五星级饭店的二氧化碳排放量增长较快,并在2010年以后超过了二星级饭店的二氧化碳排放量,一星级饭店的二氧化碳排放量最低,如图3-6所示。从结构比例来看,三星级饭店的二氧化碳排放比例最高,平均值为42.13%,变化比较平稳;二星级饭店的二氧化碳排放比例平均值为23.55%,呈现出下降的趋势;四星级饭店的二氧化碳排放比例平均值为20.25%,呈现出增加的趋势;五星级饭店的二氧化碳排放比例平均值为11.59%,呈现出缓慢增加的趋势;一星级饭店的二氧化碳排放比例最低,并呈现出逐渐下降趋势,如图3-7所示。可以看出,三星级饭店所占二氧化碳排放量比例最大,四星级饭店所占二氧化碳排放量的比重越来越大。因此,三星级和四星级饭店将会成为我国旅游住宿二氧化碳排放量的主要来源。

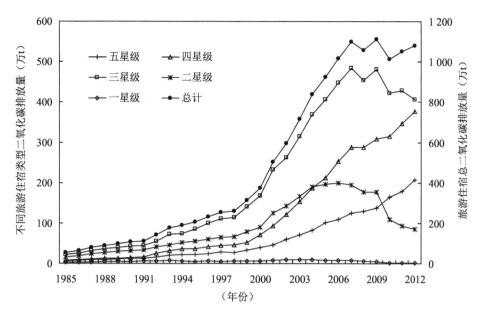

图 3 – 6　1985—2012 年我国旅游住宿二氧化碳排放量

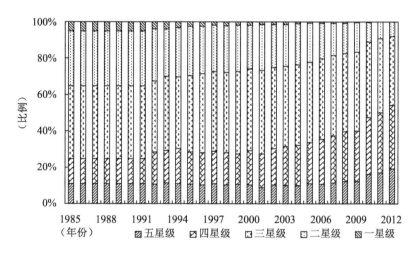

图 3 – 7　1985—2012 年我国旅游住宿二氧化碳排放结构比例

3.3.3　旅游活动二氧化碳排放变化

随着旅游经济的快速发展,我国旅游业已进入到大众化发展时期。1985—2012 年,我国接待国内外旅游者人数从 2.42 亿人次增长到 30.92 亿人次,使得旅游活动的二氧化碳排放量也在不断增加,如图 3 – 8 所示。从图 3 – 8 可以看出,我国旅游活动的二氧化碳排放量从 1985 年的 15.69 万 t 增加到 2012 年的 234.78 万 t,增长了 13.96 倍,年均增长率达到了

11.03%。从历年变化来看,1985—1988 年,旅游活动的二氧化碳排放量增长缓慢;1989—1995 年,旅游活动的二氧化碳排放量增长较快;1996—2003 年,处于缓慢增长的状态;2004—2012 年,又处于快速增长的状态。

1985—2012 年,五种类型旅游活动的二氧化碳排放量有着不同的变化特征,如图 3 - 8 所示。从时间变化上看,观光旅游、休闲度假、商务出差、探亲访友和其他旅游活动的二氧化碳排放量均呈现增加趋势,分别增长了 11.19 倍、29.98 倍、9.16 倍、10.40 倍、9.06 倍,年均增长率分别为 10.37%、14.29%、10.67%、9.56%、9.73%。从总量变化上看,探亲访友和休闲度假的二氧化碳排放量最高,其次是观光旅游和商务出差,其他旅游活动最低。从结构比例来看,探亲访友的二氧化碳排放比例最高,平均值为 37.94%,变化比较平稳;休闲度假的二氧化碳排放比例平均值为 28.12%,呈现出增加的趋势;观光旅游的二氧化碳排放比例平均值为 17.11%,呈现出下降的趋势;商务出差的二氧化碳排放比例平均值为 13.52%,呈现出下降的趋势;其他旅游活动的二氧化碳排放比例最低,变化不大,如图 3 - 9 所示。可以看出,在各类旅游活动中,探亲访友的二氧化碳排放量所占比例最大,其次是休闲度假;从增长趋势来看,休闲度假的增长速度要大于探亲访友,将成为我国旅游活动二氧化碳排放量的主要来源。

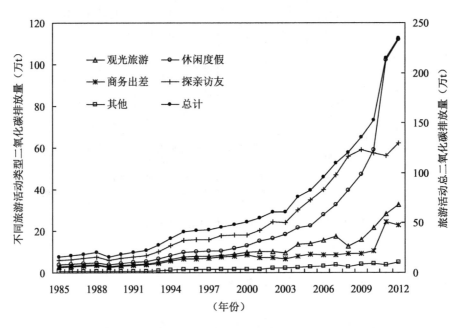

图 3 - 8 1985—2012 年我国旅游活动二氧化碳排放量

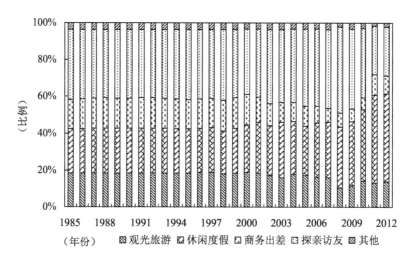

图 3 - 9　1985—2012 年我国旅游活动二氧化碳排放结构比例

3.3.4　旅游业总二氧化碳排放变化

将旅游交通、旅游住宿和旅游活动三个主要部门的二氧化碳排放量进行求和,得到我国 1985—2012 年的旅游业二氧化碳排放量,如图 3 - 10 所示。从图 3 - 10 可以看出,我国旅游业二氧化碳排放总量从 1985 年的 1 002.68 万 t 增加到 2012 年的 11 568.17 万 t,增长了 10.54 倍。从历年变化来看,1985—1988 年,旅游业二氧化碳排放总量增长较快;1989—1990 年,旅游业二氧化碳排放总量下降;1990—1994 年,旅游业二氧化碳排放总量增长较快;1995—2002 年,处于缓慢增长的态势;2003—2012 年,又处于快速增长的态势。从整体来看,1985 年到 2012 年,旅游业二氧化碳排放量的年均增长率达到了 9.57%。如果不能有效控制这一增长速度,实现我国旅游业的节能减排目标及低碳发展将会面临着巨大压力。

从构成比例来看,旅游交通二氧化碳排放量所占比例最大,平均约占 88.70%,有缓慢下降的趋势;其次是旅游住宿,约占 9.85%,有逐渐增加的趋势;旅游活动所占比例最小,约占 1.44%,变化相对平稳,有缓慢增加趋势,如图 3 - 11 所示。从总量变化来看,旅游交通、旅游住宿、旅游活动的二氧化碳排放量均呈增加趋势,年均增长率分别为 9.4%、12.07%、11.03%。其中,旅游交通二氧化碳排放量的增加趋势与旅游业二氧化碳排放总量的增加趋势保持一致,说明旅游交通是我国旅游业二氧化碳排放的最主要来源,如图 3 - 10 所示。

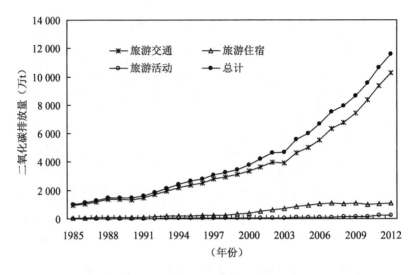

图 3 - 10　1985—2012 年我国旅游业二氧化碳排放总量变化

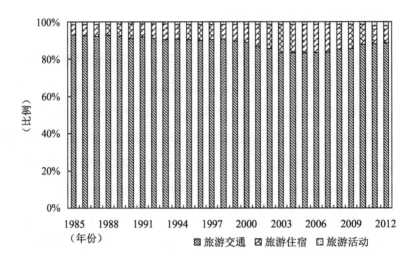

图 3 - 11　1985—2012 年我国旅游业二氧化碳排放总量结构比例

　　从上述分析可以看出,旅游交通是我国旅游业二氧化碳排放的重要来源和核心环节,而且短期内仍将维持这一态势。这一结果与其他学者和机构的研究结论基本吻合(Gössling,2002;UNWTO,2008;石培华和吴普,2011;王凯,2014)。因此,旅游业节能减排的重点应放在旅游交通部门。而旅游交通属于客运交通的一部分,在交通运输业节能减排的大背景下,也要推进旅游交通,特别是旅游景区内部交通的节能减排及其低碳发展。如,提高旅游交通工具的能源效率、优化调整旅游交通结构、合理引导旅游者的出行交通需求等。

　　此外,从旅游交通、旅游住宿、旅游活动的二氧化碳排放年均增长率来看,旅游住宿业二氧化碳排放的年均增长率最高,而且其构成比例变化趋势是逐渐增加的,表明旅游住宿业是今后旅游业节能减排的重要部门。作为旅游业的三大支柱产业之一,旅游饭店在为宾客提供良好环境和优质服务的同时,产生了大量的能源和资源消耗(电力、天然气、柴油、水等)、物质损耗(照明系统、用水系统、采暖制冷系统、床上用品等),以及废弃物排放(水、油、厨余垃圾等)问题(刘益,2012;刘蕾等,2012;魏卫等,2013;Tang et al.,2013)。因此,需要大力推进旅游饭店的节能减排及其低碳发展。

旅游活动的二氧化碳排放年均增长率也较高,其构成比例变化趋势是在缓慢增加。虽然其在旅游业二氧化碳排放中的所占比例较低,但是其增长势头较快,表明旅游业的节能减排不能忽视旅游活动所带来的能源消耗和二氧化碳排放。旅游活动主要发生在旅游景区内,特别是在一些森林、水体、湿地、山地等自然风景区内。随着大众旅游时代的来临,一些景区为吸引游客推出了许多高能耗、高污染的旅游活动项目,如水上摩托、空中观光、直升机滑雪等,势必要消耗更多能源,产生更多的二氧化碳排放。因此,作为旅游活动的重要场所,构建低碳旅游景区,推动其进行节能减排是十分必要的。这与《国务院关于加快发展旅游业的意见》中提出的"五年内将星级饭店、A 级景区用水用电量降低 20%"的目标是一致的。

3.4　我国旅游业二氧化碳排放的区域差异

全国不同省区市之间,由于自然地理条件、旅游资源禀赋、社会文化环境和经济发展水平等方面的差异,使得旅游业二氧化碳排放呈现着不同的区域格局变化。本书分别计算了各地区 1990—1992 年、2010—2012 年两个时间段的旅游交通、旅游住宿、旅游活动的二氧化碳排放量,并对全国不同地区旅游业二氧化碳排放量的区域差异及时间变化进行了分析。

3.4.1　旅游交通二氧化碳排放的区域差异

通过估算的 1990—2012 年各地区旅游交通二氧化碳排放量可以看出,全国 31 个省区市在 1990—1992 年、2010—2012 年两个时间段的旅游交通二氧化碳排放量存在着明显的地区差异,如图 3-12 所示。从图 3-12 中可以看出,从 1990 年到 2012 年,全国 31 个省区市旅游交通的二氧化碳排放量均有不同程度的增长。从绝对量来看,1990—1992 年,旅游交通二氧化碳排放量超过全国各省区市平均值的地区有 12 个,从高至低依次是广东、江苏、河南、四川、湖南、浙江、山东、河北、辽宁、安徽、湖北和福建,二氧化碳排放量最少的 5 个省区包括西藏、青海、宁夏、天津、内蒙古;2010—2012 年,旅游交通二氧化碳排放量超过全国各省区市平均值的地区有 11 个,从高至低依次是广东、北京、上海、江苏、四川、山东、河南、安徽、浙江、湖南和湖北,二氧化碳排放量最少的 5 个地区包括西藏、青海、宁夏、天津、山西。从数量变化来看,有 11 个地区旅游交通的二氧化碳排放量增量超过全国各省市区的平均增量,从高至低依次是广东、北京、上海、江苏、四川、山东、安徽、河南、浙江、湖南和湖北;旅游交通的二氧化碳排放量增量较少的 5 个省区包括西藏、青海、宁夏、山西、天津。从增长速度来看,年均增长率超过全国各省区市年均增长率的有 12 个省区市,从高至低依次是上海、北京、西藏、海南、广东、重庆、天津、青海、安徽、云南、新疆和山东;增长缓慢的 5 个省份包括山西、辽宁、河北、福建、江西。

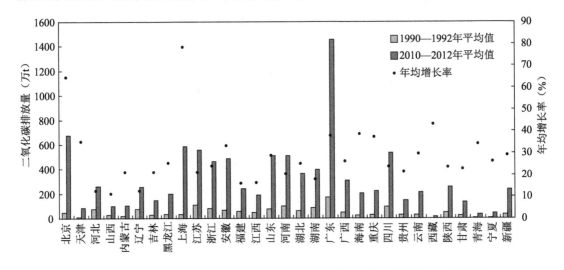

图 3-12　1990—2012 年全国各地区旅游交通的二氧化碳排放量及其年均增长率

从以上分析可以看出,在广东、北京、上海、江苏、浙江等经济发达和旅游资源丰富的地区,以及历史悠久或旅游资源多样的河南、四川、湖南、山东、河北等地区,旅游交通在旅游业中所起到的作用较大,所产生的二氧化碳排放量也较大。而在西藏、青海、宁夏等地区,受自然地理环境的制约,旅游业发展相对落后,旅游交通的发展也相对滞后,成为全国旅游交通二氧化碳排放的最弱区域。但是,随着交通基础设施的改善,拉萨、昌都、林芝等地机场的改扩建,2006 年青藏铁路的正式通车运营,以及公路通车里程的提高,西藏旅游交通的二氧化碳排放也有了较快增长。

3.4.2　旅游住宿二氧化碳排放的区域差异

通过估算的 1990—2012 年各地区旅游住宿二氧化碳排放量可以看出,全国 31 个省区市在 1990—1992 年、2010—2012 年两个时间段的旅游住宿二氧化碳排放量存在着明显的地区差异,如图 3-13 所示。从图 3-13 中可以看出,从 1990 年到 2012 年,全国 31 个省区市旅游住宿的二氧化碳排放量均有不同程度的增长。从绝对量来看,1990—1992 年,旅游住宿二氧化碳排放量超过全国各省区市平均值的地区有 9 个,从高至低依次是广东、北京、上海、四川(包括重庆)、湖北、福建、山东、河北,二氧化碳排放量最少的 5 个省区包括西藏、青海、宁夏、贵州、内蒙古;2010—2012 年,旅游住宿二氧化碳排放量超过全国各省区市平均值的地区有 12 个,从高至低依次是广东、浙江、北京、山东、江苏、湖南、上海、四川、辽宁、新疆、云南、福建,二氧化碳排放量最少的 5 个省区包括宁夏、青海、西藏、天津、吉林。从数量变化来看,有 13 个省区旅游住宿的二氧化碳排放量增量超过全国各省区市的平均增量,从高至低依次是浙江、山东、江苏、北京、湖南、广东、云南、河南、新疆、辽宁、安徽、福建、陕西,旅游住宿的二氧化碳排放量增量较少的 5 个省区包括宁夏、青海、西藏、天津、吉林。从增长速度来看,年均增长率超过全国各省区市年均增长率的有 14 个省区市,从高至低依次是河南、西藏、浙江、贵州、湖南、江苏、陕西、山东、山西、内蒙古、云南、青海、新疆、安徽,增长缓慢的 5 个省区包括广东、上海、北京、湖北、四川。

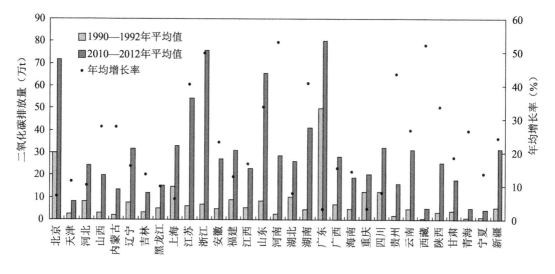

图 3-13　1990—2012 年全国各地区旅游住宿的二氧化碳排放量及其年均增长率

从以上分析可以看出,由于在我国东部沿海经济发达地区以及中部旅游资源丰富地区,随着旅游业的发展,星级饭店的数量也在不断增加,导致旅游住宿产生的二氧化碳排放量也较大,但是增速相对放缓。而在西藏、青海、宁夏等地区,旅游业发展相对落后,星级饭店的数量较少,使得这些区域旅游住宿二氧化碳排放量较低。但是,随着旅游业的发展,相配套的星级饭店数量也在增多,使得这些地区的旅游住宿二氧化碳排放增长较快。

3.4.3 旅游活动二氧化碳排放的区域差异

通过估算的1990—2012年各地区旅游活动二氧化碳排放量可以看出,全国31个省区市在1990—1992年、2010—2012年两个时间段的旅游活动二氧化碳排放量存在着明显的地区差异,如图3-14所示。从图3-14可以看出,从1990年到2012年,全国31个省区市旅游活动的二氧化碳排放量均有不同程度的增长。从绝对量来看,1990—1992年,旅游活动二氧化碳排放量超过全国各省区市平均值的地区有10个,从高至低依次是北京、上海、江苏、四川、河南、辽宁、山东、广东、浙江、河北,二氧化碳排放量最少的5个省区包括西藏、宁夏、青海、天津、海南;2010—2012年,旅游活动二氧化碳排放量超过全国各省区市平均值的地区有15个,从高至低依次是山东、江苏、四川、浙江、辽宁、广东、河南、湖北、湖南、上海、安徽、北京、黑龙江、河北、陕西,二氧化碳排放量最少的5个省区包括西藏、宁夏、青海、海南、新疆。从数量变化来看,有13个地区旅游活动的二氧化碳排放量增量超过全国各省区市平均增量,从高至低依次是山东、江苏、四川、浙江、辽宁、广东、河南、湖北、湖南、安徽、上海、黑龙江、陕西,二氧化碳排放量增量较少的5个省区包括西藏、宁夏、青海、海南、新疆。从增长速度来看,年均增长率超过全国各省区市年均增长率的有11个地区,从高至低依次是天津、西藏、黑龙江、山西、湖北、甘肃、内蒙古、云南、安徽、贵州、湖南,增长缓慢的5个省区包括北京、上海、吉林、河北、河南。

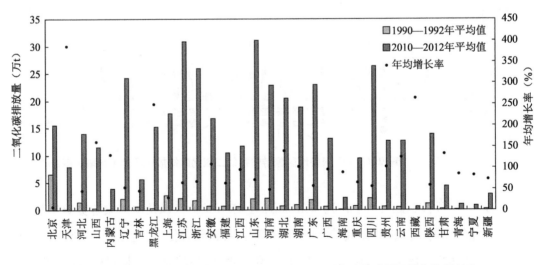

图3-14 1990—2012年全国各地区旅游活动的二氧化碳排放量及其年均增长率

从以上分析可以看出,游客主要集中在北京、上海、广东以及东部沿海地区,而近年来随着各地旅游业的发展,游客有向中西部、东北部扩散的趋势,特别是天津、西藏、黑龙江、山西、内蒙古、云南等区域的旅游者数量在不断增多,导致该区域的旅游活动二氧化碳排放增速较快。而在甘肃、宁夏、青海、西藏等我国西北部地区,旅游者人数相对较少,使得这些区域旅游活动的二氧化碳排放量较低。

3.4.4　旅游业总二氧化碳排放的区域差异

将各地区的旅游交通、旅游住宿和旅游活动的二氧化碳排放量进行汇总加和,得到各地区 1990—2012 年的旅游业二氧化碳排放量的时间变化和空间变化示意图,如图 3 - 15 所示。从图 3 - 15 中可以看出,从 1990 年到 2012 年,全国 31 个省区市旅游业的二氧化碳排放量均有不同程度的增长。从绝对量来看,1990—1992 年,旅游业二氧化碳排放量超过全国省区市平均值的地区有 13 个,从高至低依次是广东、江苏、四川、河南、湖南、浙江、山东、北京、辽宁、河北、湖北、安徽、福建,二氧化碳排放量最少的 5 个省区包括西藏、青海、宁夏、天津、内蒙古;2010—2012 年,二氧化碳排放量超过全国省区市平均值的地区有 11 个,从高至低依次是广东、北京、江苏、上海、山东、四川、浙江、河南、安徽、湖南、湖北,二氧化碳排放量最少的 5 个省区包括西藏、青海、宁夏、天津、内蒙古。从数量变化来看,有 11 个地区旅游业的二氧化碳排放量增量超过全国省区市平均增量,从高至低依次是广东、北京、上海、江苏、山东、四川、浙江、安徽、河南、湖南、湖北;二氧化碳排放量增量较少的 5 个省区包括西藏、青海、宁夏、天津、山西。从增长速度来看,年均增长率超过全国省区市年均增长率的有 12 个地区,从高至低依次是上海、西藏、北京、海南、安徽、青海、天津、山东、广东、新疆、重庆、浙江;增长缓慢的 5 个省份包括河北、辽宁、山西、福建、江西。

从以上分析可以看出,我国旅游业二氧化碳排放量较高的区域主要集中在北京及上海、广东等东部沿海地区,以及中部地区。随着旅游业的发展,这些地区旅游业二氧化碳排放量还在不断增加,增幅明显。而甘肃、宁夏、青海、西藏等我国西北部地区,是我国旅游业二氧化碳排放量最少的地区。但是随着交通设施的改善、旅游接待能力的提高、旅游者数量的增多,这些地区旅游业二氧化碳排放量的增长速度较快。

从旅游业二氧化碳排放量的空间分布来看,2010—2012 年,各地区旅游业二氧化碳排放量总体上呈现由东部向中部、西部地区递减的趋势。总体来看,可将 31 个省区市划分为 5 个不同的等级。其中旅游业二氧化碳排放量大于 600 万 t 的为高排放区域,主要集中在广东、北京、江苏、上海、山东等我国经济发达的地区。其中,北京、上海、广州、深圳等地均是国际化大都市,现代化的城市风貌、国际化的服务设施、频繁的对外经贸往来以及丰富的旅游资源,对众多旅游者产生了巨大的吸引力。2012 年,这 5 个省区接待国内外旅游者数量占全国接待旅游者总数的 26.11%。众多的旅游人数导致了其旅游业二氧化碳排放量也处于高位。2010—2012 年,这 5 个省区旅游业二氧化碳排放量占全国旅游业二氧化碳排放总量的比重达到了 37.31%。

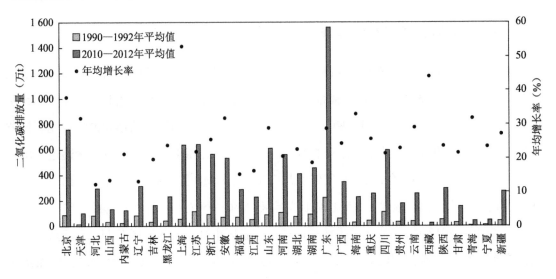

图 3 - 15　1990—2012 年全国各地区旅游业的二氧化碳排放量及其年均增长率

四川、浙江、河南、安徽、湖南、湖北等省的旅游业二氧化碳排放量处于 400 万 t ~ 600 万 t。这些地区不仅拥有悠久的历史文化、多样的民族风情,而且自然景观独特、风光秀丽,旅游资源丰富,旅游业发达。2012 年,这些地区接待国内外旅游者数量占全国接待旅游者总数的 32.42%。游客量众多,导致这几个地区旅游业二氧化碳排放量在全国位居前列。2010—2012 年,这些地区旅游业排放量占全国旅游业二氧化碳排放总量的比重达到了 27.64%。

广西、辽宁、河北、陕西、福建、新疆、云南、重庆、黑龙江、海南、江西等省区,是我国旅游业较为发达的地区。这些地区不仅拥有独特的自然风景,而且人文景观丰富多彩,吸引着旅游者前往观光。2012 年,这些地区接待国内外旅游者数量占全国接待旅游者总数的 29.50%。2010—2012 年,这些地区旅游业二氧化碳排放量处于 200 万 t ~ 400 万 t,占全国旅游业二氧化碳排放总量的比重为 26.60%。

我国旅游业二氧化碳排放较少的地区包括贵州、吉林、甘肃、山西、内蒙古、天津等省区。这些地区旅游资源相对丰富,但是未得到充分开发利用,加之这些省区多数处于边远地区,知名度相对较低,导致了旅游者数量较少。天津市因为其地域空间狭小,旅游吸引力相对较低。2010—2012 年,这些地区旅游业二氧化碳排放量处于 50 万 t ~ 200 万 t,占全国旅游业二氧化碳排放总量的比重为 7.51%。

我国旅游业二氧化碳排放最少的地区为宁夏、青海、西藏三省区,2010—2012 年,这些地区旅游业二氧化碳排放量均低于 50 万 t。这三个省区虽然有着独特的旅游资源,但是相对来说,地理位置比较偏僻,经济上不发达,自然环境相对恶劣,旅游业发展滞后。而由于旅游活动相对较少,这些地区成为我国旅游业二氧化碳排放的清洁区域,仅占全国旅游业二氧化碳排放总量的 0.94%。

3.5　我国旅游业二氧化碳排放与旅游经济的脱钩关系分析

3.5.1　全国旅游业二氧化碳排放与旅游经济的脱钩关系

本书以经过 GDP 指数修正后的旅游总收入作为旅游经济发展指标,选取旅游经济增长率($\%\Delta G$)、旅游业二氧化碳排放增长率($\%\Delta Q$)作为脱钩指标,利用公式(3-8)并使用每相邻两年的脱钩指标进行脱钩程度的测度,得到相应的脱钩指数(DI),计算结果如图 3-16、表 3-4 所示。1985—2012 年,按可比价格计算,我国旅游业总收入从 117 亿元上升到 1 469.44 亿元,年均增长率达到了 9.85%,旅游经济发展取得显著成效。从图 3-16、表 3-4 中可以看出,除受 1989 年政治风波、1997 年亚洲金融危机、2008 年全球金融危机的影响,导致旅游经济增长率起伏波动较大以外,其余年份我国旅游经济基本上保持着平稳增长的态势。因此,在总体上,我国旅游经济呈现出在波动中增长的趋势。与此同时,我国旅游业二氧化碳排放增长率起伏较大,除在 1990 年为负值,出现了负增长外,其余年份旅游业二氧化碳排放增长率均为正值,在 1989 年、1996 年、1998 年、2003 年、2005 年、2008 年出现明显下降,在 1991 年、1997 年、2004 年出现了快速上升,其余年份的旅游业二氧化碳排放增长率变化相对平稳,年均增长率达到了 9.85%。

从旅游业二氧化碳排放与旅游经济的脱钩指数来看(见图 3-16、表 3-4),达到强脱钩的年份仅有 1990 年,脱钩指数为 -0.30,反映在旅游经济持续增长的同时,旅游业二氧化碳排放出现负增长,这是旅游经济发展中二氧化碳排放的最理想状态。1989 年、1994—1996 年、1998—1999 年、2003 年、2005—2010 年,这 13 年的旅游经济增长率大于旅游业二氧化碳排放增长率,脱钩指数介于 0~1,表现为弱脱钩。表明在旅游经济快速发展的强度和速度下,旅游经济增长与二氧化碳排放处于相对协调状态,属于旅游经济发展中二氧化碳排放的比较理想状态。1986—1988 年、1991—1993 年、1997 年、2000—2002 年、2004 年、2011—2012 年,这 13 年的旅游经济增长虽然保持较高的速度,但是旅游业二氧化碳排放增长率更高,远超过了旅游经济增长率,脱钩指数大于 1,表现为负脱钩。表明旅游经济增长是以巨大的能源消耗代价为基础的,显现出旅游经济高增长、旅游二氧化碳高排放并存的发展方式,属于旅游经济发展中二氧化碳排放的不可取状态。

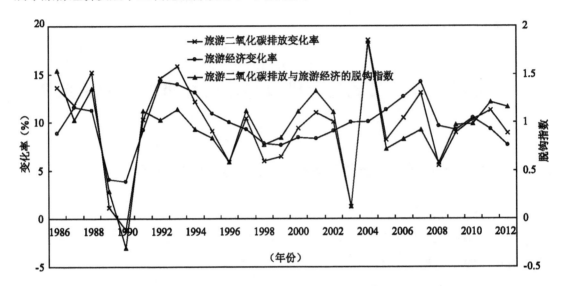

图 3-16　1985—2012 年我国旅游业二氧化碳排放与旅游经济的脱钩关系

表 3-4　1985—2012 年我国旅游业二氧化碳排放与旅游经济的脱钩状态

年份	%△Q(%)	%△G(%)	DI	脱钩状态	年份	%△Q(%)	%△G(%)	DI	脱钩状态
1985	—	—	—	—	1999	6.45	7.63	0.85	弱脱钩
1986	13.64	8.86	1.54	负脱钩	2000	9.40	8.42	1.12	负脱钩
1987	11.83	11.57	1.02	负脱钩	2001	11.03	8.30	1.33	负脱钩
1988	15.21	11.27	1.35	负脱钩	2002	10.09	9.09	1.11	负脱钩
1989	1.16	4.07	0.29	弱脱钩	2003	1.28	10.02	0.13	弱脱钩
1990	-1.15	3.83	-0.30	强脱钩	2004	18.52	10.08	1.84	负脱钩
1991	10.28	9.19	1.12	负脱钩	2005	8.22	11.31	0.73	弱脱钩
1992	14.60	14.24	1.03	负脱钩	2006	10.47	12.67	0.83	弱脱钩
1993	15.81	13.94	1.13	负脱钩	2007	13.08	14.17	0.92	弱脱钩
1994	12.16	13.09	0.93	弱脱钩	2008	5.58	9.63	0.58	弱脱钩

年份	%△Q(%)	%△G(%)	DI	脱钩状态	年份	%△Q(%)	%△G(%)	DI	脱钩状态
1995	9.13	10.93	0.83	弱脱钩	2009	8.96	9.21	0.97	弱脱钩
1996	5.88	10.01	0.59	弱脱钩	2010	10.28	10.44	0.98	弱脱钩
1997	10.40	9.28	1.12	负脱钩	2011	11.23	9.30	1.21	负脱钩
1998	6.02	7.83	0.77	弱脱钩	2012	8.88	7.66	1.16	负脱钩

注:%△Q 表示旅游业二氧化碳排放的增长率;%△G(%)表示旅游经济的增长率;DI 表示旅游业二氧化碳排放与旅游经济的脱钩指数。

总体来看,1985—2012 年,我国旅游业二氧化碳排放与旅游经济的脱钩状态经历了负脱钩—弱脱钩—强脱钩—负脱钩—弱脱钩—负脱钩的交替演变轨迹。可见,我国旅游业在经济发展过程中二氧化碳排放呈现波动变化的趋势。这种变化特点与我国产业结构调整、旅游产业地位提升、国家相关政策指引、国际政治经济形势等大背景密切相关。全部年份的平均脱钩指数为 0.93,旅游经济增长率大于旅游业二氧化碳排放增长率,表明我国旅游业二氧化碳排放整体上达到了弱脱钩,属于旅游经济发展中二氧化碳排放的比较理想状态。说明我国旅游经济增长在能源利用方面是有效率的,也从侧面反映出我国旅游业具有较大的节能减排和低碳发展的潜力和空间。但是,也同样隐含了我国旅游业二氧化碳排放面临着巨大的挑战,0.93 的脱钩指数接近临界状态,意味着在未来 10 年或 20 年的经济增长周期,我国旅游业的能源消耗依然会成倍增加,如果不采取有效节能增效措施,在某种程度上将可能会导致旅游业二氧化碳排放不可接受的增长。而根据发达国家的经验,脱钩指数的变化一般要经历强脱钩—弱脱钩—负脱钩—强脱钩的过程。因此,应通过政策、技术与管理等的综合影响,合理控制旅游经济增长速度和旅游扩张规模,以免造成不必要的二氧化碳产生,避免走高增长、高排放的发展方式,最终实现旅游经济增长与旅游业二氧化碳排放的强脱钩。当然,旅游业低碳发展不能以牺牲旅游经济增长、降低旅游体验质量为代价盲目进行节能减排。为此,在旅游业未来发展过程中,要动态监测旅游经济与旅游业二氧化碳排放之间的脱钩情况,保持合理的旅游经济增长速度,采取有效措施提高旅游业的能源和资源利用效率,降低旅游经济增长的能源成本和环境代价,走旅游能源资源"低耗高效型"、旅游经济发展"高速高效型"的低碳发展之路。

3.5.2　各地区旅游业二氧化碳排放与旅游经济的脱钩关系

为了判断各省区市旅游业二氧化碳排放和旅游经济发展之间的脱钩关系,用各省区市旅游业二氧化碳排放量年平均变化率($\%\Delta Q$)除以旅游经济的年平均变化率($\%\Delta G$),得到各地区1990—2012年的旅游业二氧化碳排放与旅游经济发展之间的脱钩指数(DI)。同时,为便于分析,以脱钩指数为标准进行了降序排列(见表3-5)。

从表3-5可以看出,1990—2012年,我国各省区市的旅游经济增长率和旅游业二氧化碳增长率均呈现出正增长的态势,但增长率不尽相同。从旅游经济增长率来看,内蒙古、天津、广东、江苏、福建、浙江、山东、西藏等省区市保持着较高的旅游经济发展速度;从旅游业二氧化碳增长率来看,上海、西藏、北京、天津、海南、安徽、青海、云南、山东、广东、新疆等省区市的旅游业二氧化碳排放增长较快。其中,上海、北京、新疆、云南等省区市旅游业二氧化碳增长率明显高于其旅游经济增长率,导致这些省区市的旅游业二氧化碳排放与旅游经济发展之间的脱钩指数大于1,处于负脱钩状态。表明这些省区市旅游业在快速发展的同时,也产生了巨大的能源消耗和二氧化碳排放,呈现为旅游经济高增长、旅游二氧化碳高排放并存的发展方式,是旅游经济发展中二氧化碳排放的不可取状态。而其他绝大部分省区市旅游业二氧化碳排放与旅游经济发展之间的脱钩指数小于1,处于弱脱钩状态,说明这些地区旅游经济增长的速度要大于旅游业二氧化碳排放增长速度,是旅游业低碳发展的相对理想状态。

表3-5 1990—2012年我国各地区旅游业二氧化碳排放与旅游经济的脱钩状态

地区	$\%\Delta Q(\%)$	$\%\Delta G(\%)$	DI	脱钩状态	地区	$\%\Delta Q(\%)$	$\%\Delta G(\%)$	DI	脱钩状态
上海	55.45	41.90	1.32	负脱钩	陕西	24.73	43.27	0.57	弱脱钩
北京	39.77	37.28	1.07	负脱钩	四川	22.41	39.47	0.57	弱脱钩
新疆	28.44	28.08	1.01	负脱钩	山东	30.16	53.32	0.57	弱脱钩
云南	30.35	30.27	1.00	负脱钩	湖南	19.59	37.52	0.52	弱脱钩
青海	33.31	33.46	0.99	负脱钩	广东	30.03	57.80	0.52	弱脱钩
西藏	46.17	47.68	0.97	弱脱钩	吉林	20.57	39.85	0.52	弱脱钩
海南	34.61	38.52	0.90	弱脱钩	河南	21.41	42.81	0.50	弱脱钩
黑龙江	24.81	28.69	0.86	弱脱钩	浙江	26.72	54.62	0.49	弱脱钩
安徽	33.32	41.86	0.80	弱脱钩	江西	17.04	36.94	0.46	弱脱钩
宁夏	24.49	32.51	0.75	弱脱钩	江苏	22.91	57.29	0.40	弱脱钩
甘肃	22.61	32.98	0.69	弱脱钩	辽宁	13.73	36.45	0.38	弱脱钩
贵州	24.03	35.23	0.68	弱脱钩	山西	14.21	38.85	0.37	弱脱钩

地区	%△Q(%)	%△G(%)	DI	脱钩状态	地区	%△Q(%)	%△G(%)	DI	脱钩状态
天津	37.13	59.73	0.62	弱脱钩	内蒙古	22.25	66.43	0.33	弱脱钩
广西	25.41	42.45	0.60	弱脱钩	河北	12.88	43.50	0.30	弱脱钩
湖北	23.64	40.40	0.59	弱脱钩	福建	15.99	56.00	0.29	弱脱钩
重庆	26.92	46.97	0.57	弱脱钩					

　　总体来看,1990—2012 年,各省区市旅游业二氧化碳排放和旅游经济增长之间的脱钩关系主要表现为弱脱钩和负脱钩两种状态,其中绝大部分省区市落在弱脱钩区域,表明我国大部分省区市的旅游经济增长与旅游业二氧化碳排放处于相对协调状态。结合前面我国旅游业二氧化碳排放的区域差异来看,上海、北京作为我国经济发达地区,旅游资源丰富,旅游业发展速度很快,同时,其旅游业二氧化碳排放量也居全国前列,旅游业二氧化碳排放和旅游经济增长之间的脱钩指数大于1,表明这两个地区旅游业的快速发展是以巨大的能源消耗和二氧化碳排放为代价的。新疆、云南、青海、西藏等省区,位于我国西部地区,不仅自然旅游资源丰富,而且民族民族风情多样,伴随着西部大开发,这些地区的旅游业也取得了较快发展。这些地区的旅游业二氧化碳排放量虽然较低,但是增长速度较快,超过或接近其旅游经济的增长率,旅游业二氧化碳排放和旅游经济增长之间的脱钩指数在 1 左右,表明这些地区旅游业的快速发展也伴随着大量的能源消耗和二氧化碳排放。其他省区市的旅游经济增长与二氧化碳排放虽然处于相对协调状态,但是大部分省区市的脱钩指数在 0.5 以上,因此,对其旅游经济发展中二氧化碳排放的形势也不能盲目乐观。

　　各省区市经济发展水平、社会文化程度、旅游资源禀赋存在着巨大差异,因此在开展各省区市旅游业的节能减排及低碳发展时应因地制宜。东部发达省区市经济技术条件较成熟,也有着丰富的旅游资源,应进一步推动旅游产业转型升级,加大对节能减排技术方面的投资与研发力度,利用科技手段提高旅游业的能源利用效率和优化能源结构,为我国旅游业节能减排和低碳发展做出主要贡献。中西部省区市经济技术条件落后,旅游资源丰富多样,节能减排的重点和目标应以提高旅游业能源利用效率、降低旅游业碳排放强度为主,同时大力发展风能、太阳能、生物质能等清洁能源。此外,不同发展水平的省份或地区之间可以开展旅游业或旅游目的地碳补偿、碳中和、碳交易等清洁发展机制或合作项目,旅游企业、旅游者、当地社区等利益相关者可以作为主体加入其中。只有将旅游业的节能减排及低碳发展的目标与提高区域旅游经济效益、增加旅游企业竞争力、满足旅游者的多样化旅游需求、提升旅游者的旅游体验质量、维持当地良好的生态环境等结合起来,才能最终实现旅游业的低碳发展和可持续发展。

3.6　本章小结

改革开放30多年来,我国旅游业得到了快速发展,旅游产业地位不断提升,旅游产业规模持续扩大,入境旅游市场逐渐成熟,国内旅游市场日趋繁荣,出境旅游市场逐步扩展。我国已成为全球第三大入境旅游接待国和世界第一大出境旅游市场,国内旅游市场规模全球排名第一。旅游业在拉动内需、促进经济增长、推动就业方面的作用越来越明显,已成为我国国民经济的支柱产业之一。

旅游业在快速发展的同时,与其相关的交通运输、住宿餐饮、旅游活动及设备设施消耗着大量的能源,并排放出大量的二氧化碳。本书利用"自下而上法",从旅游交通、旅游住宿、旅游活动三个方面测算了旅游业二氧化碳排放量的时空变化。从时间变化上看,旅游交通、旅游住宿、旅游活动的二氧化碳排放量均呈增加趋势,旅游业二氧化碳排放总量从1985年的1 002.68万t增加到2012年的11 568.17万t,增长了10.53倍,年均增长率达到了9.57%。从构成比例来看,旅游交通二氧化碳排放量所占比例最大,其次是旅游住宿,旅游活动所占比例最小,说明旅游交通是旅游业二氧化碳排放的重要来源。从年均增长率来看,旅游住宿业二氧化碳排放的年均增长率最高,其次是旅游活动,说明推动旅游饭店及作为旅游活动重要场所的旅游景区的节能减排和低碳发展是十分必要的。从空间变化上看,我国旅游业二氧化碳排放量较高的区域主要集中在北京及上海、广东等东部沿海地区,以及中部地区。随着旅游业的发展,这些地区旅游业二氧化碳排放量也在不断增加,增幅明显。而甘肃、宁夏、青海、西藏等我国西北部地区,是我国旅游业二氧化碳排放量最少的地区。但是随着交通设施的改善、旅游接待能力的提高、旅游者数量的增多,这些地区旅游业二氧化碳排放量的增长速度较快。

厘清旅游业二氧化碳排放与旅游经济增长之间的脱钩关系,对于实现旅游经济增长前提下的旅游业低碳发展具有至关重要的作用。总体来看,1985—2012年,我国旅游业二氧化碳排放与旅游经济的脱钩状态经历了负脱钩—弱脱钩—强脱钩—负脱钩—弱脱钩—负脱钩的交替演变轨迹。全部年份的平均脱钩指数为0.93,旅游业二氧化碳排放增长率小于旅游经济增长率,表明我国旅游二氧化碳排放整体上达到了弱脱钩,说明我国旅游经济增长在能源利用方面是有效率的。各省区市旅游业二氧化碳排放和旅游经济增长之间的脱钩关系主要表现为弱脱钩和负脱钩两种状态。其中,上海、北京、新疆、云南等省区市旅游业二氧化碳排放与旅游经济发展之间的脱钩指数大于 1,处于负脱钩状态,是旅游业低碳发展的不可取状态。而其他绝大部分地区旅游业二氧化碳排放与旅游经济发展之间的脱钩指数小于 1,处于弱脱钩状态,是旅游业低碳发展的相对理想状态。分析旅游业二氧化碳排放与旅游经济之间脱钩关系的动态变化,对于旅游业节能减排的科学调控意义重大。

旅游业是一个关联度很高的产业,鉴于旅游业的复杂性以及统计数据的限制,本书仅从旅游交通、旅游住宿和旅游活动三个方面入手,利用相关的统计数据、综合借鉴相关文献的经验参数。因而所估算的旅游业二氧化碳排放量的结果相对粗略和保守,是对我国旅游业二氧化碳排放量的总体性把握。要做出更加准确的计算,还需要进一步改进研究框架和方法,进行更深入的实证调查研究,以获取更加符合中国国情和旅游业发展实际的关键数据。

第4章 我国旅游业二氧化碳排放
的影响因素及趋势预测

定量分析人类活动因子对旅游业能源消耗和二氧化碳排放的影响,对减少旅游业二氧化碳排放、发展低碳旅游具有重要的指导意义。在前一章对我国旅游业二氧化碳排放量进行估算的基础上,选取旅游者总数、旅游业总收入、第三产业产值占 GDP 比重、人均旅游花费、旅游二氧化碳排放强度作为旅游业二氧化碳排放的驱动因子,采用 STIRPAT 模型和偏小二乘回归方法对我国旅游业二氧化碳排放的影响因素进行定量分析。此外,将 STIRPAT 模型与 BP 神经网络相结合,用于对我国旅游业未来二氧化碳排放趋势进行预测,为旅游业节能减排目标及低碳发展措施的制定提供参考依据。

4.1 研究方法与数据来源

4.1.1 旅游业二氧化碳排放影响因素分析方法

4.1.1.1 STIRPAT 模型

STIRPAT(Stochastic Impacts by Regression on Population, Affluence and Technology)模型是根据经典 IPAT 环境压力等式改造而成的随机形式。Ehrlich 和 Holdren(1971)认为影响环境状况的因素主要包括人口规模(Population)、富裕程度(Affluence)和技术水平(Technology),并由此提出了人文驱动因素对环境影响的 IPAT 模型:

$$I = P \cdot A \cdot T \tag{4-1}$$

式中,I、P、A、T 分别表示环境压力、人口规模、富裕程度、技术水平。

IPAT 等式认为,环境状况(I)与各因素间构成 1:1 关系,即人口规模(P)、富裕程度(A)、技术水平(T)发生 1% 的变化均会引起环境状况(I)的 1% 变化(张乐勤等,2013a,

2013b)。由于该等式中的自变量都是等比例变动,不符合客观实际情况,因此,IPAT等式在实际应用中得到了不断改进与扩展。其中,Dietz和Rosa(1994)在IPAT等式的基础上,提出了人口规模、富裕程度和技术水平的随机回归影响的STIRPAT模型,表达式为:

$$I = a \cdot P^b \cdot A^c \cdot T^d \cdot e \qquad (4-2)$$

式中,I、P、A、T分别表示环境压力、人口规模、富裕程度、技术水平;a表示模型系数;b、c、d分别表示人口规模、富裕程度、技术水平的指数;e表示随机误差项。当$a = b = c = d = e = 1$时,STIRPAT模型即还原成IPAT等式(York et al.,2003;Rosa et al.,2004)。该模型考虑了人口规模、富裕程度、技术水平因素各自按不同比例变动对环境压力的单独影响,消除了必须同比例变动的缺陷。STIRPAT模型提出后,在环境、能源等领域得到了广泛应用(张乐勤等,2012;曲如晓和江铨,2012;黄蕊和王铮,2013)。

STIRPAT模型是一个多自变量的非线性模型,对模型等式两边取对数处理后得到:

$$\ln I = \ln a + b \ln P + c \ln A + d \ln T + \ln e \qquad (4-3)$$

方程(4-3)中的标准回归系数b、c、d反映的是解释变量对因变量的影响程度与方向,其中系数b、c、d的绝对值大小表示解释变量的影响程度,系数的正负表征解释变量的影响方向。b、c、d的绝对值越大,说明其影响程度越高;反之,b、c、d的绝对值越小其影响程度越小。此外,如果某解释变量为正,说明其为增量因子,是正效应,促进因变量的增加;如果某解释变量为负,则说明其为减量因子,是负效应,促进因变量的减小(段海燕等,2012)。以$\ln I$为因变量,$\ln P$、$\ln A$、$\ln T$为自变量,$\ln a$为常数项,$\ln e$为误差项,对经过处理后的模型进行多元线性拟合(王立猛和何康林,2008;渠慎宁和郭朝先,2010)。根据弹性系数的概念,当P、A、T每发生1%的变化,将分别引起I发生$b\%$、$c\%$、$d\%$的变化(黄蕊和王铮,2013)。

4.1.1.2 模型扩展及变量说明

结合旅游业二氧化碳排放的实际情况,本书对STIRPAT模型进行了扩展,选取旅游业二氧化碳排放量、旅游者总数、旅游业总收入、第三产业产值占GDP比重、人均旅游花费、旅游二氧化碳排放强度等变量,探讨其对我国旅游业二氧化碳排放的影响(见表4-1)。其中,旅游者总数反映了人口规模对旅游业二氧化碳排放的影响;旅游者人数越多,对能源的消耗量越大,产生的二氧化碳也越多。旅游业总收入反映了富裕程度对旅游业二氧化碳排放的影响;旅游业总收入是旅游业经济发展水平的重要体现,也是导致能源消耗和二氧化碳排放问题的主要驱动力。第三产业产值占GDP比重反映了产业结构变化对旅游环境压力的影响;第三产业以服务业为主,与第二产业相比,对能源的依赖度较低,产业结构向低能耗的第三产业转移是表征经济发展水平的结构化指标,其所占比重越大,反映其对旅游业的影响越大,进而直接或间接地影响旅游业能源消耗和二氧化碳排放。人均旅游花费是衡量旅游者消费能力的重要指标,反映了旅游者人均消费水平的提高对旅游过程中能源需求的影响。旅游二氧化碳排放强度是指单位旅游收入的二氧化碳排放量,代表旅游业的能源集约利用水平,反映了技术水平对旅游业二氧化碳排放的影响。

综合以上考虑,构建了旅游业二氧化碳排放与其驱动因子关系的计量模型,表达式为:

$$I = \alpha \cdot P^{\beta_1} \cdot A^{\beta_2} \cdot S^{\beta_3} \cdot C^{\beta_4} \cdot T^{\beta_5} \cdot \varepsilon \tag{4-4}$$

为了通过回归分析确定有关参数,对公式(4-4)两边取对数,得到:

$$\ln I = \ln \alpha + \beta_1 \ln P + \beta_2 \ln A + \beta_3 \ln S + \beta_4 \ln C + \beta_5 \ln T + \ln \varepsilon \tag{4-5}$$

式中,I 为旅游业二氧化碳排放量;α 为常数;P 为旅游者总数;A 为旅游业总收入;S 为第三产业产值占 GDP 比重;C 为人均旅游花费;T 为旅游二氧化碳排放强度;ε 为模型随机干扰项;β_1、β_2、β_3、β_4、β_5 为弹性系数,表示当 P、A、S、C、T 每发生 1% 的变化,将分别引起 I 发生 $\beta_1\%$、$\beta_2\%$、$\beta_3\%$、$\beta_4\%$、$\beta_5\%$ 的变化。

表 4-1　模型变量的说明

符号	变量名称	变量定义	单位
I	旅游业二氧化碳排放量	旅游业产生的二氧化碳排放量	万 t
P	旅游者总数	国内旅游人数与入境旅游人数之和	亿人次
A	旅游业总收入	国内旅游收入与旅游外汇收入之和	亿元,1985 年不变价
S	第三产业产值占 GDP 比重	第三产业产值与 GDP 之比	%
C	人均旅游花费	旅游业总收入与旅游者总数之比	元/人
T	旅游二氧化碳排放强度	旅游业二氧化碳排放量与旅游业总收入之比	t/万元,1985 年不变价

4.1.1.3 弹性系数的确定

在进行模型系数拟合时,如果自变量之间存在严重的多重共线性问题,将会严重扩大模型误差并破坏模型的稳健性。而偏最小二乘(PLS)回归法,在处理普通多元回归模型中多自变量间的严重共线性问题方面具有独特优势,是一种无偏估计。它是由 Wold 和 Albano 在 1983 年提出的一种新型的多元统计数据分析方法,将多元线性回归、主成分分析、典型相关分析的基本功能有机结合起来,可以较好地解决自变量之间的多重相关性等问题,从而提高模型估计的稳健性和预测精度。其机理是首先对原始数据进行标准化处理;其次,采用主成分分析法对自变量进行因子分析,提取对因变量解释性最强的综合变量;再次,建立综合变量与因变量之间的回归方程,采用最小二乘法进行回归拟合,得到一个满意的模型精度,所得到的模型回归系数经过系列还原后即为驱动因子的弹性系数(张乐勤等,2012;陈操操等,2014)。基本原理为:设因变量与自变量的矩阵分别为 $Y = (y)$ 和 $X = (x_1, x_2, \cdots, x_m)$,从 X 中提取 $h(h \leq m)$ 个主成分向量 $t_k(k = 1, 2, \cdots, h)$,使之满足主成分向量 t_k 在尽可能多地包含原始数据 X 的信息的同时,对 Y 有很好的解释能力,再加入方程后的预测能力有明显改善。具体计算步骤如下(宋杰鲲,2011;王文超,2013):

①计算相关系数。将因变量与自变量的原始时间序列数据取自然对数,之后计算各变量间的相关系数,以判别各变量间的关联度。相关系数的计算方法:对于两个要素 x 与 y,如果它们的样本值分别为 x_i 与 $y_i(i = 1, 2, \cdots, n)$,则它们之间的相关系数可由以下公式计算得出(徐建华,2002):

$$r_{xy} = \frac{\sum_{i=1}^{n} (x_i - \frac{1}{n}\sum_{i=1}^{n} x_i)(y_i - \frac{1}{n}\sum_{i=1}^{n} y_i)}{\sqrt{\sum_{i=1}^{n} (x_i - \frac{1}{n}\sum_{i=1}^{n} x_i)^2} \cdot \sqrt{\sum_{i=1}^{n} (y_i - \frac{1}{n}\sum_{i=1}^{n} y_i)^2}} \qquad (4-6)$$

②数据标准化处理。将取对数后的因变量样本矩阵 Y 和自变量样本矩阵 X 进行标准化处理,得到标准化后的因变量矩阵 $F_0 = (y_i^*)_{(n \times 1)}$ 和自变量矩阵 $E_0 = (x_{ij}^*)_{n \times m}$。

$$x_{ij}^* = \frac{x_{ij} - \bar{x}_j}{S_j}, y_i^* = \frac{y_i - \bar{y}}{S_y}, (i = 1, 2, \cdots, n; j = 1, 2, \cdots, m) \qquad (4-7)$$

其中, $\bar{x}_j$ 和 S_j 分别为 x_j 的均值和标准差; $\bar{y}$ 和 S_y 分别为 y 的均值和标准差。

③提取主成分。从 E_0 中提取主成分 t_k:

$$t_k = E_{k-1} w_k \qquad (4-8)$$

其中, w_k 为 E_k 的一个轴向量,且 $\| w_k \|^2 = 1$。

为了使 t_k 能尽量多地代表 E_{k-1} 的变异信息,根据优化方法,求解得:

$$w_k = (E_{k-1}^T \cdot F_{k-1}) / \| E_{k-1}^T \cdot F_{k-1} \|^2 \qquad (4-9)$$

实施 E_{k-1} 和 F_{k-1} 在 t_k 上的回归:

$$E_{k-1} = t_k \cdot p_k^T + E_k \qquad (4-10)$$

$$F_{k-1} = r_k \cdot t_k + F_k \qquad (4-11)$$

式中, p_k、r_k 是回归系数,即:

$$p_k = E_{k-1}^T \cdot t_k / \| t_k \|^2 \qquad (4-12)$$

$$r_k = F_{k-1}^T \cdot t_k / \| t_k \|^2 \qquad (4-13)$$

记式(4-10)、(4-11)中回归方程的残差矩阵分别为:

$$E_k = E_{k-1} - t_k \cdot p_k^T \qquad (4-14)$$

$$F_k = F_{k-1} - r_k \cdot t_k \tag{4-15}$$

④解释性检验和交叉有效性检验。为了寻求适当的主成分个数,需要进行解释性检验和交叉有效性检验。只要其中一个达到终止条件,则转到下一步;否则,令 $E_0 = E_m$,$F_0 = F_m$,回到第③步继续运行。

解释性检验反映了成分 $t_1, t_2, \cdots, t_h$ 对 y 的累积解释能力。各成分的解释能力可通过回归方程的相关系数 R_m^2 表示,如果 R_m^2 很小,则表明新增加的成分对因变量的解释能力提高并没有实质效果,运算可以终止。

交叉有效性检验反映了成分 $t_1, t_2, \cdots t_h$ 对 y 的预测能力。在提取第 k 个主成分后,需要检验其的加入对方程的预测能力是否有明显改善,以判断是否引入该主成分。在提取 k 个主成分后,利用 $t_1, t_2, \cdots, t_k$ 对 F_0 进行回归,设 $\bar{y}_{ki}^*$ 是回归方程对第 i 个分量 $\bar{y}_i^*$ 的拟合值。设 $\bar{y}_{k(-i)}^*$ 为在剔除样本点 i 后利用 $\{ t_1(-i), t_2(-i), \cdots, t_k(-i) \}$ 对 $F_{0(-i)}$ 进行回归,再带入样本点 i 时所得到的第 i 个分量 y_i^* 的拟合值。定义 y 的误差平方和 SS_k 为:

$$SS_k = \sum_{i=1}^{n} (y_i^* - \bar{y}_{ki}^*)^2 \tag{4-16}$$

定义 y 的预测误差平方和 $PRESS_k$ 为:

$$PRESS_k = \sum_{i=1}^{n} (y_i^* - \bar{y}_{k(-i)}^*)^2 \tag{4-17}$$

定义 t_k 的交叉有效性 Q_k^2 为:

$$Q_k^2 = 1 - \frac{PRESS_k}{SS_k} \tag{4-18}$$

当 $Q_k^2 \geq (1 - 0.95^2) = 0.0975$ 时,说明在95%的置信水平上认为主成分 t_k 的边际贡献是显著的,应该加入该主成分并回到第③步继续提取新的主成分,直至引进新的主成分 t_{h+1} 使得 $Q_k^2 < 0.0975$ 时,计算停止。

⑤建立回归模型。在完成 h 个主成分 $t_1, t_2, \cdots t_h$ 提取后,实施 F_0 在 $t_1, t_2, \cdots, t_h$ 上的回归模型,得到

$$\hat{F}_0 = r_1 \cdot t_1 + r_2 \cdot t_2 + \cdots + r_h \cdot t_h \tag{4-19}$$

同时,得到该回归方程的相关系数 R_m^2。由于 $t_1, t_2, \cdots, t_h$ 可以表示成 E_0 的线性组合,因此,$\hat{F}_0$ 又可以写成关于 E_0 的线性组合形式,即:

$$\hat{F}_0 = r_1 \cdot E_0 \cdot w_1^* + r_2 \cdot E_0 \cdot w_2^* + \cdots + r_h \cdot E_0 \cdot w_h^* \tag{4-20}$$

式中,$w_k^* = \prod_{j=1}^{h-1} (I - w_J \cdot p_j^T) \cdot w_k$,$I$ 为单位矩阵。

可进一步还原成标准化向量的回归方程:

$$\bar{y}^* = \alpha_1 \cdot x_1^* + \alpha_2 \cdot x_2^* + \cdots + \alpha_m \cdot x_m^* \qquad (4-21)$$

式中，x_j^* 的回归系数为：

$$a_j = \sum_{h=1}^{m} r_h \cdot w_{hj}^* \qquad (4-22)$$

式中，w_{hj}^* 是 w_h^* 的第 j 个分量。

同时，按照标准化的逆过程，将 $\hat{F}_0(\bar{y}^*)$ 的回归方程还原为 y 对 X 的偏最小二乘回归方程：

$$y = \left(\bar{y} - \sum_{i=1}^{m} \alpha_i \cdot \bar{x}_i \cdot s_y / s_i \right) + \sum_{i=1}^{m} \alpha_i \cdot x_i \cdot s_y / s_i \qquad (4-23)$$

4.1.2　旅游业二氧化碳排放趋势预测方法

4.1.2.1 BP 神经网络模型

BP 神经网络（Back Propagation Neural Network，简称 BPNN），又称多层前馈神经网络，是由 Rumelhart 和 McCelland 等人于 1985 年提出的，目前应用最为广泛的神经网络模型之一。BP 神经网络模型以三层最为常用，包括输入层（input layer）、隐含层（hide layer）、输出层（output layer）。该模型是按误差逆传播算法训练的，由信息的正向传播和误差的反向传播两个过程组成。在正向传播过程中，首先来自外界的输入信息被输入层接收，并向隐含层传递；隐含层负责信息变换，根据所处理信息及需求的不同，中间层可以设计成单隐层或者多隐层结构；最后一个隐层将处理过的信息传递到输出层。经输出层处理后，完成一次学习的正向传播处理过程，并由输出层向外界输出信息的处理结果。如果处理结果与期望输出不符时，则计算输出层的误差变化值，然后进入误差的反向传播阶段。误差信号经由输出层沿原来的连接通路向隐含层、输入层逐层反传，依照误差梯度下降的方式逐层修正各层神经元的权值。经过这种信息正向传播和误差反向传播过程的不断循环，各层权值不断被调整，这就是 BP 神经网络训练的过程。此过程一直进行至实现期望输出，或输出误差达到可以接受的程度，或者达到预先设定的学习次数为止。因此，这个三层的 BP 网络可以实现任意的连续映射，并且能够以任意精度逼近任何给定的连续有理函数，完成任意的从 n 维到 m 维的映射。其拓扑结构如图 4-1 所示（田雨波，2009）。

4.1.2.2 BP 神经网络的学习算法

BP 神经网络的学习算法过程可概括为两个阶段：正向计算各隐含层和输出层的输出，误差反向传播用于权值修正。

就信息的正向传播过程来说，BP 神经网络的第 k 层中第 j 个神经元的输入输出关系可

表示为:

$$y_j^{(k)} = f_j^{(k)} \left(\sum_{i=1}^{N_{k-1}} w_{ij}^{(k-1)} \cdot y_j^{(k-1)} - \theta_j^{(k)} \right), (k = 1, 2, \cdots, M; j = 1, 2, \cdots, N_k) \quad (4-24)$$

式中，$f_j^{(k)}$ 为节点作用函数，取为 Sigmoid 形函数，一般采用 $f(x) = \dfrac{1}{1+e^{-x}}$；$w_{ij}^{(k-1)}$ 为第 $k-1$ 层的第 i 个节点到该节点的连接权值；$y_j^{(k-1)}$ 为第 $k-1$ 层的输出；$\theta_j^{(k)}$ 为该神经元的阈值；N_k 为第 k 层节点数；M 为总层数。

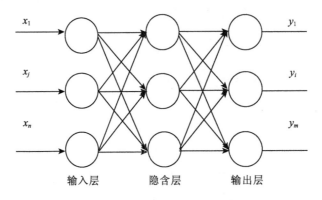

图 4 – 1　三层 BP 神经网络模型

对于误差的反向传播过程，权值的调整公式为：

$$w_{ij}^{(k-1)}(t+1) = w_{ij}^{(k-1)}(t) + \eta \sum_{h=1}^{I} \delta_{hj}^{(k)} \cdot y_{hk}^{(k-1)} \quad (4-25)$$

式中，I 为样本总数，η 为学习步长，$0 < \eta < 1$，$\delta_{hj}^{(k)}$ 为误差传输项。

对输出层的误差传输项可表示为：

$$\delta_{hj}^{(M)} = (\bar{y}_{hj}^{(M)} - y_{hj}^{(M)}) \cdot f_j(y_{hj}^{(M)}) \quad (4-26)$$

对于其他层的误差传输项可表示为：

$$\delta_{hj}^{(k)} = f_j(y_{hj}^{(k)}) \sum_{i=1}^{N_{k+1}} \delta_{hj}^{(k+1)} \cdot w_{ij}^{(k)}(t) \quad (4-27)$$

对网络的输出误差可通过下式计算：

$$\varepsilon_1 = \sum_{h=1}^{I} \sum_{j=1}^{N_M} (\bar{y}_{hj}^{(M)} - y_{hj}^{(M)})^2 \quad (4-28)$$

在以上式子中，$\bar{y}_{hj}^{(M)}$ 为网络的实际输出，$y_{hj}^{(M)}$ 为网络的期望输出。

如果 $\varepsilon_1 > \varepsilon$（$\varepsilon$ 为预先设定的误差），则继续新一轮的学习过程以调整权值，直到实际输出与期望输出之间的误差达到设定目标值为止，即学习结束后的 w_{ij} 权值构成的神经网络实现期望输出（在 ε 设定的误差范围内）。

4.1.2.3 BP 神经网络的计算步骤

①BP 神经网络的初始化。根据实际问题,确定各层节点的个数,将各个权值(w_{ij})和阈值(θ)的初始值设为比较小的非零随机数。

②输入训练样本和对应的期望输出,对每一个样本数据进行步骤③到步骤⑤的过程。

③根据 BP 公式计算出实际的输出及其隐含层神经元的输出。

④计算各层的学习误差($\delta_{hj}^{(k)}$),包括实际输出与期望输出之间的差值,输出层的误差和隐含层的误差。

⑤根据步骤④得出的误差,按权值修正公式修正输入层与隐含层节点之间、隐含层与输出层节点之间的连接权值(w_{ij})和阈值(θ)。

⑥在求出各层各个权系数之后,计算误差函数 ε_1,判断 ε_1 是否收敛到给定的最小误差以内($\varepsilon_1 < \varepsilon$)。如果满足,则学习算法终止;否则,返回步骤②继续进行。

4.1.3　数据来源与处理

数据来源:①旅游业二氧化碳排放量数据来自于上一章的计算结果;②旅游者总数为国内旅游人数与入境旅游人数之和,数据主要来自于《中国统计年鉴(1986—2013)》;③旅游业总收入数据根据历年《中国统计年鉴》《中国旅游统计年鉴》《中国国内旅游抽样调查资料》整理;④第三产业产值占 GDP 的比重来自《中国统计年鉴2013》。

数据处理:基于数据可比性考虑,对旅游业总收入进行数据处理。为剔除物价上涨因素的影响,以 1985 年作为价格基准年,利用 GDP 指数(1978 = 100)得到不变价的 1985—2012年我国旅游总收入,并据此计算旅游二氧化碳排放强度。

4.2　旅游业二氧化碳排放的影响因素分析

4.2.1　变量间相关分析

将旅游业二氧化碳排放量(I)、旅游者总数(P)、旅游业总收入(A)、第三产业产值占 GDP 比重(S)、人均旅游花费(C)、旅游二氧化碳排放强度(T)的时间序列数据取自然对数,并输入 IBM SPSS Statistics 20 统计软件进行双变量相关分析,结果如表 4 - 2 所示。从表 4 - 2 可以看出,所选的影响因素 $\ln P$、$\ln A$、$\ln S$、$\ln C$ 与 $\ln I$ 间的相关系数分别为 0.992、0.999、0.961、0.926,$\ln T$ 与 $\ln I$ 间的相关系数为 - 0.876,且显著性(双侧)水平均在 1% 以下。说明旅游者总数、旅游业总收入、第三产业产值占 GDP 比重、人均旅游花费与旅游二氧化碳排放量显著正相关,而旅游二氧化碳排放强度与旅游二氧化碳排放量显著负相关。此外,这些变量两两之间均存在着显著的相关关系,表明变量间存在着很强的多重共线性。因此,为提高模型参数的精度和稳定性,本书适合用偏最小二乘回归列出拟合方程。

表 4 - 2　变量间的双变量相关分析

		$\ln I$	$\ln P$	$\ln A$	$\ln S$	$\ln C$	$\ln T$
$\ln I$	Pearson 相关性	1	0.992＊＊	0.999＊＊	0.961＊＊	0.926＊＊	- 0.876＊＊
	显著性(双侧)		0.000	0.000	0.000	0.000	0.000
$\ln P$	Pearson 相关性	0.992＊＊	1	0.993＊＊	0.927＊＊	0.911＊＊	- 0.881＊＊
	显著性(双侧)	0.000		0.000	0.000	0.000	0.000
$\ln A$	Pearson 相关性	0.999＊＊	0.993＊＊	1	0.960＊＊	0.924＊＊	- 0.891＊＊
	显著性(双侧)	0.000	0.000		0.000	0.000	0.000
$\ln S$	Pearson 相关性	0.961＊＊	0.927＊＊	0.960＊＊	1	0.909＊＊	- 0.836＊＊
	显著性(双侧)	0.000	0.000	0.000		0.000	0.000
$\ln C$	Pearson 相关性	0.926＊＊	0.911＊＊	0.924＊＊	0.909＊＊	1	- 0.785＊＊
	显著性(双侧)	0.000	0.000	0.000	0.000		0.000
$\ln T$	Pearson 相关性	- 0.876＊＊	- 0.881＊＊	- 0.891＊＊	- 0.836＊＊	- 0.785＊＊	1
	显著性(双侧)	0.000	0.000	0.000	0.000	0.000	

注:＊＊表示在 0.01 水平显著。

4.2.2　影响因素的弹性系数确定

根据偏最小二乘回归法原理及计算步骤,本书借助 IBM SPSS Statistics 20 统计软件,首先采用主成分分析法,对取对数后的自变量数据进行分析与筛选,从中提取对因变量解释性最强的若干综合变量,将其作为解释变量,再与经处理后的因变量,二者之间采用最小二乘法进行回归拟合,最终得到各自变量的弹性系数(吴振信和石佳,2012;张乐勤等,2013)。该方法可以有效地提取对因变量有较强解释作用的成分,将多个自变量简化为少数不相关因子,以消除因自变量过多导致的多重共线性问题,从而实现在自变量多重相关条件下的回归建模,并在模型中包含所有的原始自变量信息(杨振,2010)。

4.2.2.1 变量标准化处理

为了使数据具有可比性,消除变量间量纲不同的影响,首先需要对数据进行标准化处理。将取自然对数后的旅游业二氧化碳排放量、旅游者总数、旅游业总收入、第三产业产值占 GDP 比重、人均旅游花费、旅游二氧化碳排放强度($\ln I$、$\ln P$、$\ln A$、$\ln S$、$\ln C$、$\ln T$)的时间序列数据输入 IBM SPSS Statistics 20 统计软件,进行 Z - score 标准化处理。统计描述结果见表 4-3,处理后数据分别以 ZI、ZP、ZA、ZS、ZC、ZT 表示。

4.2.2.2 驱动因子的主成分分析

将标准化后的 ZP、ZA、ZS、ZC、ZT 时间序列数据输入 IBM SPSS Statistics 20 统计软件,选择降维—因子分析方法,在描述中选择系数、显著性水平、KMO 和 Bartlett 的球形检验,在抽取中选择主成分方法、特征值大于 1 的因子,在旋转中选择方差最大正交旋转(Varimax),在得分中选择保存为变量、显示因子得分系数矩阵,进而得到 KMO 和 Bartlett 的球形度检验(见表 4-4)、主成分分析解释的总方差(见表 4-5)、主成分分析相关矩阵(见表 4-6)、旋转后的主成分矩阵(见表 4-7)、主成分得分系数矩阵(见表 4-8)。

表 4-3 标准化处理描述统计量

	样本数	最小值	最大值	均值	标准差
ZI	28	6.910	9.356	8.136	0.732
ZP	28	0.883	3.431	2.004	0.776
ZA	28	4.762	7.293	6.013	0.780
ZS	28	3.357	3.798	3.599	0.139
ZC	28	3.879	6.731	5.749	0.909
ZT	28	2.034	2.228	2.124	0.054

表 4-4 KMO 和 Bartlett 的球形度检验

Kaiser - Meyer - Olkin measure of sampling adequacy		0.755
Bartlett's test of sphericity	Approx. Chi - Square	276.754
	df	10
	Sig.	0.000

表4-5　主成分分析解释的总方差

成分	初始特征值			提取平方和载入			旋转平方和载入		
	特征值	方差贡献率%	累积贡献率%	特征值	方差贡献率%	累积贡献率%	特征值	方差贡献率%	累积贡献率%
1	4.610	92.209	92.209	4.610	92.209	92.209	2.849	56.972	56.972
2	0.228	4.552	96.761	0.228	4.552	96.761	1.989	39.789	96.761
3	0.088	1.768	98.529						
4	0.072	1.433	99.963						
5	0.002	0.037	100.000						

提取方法:主成分分析。

表4-6　主成分分析所得的相关矩阵

		ZP	ZA	ZS	ZC	ZT
相关	ZP	1.000	0.993	0.927	0.911	-0.881
	ZA	0.993	1.000	0.960	0.924	-0.891
	ZS	0.927	0.960	1.000	0.909	-0.836
	ZC	0.911	0.924	0.909	1.000	-0.785
	ZT	-0.881	-0.891	-0.836	-0.785	1.000
Sig.（单侧）	ZP		0.000	0.000	0.000	0.000
	ZA	0.000		0.000	0.000	0.000
	ZS	0.000	0.000		0.000	0.000
	ZC	0.000	0.000	0.000		0.000
	ZT	0.000	0.000	0.000	0.000	

表 4 - 7　旋转的主成分分析矩阵

Component	ZP	ZA	ZS	ZC	ZT
1	0.982	0.994	0.966	0.944	-0.914
2	0.002	0.015	0.108	0.250	0.391

选择方法:方差最大正交旋转(Varimax)。

表 4 - 8　主成分分析得分系数矩阵

Component	ZP	ZA	ZS	ZC	ZT
1	0.171	0.208	0.463	0.856	0.936
2	0.127	0.087	-0.234	-0.721	-1.455

选择方法:方差最大正交旋转(Varimax)。

　　KMO(Kaiser - Meyer - Olkin)检验通常用来比较变量间的偏相关性,其值介于 0 ~ 1。KMO 值越接近于 1,表示变量间的偏相关性越强,因子分析的效果越好;反之,其值越接近于 0,表示变量间的偏相关性越差,不适合做因子分析。实际分析中,当 KMO 值大于 0.7 时,因子分析效果比较好;而当 KMO 值在 0.5 以下时,不适合采取因子分析法(张文彤和董伟,2013)。从表 4 - 4 可以看出,本书的 KMO 值是 0.755 > 0.7,表示因子分析的效果比较好。Bartlett 球形检验表明,各变量的独立性假设不成立,通过因子分析的适用性检验。

　　在 KMO 检验之后,采用主成分分析方法和方差最大旋转法对变量 ZP、ZA、ZS、ZC、ZT 进行分析与筛选。从表 4 - 5 可以看出,旋转后的前 2 个主成分的特征值大于 1,累积贡献率达到 96.761% 。因此,提取前 2 个主成分(即综合变量),以 FAC_1、FAC_2 表示,两个综合变量可解释原变量的 96.761% ,且所得相关矩阵的 t 检验的 Sig. 值小于 0.01,说明拟合得非常好(见表 4 - 6、表 4 - 7)。由主成分分析得分系数矩阵(见表 4 - 8)得到综合变量 FAC_1、FAC_2 与原变量间的线性关系式为:

$$FAC_2 = 0.171ZP + 0.208ZA + 0.463ZS + 0.856ZC + 0.936ZT \quad (4-29)$$

$$FAC_2 = 0.127ZP + 0.087ZA - 0.234ZS - 0.721ZC - 1.455ZT \quad (4-30)$$

4.2.2.3 综合变量与旅游二氧化碳排放的 OLS 回归分析

　　将取自然对数后的各影响因子数据代入公式(4 - 29)、(4 - 30),可得到两组综合变量、

FAC_1、FAC_2 对应的 1985—2012 年时间序列数据。将处理后的旅游二氧化碳排放数据(ZI) 作为因变量,将 FAC_1、FAC_2 作为解释变量,输入 IBM SPSS Statistics 20 统计软件,采用两阶最小二乘法进行回归分析,结果如表 4 – 9、表 4 – 10、表 4 – 11 所示。

表 4 – 9　模型汇总

复相关系数 R	决定系数 R^2	校正的决定系数 R^2	剩余标准差
0.992	0.984	0.983	0.130

表 4 – 10　方差分析结果

	平方和	df	均方	F	Sig.
回归	26.575	2	13.288	781.890	0.000
残差	0.425	25	0.017		
总计	27.000	27			

表 4 – 11　模型系数

模型系数	未标准化系数		准化系数 Beta	t 检验	Sig.
	非标准化系数 B	标准误差			
常数项	$-8.851E-16$	0.025		0.000	1.000
FAC_1	0.795	0.025	0.795	31.673	0.000
FAC_2	0.594	0.025	0.594	23.677	0.000

从表 4 – 9、表 4 – 10 可以看出,所得回归方程的 R^2 为 0.984,调整后的 R^2 为 0.983,F 值为 781.890,t 检验的 Sig. 值小于 0.01。根据表 4 – 11 的模型系数,得到回归模型常数项的 t 检验的 Sig. 值为 1,故予以剔除;综合变量 FAC_1、FAC_2 的系数分别为 0.795 和 0.594,t 检验的 Sig. 值小于 0.01。因此,FAC_1、FAC_2 与因变量 ZI 的方程式为:

$$ZI = 0.795FAC_1 + 0.594FAC_2 \qquad (4-31)$$

将方程(4 - 29)、方程(4 - 30)代入方程(4 - 31)得到:

$$ZI = 0.2116ZP + 0.2165ZA + 0.2286ZS + 0.2518ZC - 0.1201ZT \qquad (4-32)$$

同时,根据标准化公式及表 4 - 3 中的标准化描述量,可将上式转换为:

$$\ln I = 4.4625 + 0.1996\ln P + 0.2033\ln A + 1.2074\ln S + 0.2030\ln C - 1.6297\ln T$$

$$(4-33)$$

进一步还原为 1985—2012 年我国旅游业二氧化碳排放与影响因子的 STIRPAT 模型为:

$$I = 86.7042 \cdot P^{0.1996} \cdot A^{0.2033} \cdot S^{1.2074} \cdot C^{0.2030} \cdot T^{-1.6297} \qquad (4-34)$$

为了考察模型的效果,需要对其拟合优度进行论证。根据上述步骤及 SPSS 运行结果,可以得到旅游业二氧化碳排放量 I 的拟合值,将其与实际观测值之间进行比较,就可对模型的拟合度进行校验。根据 1985—2012 年旅游二氧化碳排放量 I 的实际值与拟合值,绘制散点图,如图 4 - 2 所示。通过添加趋势线选择多项式回归类型,得到可决系数为 0.9917,平均误差率为 0.40%,表明该回归模型拟合效果比较理想,拟合优度较高。

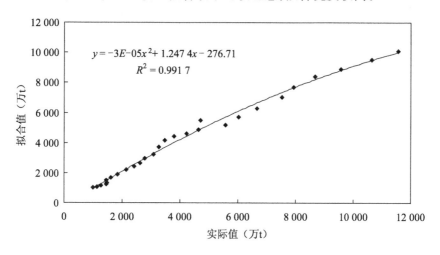

图 4 - 2　模型拟合值和实际值的关系曲线

4.2.3　回归结果分析

从偏最小二乘回归方法的结果来看,回归模型模拟效果不仅显著,而且非常符合旅游业二氧化碳排放的实际情况。从系数来看,旅游者总数、旅游业总收入、第三产业产值占 GDP 比重、人均旅游花费的提高均会促使我国旅游业二氧化碳排放量增加,具有增量效应,是导致我国旅游业二氧化碳排放持续增加的驱动因素。而旅游二氧化碳排放强度的降低则会减少我国旅游业二氧化碳排放量,具有减量效应,提高能源集约利用水平是实现我国旅游业碳减排的重要途径。

4.2.3.1 旅游者总数

旅游者总数决定了旅游业规模,决定了旅游业的能源需求。因此,旅游者活动的增多是旅游业二氧化碳排放增加的最直接原因。从旅游者总数看,在其他影响因子保持不变的条件下,旅游者总数每增加1%时,会推动旅游业二氧化碳排放量增加0.199 6%。这是由人口对能源的绝对需求决定的(黄蕊和王铮,2013)。1985—2012年,我国入境旅游者和国内旅游者人数不断增加,旅游者总数从2.42亿人次增长至30.92亿人次,年均增长率达到了10.05%,如图4-3所示。如此大规模的人口流动必然会使得与旅游业相关的能源消费发生增长,进而推动旅游业二氧化碳排放量的增加。而随着经济发展水平的提高、居民生活质量的提升以及国家鼓励旅游业发展系列政策的出台,必然会进一步刺激人们的旅游需求,旅游者数量将会持续增多,在带来旅游规模效益的同时,也对旅游资源、生态环境形成巨大的压力。未来庞大的旅游者基数必然进一步增加对能源的需求,导致旅游业二氧化碳排放总量的刚性增加。因此,要降低旅游者数量压力对于旅游业二氧化碳排放的影响,就必须采取各种措施减少旅游者活动所带来的二氧化碳排放。政府、旅游企业、社会舆论等要大力宣传和介绍低碳生活、低碳旅游的理念,提高旅游者和公众的低碳环保意识,正确引导旅游者选择低碳的旅游行为和消费方式。

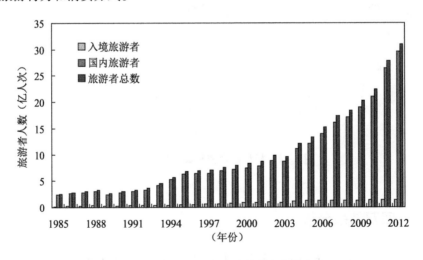

图4-3 1985—2012年我国旅游者人数变化

4.2.3.2 旅游业总收入

1985—2012年,我国旅游外汇收入和国内旅游收入都呈显著增加的趋势,旅游业总收入从 117 亿元增长至 25 900 亿元(按当年价格计算),增长了 220.37 倍,如图 4 - 4 所示。按 1985 年不变价格计算,我国旅游业总收入从 117 亿元增长至 1 469.44 亿元,年均增加率达到了 9.85%。从回归模型来看,在其他条件不变的情况下,旅游业总收入每增加 1 个百分点时,旅游业二氧化碳排放量会增长 0.203 3%。表明旅游经济水平在得到快速提升的同时,也促进了旅游业二氧化碳排放量的相应增加。这一趋势对我国旅游业的节能减排和向低碳经济发展模式转型势必带来不利的影响。旅游经济增长带来旅游业二氧化碳排放量增加的这种关系,说明我国旅游业在发展过程中还属于粗放型的高投入、高消耗的增长方式,这也与上一章的脱钩分析结果相一致,我国旅游业经济发展与旅游业二氧化碳排放之间以弱脱钩和负脱钩为主,旅游经济与二氧化碳排放之间的矛盾还很大。当前我国旅游业正处于蓬勃发展状态,需要进行大量的旅游基础设施建设,未来一定时段内,对钢铁、建材等高耗能产品,以及煤炭、电力等能源仍将保持大量的需求。因此,推动旅游经济增长方式向低碳方向转型,兼顾经济发展和二氧化碳减排的双重需要,提高旅游产业附加值,大力实施低碳旅游、科技旅游、智慧旅游战略,推动旅游经济进入创新驱动、内生增长的发展轨道,是我国旅游业节能减排和低碳发展的内在要求。

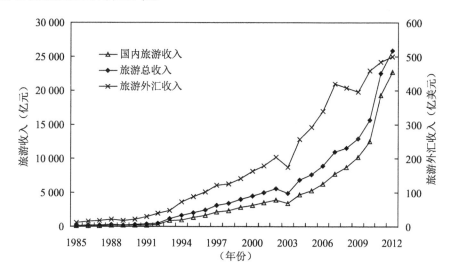

图 4 - 4　1985—2012 年我国旅游收入变化

4.2.3.3　第三产业产值占 GDP 比重

第三产业产值占 GDP 比重对旅游业二氧化碳排放增长的推动作用高于其他因素,在五个因素中处于首位。根据回归模型,在其他因素保持不变的情况下,第三产业产值占 GDP 比重每提高 1 个百分点,会促使旅游业二氧化碳排放增加 1.207 4%。1985—2012 年,我国第三产业取得了较快发展,如图4-5所示,第三产业增加值由1985年的2585亿元增长到2012年的231406.5亿元(按当年价格计算),第三产业比重由1985年的28.7%增长到2012年的44.6%,2012年第三产业增加值指数达到3272(以1978年=100计算)。伴随着第三产业的发展,与旅游业相关的交通运输、仓储和邮政通信业、批发和零售业、住宿和餐饮业、房地产业对能源的需求也在不断增长,从而带动了旅游业二氧化碳排放的增加。根据相关学者的研究(谢园方和赵媛,2012;袁宇杰,2013;钟永德等,2015),在旅游业的能源消费和二氧化碳排放中,交通运输、仓储和邮政通信业占比40%~50%,居主导地位;住宿餐饮业和批发零售业占30%左右。因此,第三产业结构比例的提升,在促进旅游业发展的同时,也在直接或间接地推动旅游业二氧化碳排放量的增加。因此,应在积极发展相对低能耗的第三产业的同时,从结构减排、规模减排、技术减排等途径,推进第三产业内部各行业温室气体排放的协同控制,逐渐由针对单一行业节能减排的末端治理措施转向具有协同效应的控制措施(毛显强等,2012)。要以旅游产业为龙头,带动和推进第三产业中交通运输、仓储和邮政通信业、批发和零售业、住宿和餐饮业,以及其他服务业等部门的节能减排和低碳发展。

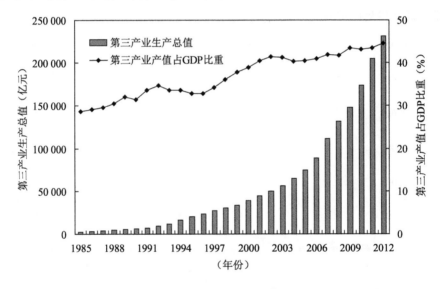

图4-5　1985—2012年我国第三产业生产总值及占GDP比重

4.2.3.4 人均旅游花费

人均旅游花费对一个地区的旅游业二氧化碳排放也有着重要作用。模型回归结果表明,其他因素保持不变,人均旅游消费的比重每增加1%时,旅游业二氧化碳排放量将增加0.2030%。从图4-6可以看出,1985—2012年,我国居民消费水平从446元增加到14098元,旅游者人均旅游花费也从33.46元增长到767.09元。作为衡量旅游业发展的重要指标,人均旅游消费水平对旅游业二氧化碳排放的影响主要表现在:随着经济的快速增长和人们生活水平的稳步提高,人们在物质生活得到满足后,开始追求精神上的享受,用于休闲、娱乐、文化等方面的消费支出比重逐渐增加,由此导致旅游者在旅行过程中用于交通、参观、游览、住宿、餐饮、购物、娱乐等方面的支出也在不断增加,刺激和带动了相关产业消耗各种能源资源,从而直接或间接地导致旅游业二氧化碳排放的增加。因此,要通过加大宣传提高旅游者的低碳环保意识,强化旅游者的节约能源资源意识,培养和树立旅游者的低碳消费观,改变追求物质满足的生活方式,引导旅游者的消费模式向适度消费、低碳消费、绿色消费、可持续消费方向发展,鼓励旅游者绿色出行和简约生活,将低碳理念贯穿到旅游过程及其日常生活中。

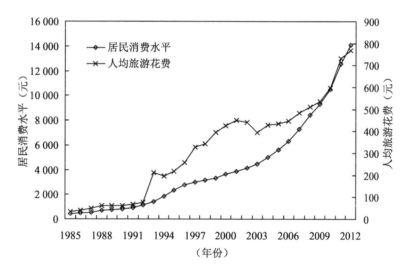

图4-6 1985—2012年我国居民消费水平与人均旅游花费

4.2.3.5 旅游二氧化碳排放强度

旅游二氧化碳排放强度指标将旅游二氧化碳排放量与旅游经济发展水平结合起来,反映一个国家或地区的能源利用效率和碳排放效益。以每万元旅游总收入产出的二氧化碳排放量表示旅游二氧化碳排放强度,其回归系数为−1.629 7,具有减量效应,即当其他因素保持不变时,旅游二氧化碳排放强度每变化1%时,旅游业二氧化碳排放量将会同向变动1.629 7%。表明随着技术进步和经济增长,旅游二氧化碳排放强度在降低,在一定程度上抑制了旅游业二氧化碳的排放量。但是另外一面,我国旅游二氧化碳排放强度虽然总体上处于下降趋势,从1985年的8.57t/万元下降到2012年的7.87t/万元,年均下降率为0.27%,但同期我国旅游总收入和旅游业二氧化碳排放量的年均增长率分别达到了9.85%和9.57%,如图4-7所示。旅游二氧化碳排放强度下降趋势明显小于旅游经济增长趋势和旅游二氧化碳排放总量上升趋势,表明目前我国旅游业二氧化碳排放强度的降低对减少旅游二氧化碳排放的作用还很微弱。因此,提高能源利用率和调整能源结构是实现我国旅游业低碳减排的重要途径。应积极吸收和开发适应旅游业的低碳环保技术,开展技术减排措施协同控制效应评价研究,加强并协调与其他产业低碳技术创新要素间互动,逐步提高可再生能源等的使用比例,逐渐降低对化石燃料的依赖程度,积极推进"集约、高效、绿色、节能"低碳旅游模式的发展。

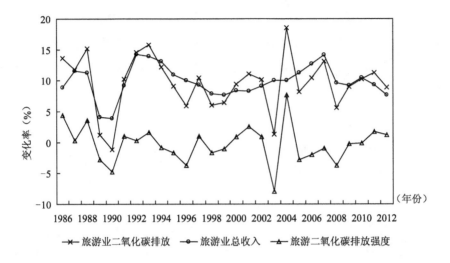

图4-7　1985—2012年我国旅游业二氧化碳排放、旅游业总收入、旅游二氧化碳排放强度变化率

4.3　旅游业二氧化碳排放的趋势预测

4.3.1　基于 STIRPAT 模型的预测

4.2 节中利用 STIRPAT 模型得到的回归方程(4-34),其可决系数为 0.991 7,平均误差率为 0.40%,表明该回归模型拟合效果比较理想,拟合优度较高。因此,利用该 STIRPAT 模型对我国未来 10 年的旅游业二氧化碳排放量进行预测。假定 2013—2025 年,旅游者总数、旅游业总收入、第三产业产值占 GDP 比重、人均旅游花费、旅游二氧化碳排放强度等变量维持目前发展趋势,即年均增长率为 1985—2012 年的年均增长率,分别为 10.33%、9.85%、1.68%、12.32%、-0.27%,则可以推算出 2013—2025 年旅游业二氧化碳排放量,如图 4-8 所示。从图 4-8 可以看出,如果我国旅游业维持目前的发展模式,则旅游业二氧化碳排放量将继续增加,到 2025 年将达到 31 172.78 万 t,是 2012 年的 2.69 倍,形势不容乐观。因此,

需要对旅游者、旅游业总收入、第三产业产值占 GDP 比重、人均旅游花费、旅游二氧化碳排放强度等变量的增长率进行一定控制,使其维持在一个合理的范围内,实现旅游业的低碳发展和可持续发展。

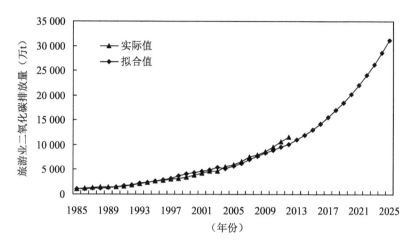

图 4 – 8 维持现有模式下 2013—2025 年我国旅游业二氧化碳排放量预测

4.3.2 基于 BP 神经网络模型的预测

4.3.2.1 神经网络样本的拓展

由于只有旅游二氧化碳排放一个预测因子,假如将神经网络的输入层设计为仅有一个输入神经元的网络模型,如果需要对旅游二氧化碳排放进行长时间段的预测,则只能根据预测出来的数值重新进行新的预测,这样必然会增加误差,因此,需要考虑对输入的旅游二氧化碳排放样本进行拓展,以提高预测算法的精确性,并有效降低预测误差。为保证预测数据的准确性,并获得足够多的样本,对我国旅游二氧化碳排放的数据进行处理,以 10 个数据为一组来交叉提取数据(张娜,2012)。

具体方法如下:将 1985 年到 2012 年我国旅游二氧化碳排放量中每 10 个数据为一组进行分组,并将其作为输入神经元,其下一个作为对应的输出神经元,之后跳过一个数据再进行类似的分组,并进行相应的输入和输出:

第 1 组:从 1985 年到 1994 年,对应输出为 1995 年。

第 2 组:从 1986 年到 1995 年,对应输出为 1996 年。

第 3 组:从 1987 年到 1996 年,对应输出为 1997 年。

......

第18组：从2002年到2011年，对应输出为2012年。

依照上述方法可以得到18个样本，所设计的神经网络包括10个输入神经元，以及1个输出神经元。通过数据分组方法建立起来的网络模型能够保证数据的真实性和有效性，此外，通过网络训练再提高预测的可靠性，以确保所得到的预测数据是准确的。

4.3.2.2 隐层单元数目及网络函数的确定

通过以上步骤得到BP神经网络结构为：由拓展后的10个神经元组成的一个输入层；由一个神经元组成的一个输出层，表示所预测的旅游业二氧化碳排放量；一个隐含层，其神经元数目可以通过以下公式计算得到：

$$n1 = \sqrt{m + n} + a \qquad (4-35)$$

其中：m是输入神经元数目；n是输出神经元数目；a是一个常数，数值在$1 \sim 10$，此处a取值是5。

最小训练速率设为0.1，动态参数设成0.6，Sigmoid参数设成0.9，允许误差设成0.0001，最大迭代次数设成1000次。

4.3.2.3 神经网络模型的训练及检验

对输入节点的数值进行见表4-12的标准化转换，经拓展后的神经网络训练样本在迭代575次后便可达到预测误差。可以看出，通过拓展样本后，神经网络的性能和效率得到了很大改善。

表4-12 1985—2012年我国旅游二氧化碳排放数据的标准化结果及样本分组

样本组数		输入神经元 p $p = [P'(t-10), P'(t-9), P'(t-8), P'(t-7), P'(t-6), P'(t-5), P'(t-4), P'(t-3), P'(t-2), P'(t-1)]$										输出神经元 T
		$P'(t-10)$	$P'(t-9)$	$P'(t-8)$	$P'(t-7)$	$P'(t-6)$	$P'(t-5)$	$P'(t-4)$	$P'(t-3)$	$P'(t-2)$	$P'(t-1)$	$P'(t)$
训练样本	1	-0.83	-0.92	-0.89	-0.90	-0.91	-0.94	-0.90	-0.93	-0.89	-0.89	-0.85
	2	-0.81	-0.85	-0.87	-0.89	-0.91	-0.91	-0.92	-0.90	-0.87	-0.84	-0.83
	3	-0.80	-0.82	-0.85	-0.85	-0.88	-0.88	-0.87	-0.87	-0.88	-0.83	-0.78
	4	-0.77	-0.80	-0.80	-0.82	-0.84	-0.82	-0.84	-0.85	-0.85	-0.78	-0.76
	5	-0.75	-0.76	-0.76	-0.78	-0.79	-0.79	-0.75	-0.79	-0.73	-0.71	-0.73
	6	-0.69	-0.70	-0.71	-0.69	-0.73	-0.68	-0.73	-0.69	-0.66	-0.70	-0.64
	7	-0.62	-0.63	-0.62	-0.64	-0.59	-0.65	-0.61	-0.60	-0.64	-0.58	-0.54
	8	-0.54	-0.51	-0.55	-0.49	-0.56	-0.51	-0.50	-0.57	-0.48	-0.45	-0.49
	9	-0.39	-0.43	-0.36	-0.44	-0.38	-0.37	-0.46	-0.36	-0.31	-0.39	-0.40
	10	-0.30	-0.20	-0.30	-0.23	-0.23	-0.33	-0.20	-0.14	-0.23	-0.26	-0.26

续表

样本组数		输入神经元 p p = [P'(t−10),P'(t−9),P'(t−8),P'(t−7),P'(t−6), P'(t−5),P'(t−4),P'(t−3),P'(t−2),P'(t−1)]										输出神经元 T
		P'(t−10)	P'(t−9)	P'(t−8)	P'(t−7)	P'(t−6)	P'(t−5)	P'(t−4)	P'(t−3)	P'(t−2)	P'(t−1)	P'(t)
训练样本	11	−0.02	−0.14	−0.05	−0.03	−0.16	−0.01	0.09	−0.02	−0.08	−0.07	−0.18
	12	0.05	0.18	0.19	0.03	0.23	0.34	0.22	0.17	0.18	0.06	0.08
	13	0.43	0.46	0.27	0.48	0.65	0.51	0.47	0.50	0.30	0.36	0.25
检验样本	14	0.79	0.55	0.83	0.98	0.86	0.81	0.88	0.68	0.73	0.62	0.61
	15	0.90	1.23	1.43	1.23	1.23	1.30	1.11	1.21	1.04	1.10	1.21
	16	1.73	1.96	1.75	1.67	1.84	1.58	1.77	1.66	1.65	1.90	1.63
	17	2.71	2.35	2.29	2.37	2.17	2.38	2.33	2.46	2.65	2.47	2.68
	18	3.58	3.56	3.71	3.65	3.40	3.79	3.43	3.69	3.88	3.58	3.68

以 $MAPE$(绝对平均误差,%)、R(相关系数)作为检验参数。

$$MAPE = \frac{\sum\limits_{i=1}^{n} |\bar{y}_i - y_i| / y_i}{n} \times 100\% \tag{4-36}$$

$$R = \frac{\sum\limits_{i=1}^{n} |y_i \times \bar{y}_i|}{\sqrt{\sum\limits_{i=1}^{n}(y_i)^2 \times \sum\limits_{i=1}^{n}(\bar{y}_i)^2}} \tag{4-37}$$

其中,$\bar{y}_i$ 为模拟输出值,即所预测的旅游业二氧化碳排放量;y_i 为实际旅游业二氧化碳排放量;n 为所测试数据的个数。

从上述定义可以看出,$MAPE$ 的值越小,说明该方法的预测性能越好;R 的值越大,说明该方法的预测性能越好。

用经过训练的神经网络模型对 1985 至 2012 年的旅游业二氧化碳排放量进行样本内预测,实际值与预测值的拟合图如图 4 − 9 所示。所得到的 $MAPE$ 值为 3.05%,R 值为 0.999 9,可见 BP 神经网络模型的预测性能良好。

4.3.2.4 神经网络模型预测结果

应用上述 BP 神经网络模型对未来 10 年我国旅游二氧化碳排放的数据进行预测,结果如图 4 − 10 所示。从图 4 − 10 可以看出,到 2025 年,我国旅游业二氧化碳排放量将呈现出继续增加的趋势,将达到 28 988.98 万 t,是 2012 年的 2.51 倍。但是发展速度放缓,年平均增长率为 7.33%,我国旅游业二氧化碳排放形势依旧很严峻。

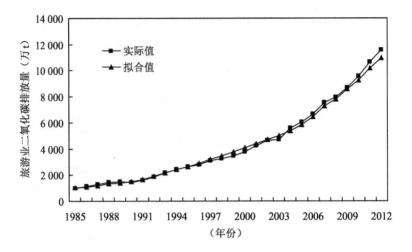

图 4 - 9 1985—2012 年我国旅游业二氧化碳排放实际值与拟合值

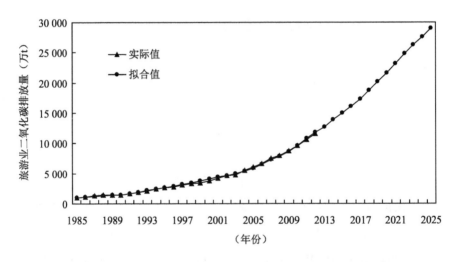

图 4 - 10 基于 BP 神经网络的 2013—2025 年我国旅游业二氧化碳排放量预测

4.3.3 旅游业二氧化碳排放预测分析

综合 STIRPAT 模型和 BP 神经网络模型的预测结果,取二者的平均值得到 2013—2025 年我国旅游业二氧化碳排放情况(见表 4 - 13)。从表 4 - 13 可以看出,从 2013 年至 2025 年,我国旅游业二氧化碳排放量将仍然处于一个快速增加的阶段,年均增加 1 421.59 万 t;到 2025 年,我国旅游业二氧化碳排放量将达到 30 080.88 万 t,是 2012 年的 2.6 倍。但是其增长的速率在降低,2013—2025 年旅游业的二氧化碳排放年均增长率为 7.64%,相对于 1985—2012 年时段有所降低。这是因为中国处于快速的城市化与工业化阶段,由于产业结构的惯性作用,旅游业的能源消费量增长还会保持一定的时期,使得在一段时间内旅游业的二氧化碳排放量还会继续增加。另外,增长速度放缓也可以反映出我国在旅游经济增长的同时对缓解全球气候变化的贡献,间接解释了能源利用效率的改善和相应减排技术运用的深度。

　　总体上看,在预测的 2013 年至 2025 年,旅游业的二氧化碳排放年均增长率虽然相对 1985—2012 年有所下降,但是年均增长率仍达 7.64%,未来的减排压力巨大。因此,结合 STIRPAT 模型的分析结果,应加大低碳旅游的宣传力度,提高旅游者的低碳环保意识,动态监测旅游经济与旅游二氧化碳排放的脱钩关系,发挥旅游产业链作用,配合和带动相关产业的节能减排和低碳发展,提高旅游业能源利用效率,减少对电力、煤炭、石油等高碳能源的消耗,推广风能、太阳能、生物质能等清洁能源的利用,加强低碳技术在旅游交通、旅游饭店、旅游景区中的推广与应用,提高旅游产业附加值,促进旅游业的节能减排及其低碳发展。

表 4 – 13　2013—2025 年我国旅游二氧化碳排放预测值

年度	2013	2014	2015	2016	2017	2018	2019
预测值(万 t)	11 869.14	12 952.42	14 043.44	15 194.65	16 467.28	17 856.51	19 363.96
年度	2020	2021	2022	2023	2024	2025	
预测值(万 t)	20 912.34	22 620.52	24 422.02	26 213.54	28 103.82	30 080.88	

4.4　本章小结

　　本书初步将环境研究领域的 STIRPAT 模型应用到旅游业二氧化碳排放变化影响因子关系的研究中。结果表明,STIRPAT 模型能较好地反映社会经济发展指标对旅游业二氧化碳排放变化的影响。根据拟合出的 STIRPAT 模型分析,1985—2012 年我国旅游业二氧化碳排放的旅游者总数、旅游业总收入、第三产业产值占 GDP 比重、人均旅游花费的弹性系数分别是 0.199 6、0.203 3、1.207 4、0.203 0,表示当旅游者总数、旅游业总收入、第三产业产值占 GDP 比重、人均旅游花费每增加 1% 时,旅游业二氧化碳排放量将分别增加 0.199 6%、0.203 3%、1.207 4%、0.203 0%。由此表明,旅游者总数、旅游业总收入、第三产业产值占 GDP 比重、人均旅游花费对 1985—2012 年旅游业二氧化碳排放具有增量效应,是导致我国旅游业二氧化碳排放持续增加的驱动因素。而旅游二氧化碳排放强度的弹性系数为 −1.629 7,表示当旅游二氧化碳排放强度每降低 1% 时,旅游业二氧化碳排放量将减少 1.629 7%;表明能源集约利用水平对我国旅游业二氧化碳排放具有减量效应,负向影响力最高。因此,提高能源利用率是实现我国旅游业二氧化碳减排的重要途径。同时,本书应用 STIRPAT 模型和 BP 神经网络模型对我国旅游二氧化碳排放进行了预测。结果表明,到 2025 年,我国旅游业二氧化碳排放量将呈现出继续增加的趋势,增加速度相对放缓,但是也不容乐观,需要采取多种措施推动旅游业的节能减排及其低碳发展。由于旅游二氧化碳排放受到多种因素的影响,如旅游者总数、旅游总收入、产业结构、能源效率、能源结构等,对其预测往往很难做到绝对准确,预测结果还需要进一步的实践检验。

第5章　我国旅游业低碳发展
评价及其对策分析

从前面几章的分析可以看出,旅游业能源消耗和二氧化碳排放最主要的来源是旅游交通、旅游住宿和旅游活动。旅游住宿的代表是旅游饭店,旅游活动的重要场所是旅游景区,所以推动旅游饭店、旅游景区的节能减排和低碳发展是十分必要的。而旅游交通属于客运交通的一部分,在交通运输业节能减排的大背景下,也要推进旅游交通、特别是旅游景区内部交通的节能减排及其低碳发展。鉴于研究范围不同,本章对旅游交通的研究仅考虑旅游景区内部交通的节能减排,并将其纳入到旅游景区低碳发展评价之中。因此,结合利益相关者理论、循环经济理论、旅游系统理论,分别建立了旅游饭店和旅游景区的低碳发展评价指标体系,进而提出了旅游业低碳发展的对策。

5.1　旅游饭店低碳发展评价

5.1.1　评价指标体系的设计构建

5.1.1.1 旅游饭店低碳发展的相关主体及其关系

总结国内外的相关文献,可以看出,旅游饭店的低碳发展涉及饭店、消费者、政府、行业组织四个利益相关主体(Park and McCleary,2010;赵思香,2011;魏卫等,2010,2012;Teng et al.,2012;吕荣胜等,2012;刘蕾等,2012)。其中饭店和消费者是旅游饭店低碳发展的实施者和购买者,是直接的参与者;政府部门和行业协会是旅游饭店低碳发展的服务者和提供者,是间接的参与者。它们之间的关系如图5-1所示。

(1)饭店

作为低碳发展的实践者和执行者,饭店是最核心的利益主体。饭店自身的重视与实际行动,如对新建及原有饭店的建筑设计与低碳改造、客房的用品及低碳服务的供给、餐饮的食材选择及对低碳消费的引导、成立专门的能源管理部门、进行节能减排的交流与培训、新能源及节能技术的应用等是影响旅游饭店低碳发展的重要因素。

(2)政府部门

作为引导者和协调者,政府对旅游饭店的低碳发展起着重要的引导和规范作用。政府可以通过制定与饭店节能相关的法律和法规,运用财政和税收两大政策杠杆,提供相应的激励和惩罚措施,鼓励旅游饭店进行低碳发展。此外,还利用官方主流媒体宣传和推行低碳消费理念、建立低碳饭店的考核与管理制度,提高旅游饭店节能减排的积极性。

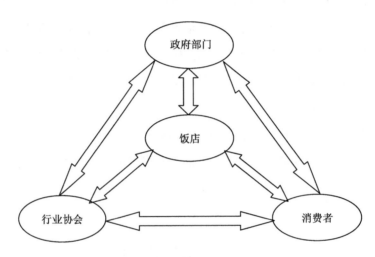

图5-1 旅游饭店低碳发展的相关利益主体

(3)行业协会

行业协会在旅游饭店低碳发展的过程中起着桥梁和中介作用。作为协助者和支持者,行业协会可以为饭店提供节能减排的设备和设施,并提供节能产品信息、技术咨询等服务;同时,行业组织可以开展宣传教育,搭建综合性的低碳信息交换平台,担负起饭店低碳环保转型升级中的"调节器"作用,为旅游饭店的低碳发展创造良好的社会环境。

(4)消费者

消费者作为旅游饭店低碳产品和服务的最终购买者,其是否需要"低碳产品和服务",是否愿意购买"低碳产品和服务",对饭店低碳发展起着推动或阻碍的作用。因此,作为旅游饭店低碳发展的具体实践者和体验者,消费者低碳和环境保护意识提高,进而外化成自身的行动,是影响旅游饭店低碳发展的重要方面。

从上述分析可以看出,旅游饭店的低碳发展不仅需要国家宏观政策的大力支持,还需要相关行业协会的引导和鼓励,更需要旅游饭店自身的重视与实际行动,以及消费者的低碳意识提升与行动支持。应坚持以政府部门为主导,以行业协会为纽带,以旅游饭店为根本着力点,以消费者为支撑,采取科学合理并行之有效的低碳技术途径,最终实现旅游饭店的节能减排与低碳发展,使旅游饭店行业成为推动整个旅游业乃至全社会低碳发展的重要部门。

5.1.1.2 评价指标体系的选取原则

（1）科学性原则

构建旅游饭店低碳发展的评价指标体系首先必须遵循科学性原则。在依据科学的主导思想和理论基础上,构建指标体系的研究设计和研究方法必须采取科学的方法,才能确保评价结果准确、清晰、客观。通过科学地分析相关文献,在确保指标体系及其评价结果客观的基础上,从旅游饭店的低碳发展涉及的四个主体方面,选取相关的评价指标,真实地反映影响旅游饭店低碳发展的各种因素。

（2）系统性原则

旅游饭店的低碳发展除了受饭店本身的建筑、能源、设备、工程、采购、管理、营销、服务、人力等子系统的影响外,还受到政府的宏观因素、行业组织的中观因素以及消费者的微观因素等的影响,它们共同组成了一个复合的人工系统。因此,在选择指标体系时,不仅要注意到影响旅游饭店低碳发展的内部因素,而且要综合考虑到影响较大的各类外部因素,以及指标之间的系统平衡及内部结构关系。

（3）代表性原则

影响旅游饭店低碳发展的因素众多,每个因素之间又存在着直接或间接的联系。如果将所有的技术指标因素涵盖在内,难度非常大。因此,在相对全面反映不同层面发展现状的前提下,结合旅游饭店节能减排的特点,尽可能地选取与低碳发展关系最为密切、具有代表性的关键指标,使所选指标能够真正代表和反映旅游饭店的低碳发展水平。同时,要尽可能压缩指标数目,以便于分析运算,保证评价结果的准确性。

（4）可操作性原则

一个理想的指标评价体系应是可行的、易于操作的。因此,在评价指标体系的构建、评价程序的制定、评价方法的选择、研究数据的采集等方面,都应遵循简洁、方便、有效、实用、可行的原则,既要充分考虑评价程序和计算方法的可操作性,又要综合权衡其数据获取的难易程度,不能过于繁难和复杂。同时,所建立的指标体系要有利于生产及管理等部门所掌握和操作,使理论与实践得到良好的结合。

5.1.1.3 评价指标体系的构建

(1)评价指标体系的设计

旅游饭店的低碳发展受到多种因素的影响与制约。为了较全面、客观地反映旅游饭店低碳发展的影响因素,本书以低碳理论为指导,遵循指标选取的科学性、系统性、代表性、可操作性等原则,在查阅、梳理国内外相关文献、政策法规及相关行业标准的基础上,从饭店、政府部门、行业协会、消费者四个方面提取与饭店节能减排、低碳发展相关的 36 个指标,初步构建了旅游饭店低碳发展的指标体系(见表 5-1)。该指标体系由目标层、准则层、指标层和要素层四个层次组成。需要指出的是,政府部门和行业协会在旅游饭店低碳发展过程中,均起到宏观调控与引导作用,部分指标内容重复率较高,故将二者合并为一个准则层。

(2)评价指标体系的筛选

首先,行业专家访谈修正指标体系。通过深度访谈、电子邮件等方式向从事饭店管理专业研究的 6 位专家学者、政府旅游部门的 3 名工作人员,以及行业组织的 3 名管理人员发放调查问卷(见附录 1)。请其对初步选取的 36 个指标的重要程度进行打分,并对选取指标的可读性、歧义和完整性提出建议,进一步修正相关指标体系。

其次,实验调研完善指标体系。选择 3 家星级饭店进行实验性调研,小范围发放调查问卷,并与 6 位饭店管理人员进行深入交流和访谈,请其对所建立指标体系的结构、合理性、可行性、清晰性等提出意见,对指标体系进一步进行完善。

最后,根据专家学者咨询以及预调研的反馈结果,对指标体系进行筛选、修改和完善,结果如下:

表 5-1 初始的旅游饭店低碳发展的评价指标体系

目标层	准则层	指标层	要素层
旅游饭店低碳发展的评价指标体系	政府与行业协会	政策调控	1 制定与饭店低碳节能相关的法律和法规
			2 对饭店的节能减排给予财税优惠政策
			3 制定低碳饭店公约、行业标准、行业规则等
			4 对高能耗、高排放、高污染的饭店征收环境税
		宏观引导	5 利用媒体进行低碳理念的宣传与教育
			6 建立饭店低碳发展的信息交换平台
			7 提供低碳技术和服务咨询

续表

目标层	准则层	指标层	要素层
旅游饭店低碳发展的评价指标体系	旅游饭店	建筑设计	8 使用适应当地气候特点、地理环境的建筑技术
			9 使用隔热、保温、节能环保的建筑材料
			10 有充分利用自然采光、自然通风的设计
			11 良好的室内植物配置、室外绿化、建筑立体绿化
		绿色客房	12 减少或去掉六小件等一次性用品
			13 有节约能源提示卡,提倡棉织品一客一换
			14 对客房进行合理的安排以有利于集中用能和分层管理
		绿色餐饮	15 选用当地、当季食材及绿色食品和有机食品
			16 食品加工过程的绿色化
			17 倡导客人适量用餐,提倡"消费不浪费"
		能源管理	18 成立专门的节能管理部门或委员会
			19 定期进行节能测试和能源审计
			20 采用合同能源管理
		交流培训	21 定期对员工进行节能知识的普及与新节能技术的培训
			22 积极向消费者宣传低碳、节能、节约知识
			23 对支持低碳消费的客人给予优惠激励
			24 酒店之间节能信息、经验的交流
			25 支持政府或社区的低碳宣传、教育及社会公益活动
		节能技术	26 利用太阳能、风能、生物质能、地热等清洁能源
			27 采用节水龙头、花洒、马桶等设备
			28 排水类别分设系统,进行中水回用
			29 定期对用能设备进行检查和保养
			30 采用节能空调和进行余热回收
			31 有效利用节能灯具及高效照明产品
			32 供热、空调、电机、照明等采用变频技术和智能控制技术
	消费者	提升意识	33 增强低碳、环保意识和树立生态价值观
			34 转变便利消费、奢侈消费等消费观念
		落实行动	35 配合并参与饭店的节能减排活动
			36 自觉践行低碳消费和生活模式

①"4 对高能耗、高排放、高污染的饭店征收环境税",该指标在实施过程中有一定难度,而且与"1 制定与饭店低碳节能相关的法律和法规"部分内容重复,故予以删除。

②"6 建立饭店低碳发展的信息交换平台"与"7 提供低碳技术和服务咨询",两个指标通过搜集和提供节能产品信息,进行节能减排信息与经验的交流,故将两个指标合并为"建立饭店低碳发展的信息交换平台,提供低碳技术和服务咨询"。

③增加了"合理调整饭店业的档次结构"指标。饭店的星级越高,服务设施数量就越多,消耗的能源就越多。因此,政府部门和行业协会应对饭店的档次结构加以引导,不过度营造和追求壮观、豪华、奢侈的饭店。

④"13 有节约能源提示卡,提倡棉织品一客一换",鉴于有的客人低碳意识不强,饭店要引导客人节约使用棉织品,改为"有节约能源提示卡,布草毛巾根据客人需要进行更换"。

⑤"17 倡导客人适量用餐,提倡'消费不浪费'",此项指标除考虑引导顾客适度消费外,还应提倡消费绿色、应季食品,并主动提供打包服务和代客保管剩余酒水的服务,故修改为"引导顾客适度消费和绿色消费,提供打包和存酒服务"。

⑥"18 成立专门的节能管理部门或委员会",应明确成立节能管理部门或委员会的责任和作用,如制定饭店节能规划、手册等并予以监督实施,避免引起歧义,故将其修改为"成立节能管理部门或委员会,制定节能管理制度"。

⑦"22 积极向消费者宣传低碳、节能、节约知识"和"23 对支持低碳消费的客人给予优惠激励",两个指标均属于饭店与消费者间的良性互动,将二者合并为"积极向客人宣传低碳节能知识并给予客人绿色消费优惠激励"。

⑧"27 采用节水龙头、花洒、马桶等设备"和"28 排水类别分设系统,进行中水回用",二者均属于饭店对水资源的利用效率,将其合并为"采用节水设备,安装并使用中水系统"。

⑨"30 采用节能空调和进行余热回收"和"31 有效利用节能灯具及高效照明产品",现在各饭店都不同程度使用了节能的空调和灯具产品,同时与"32 供热、空调、电机、照明等采用变频技术和智能控制技术"同属于采暖制冷及照明系统,因此,将三者归并为"采用能效高的供热、空调、电机、照明等设备设施,并采用变频技术和智能控制技术"。

最终,确定了由1个目标层、3个准则层、10指标层、31个要素层共同组成的旅游饭店低碳发展的评价指标体系,如表5-2所示。

表 5 - 2　旅游饭店低碳发展的评价指标体系及其解释

目标层	准则层	指标层	要素层	解释
旅游饭店低碳发展的评价指标体系	政府与行业协会	政策调控	制定与饭店低碳节能相关的法律和法规	对饭店的低碳发展、节能减排进行约束和引导
			对饭店的节能减排给予财税优惠政策	加大对低碳技术创新的支持力度,提高饭店的积极性
			制定低碳饭店公约、行业标准、行业规则等	将低碳、节能减排与星级饭店、绿色饭店的评定相融合,实现行业自律与监督
		宏观引导	利用媒体进行低碳理念的宣传与教育	提高公众的绿色低碳意识,形成良好的社会氛围
			建立饭店低碳发展的信息交换平台,提供低碳技术和服务咨询	搜集和提供节能产品信息,进行经验交流,形成整个饭店行业节能减排的氛围
			合理调整饭店业的档次结构	不过度营造壮观、豪华、奢侈的饭店
	旅游饭店	建筑设计	使用适应当地气候特点、地理环境的建筑技术	减少各种资源和材料的消耗,确保饭店源头的绿色化、低碳化
			使用隔热、保温、节能环保的建筑材料	在新建饭店及原有饭店改造过程中,在建筑材料上确保能源消耗降到最低
			有充分利用自然采光、自然通风的设计	合理减少空调、照明的使用,以降低能耗
			良好的室内植物配置、室外绿化、建筑立体绿化	饭店的绿化面积越大,绿化率越高,其碳汇作用越强
		绿色客房	减少或去掉六小件等一次性用品	在不损害客人舒适性、方便性的前提下,减少一次性客用品消费量
			有节约能源提示卡,布草毛巾根据客人需要进行更换	在不影响服务质量的前提下减少洗涤量以及对布草的损耗
			对客房进行合理的安排以有利于集中用能和分层管理	入住率低时,尽量将客人集中安排在同一楼层,从排房上控制能源消耗
		绿色餐饮	选用当地、当季食材及绿色食品和有机食品	降低运输成本,进行绿色采购
			食品加工过程的绿色化	保证烹饪过程中实行清洁生产工艺
			引导顾客适度消费和绿色消费,提供打包和存酒服务	引导文明消费,提倡食用当地或当季食材,并减少浪费现象的发生

续表

目标层	准则层	指标层	要素层	解释
旅游饭店低碳发展的评价指标体系	旅游饭店	能源管理	成立节能管理部门或委员会,制定节能管理制度	掌握饭店能源的使用状况,形成必要的考核奖惩机制
			定期进行节能测试和能源审计	掌握水、电、气的数据及其变化,充分挖掘节能潜力
			采用合同能源管理	引入专业节能技术服务公司,解决饭店低碳发展的资金与技术问题
		交流培训	定期对员工进行节能知识的普及与新节能技术的培训	积极培育绿色低碳文化,树立全面节能、全员节能新理念
			积极向客人宣传低碳节能知识并给予客人绿色消费优惠激励	培养客人的节能理念,对低碳消费给予优惠激励
			酒店之间节能信息、经验的交流	可以快速、合理采用节能技术与措施
			支持政府或社区的低碳宣传、教育及社会公益活动	如参与地球日、环境日等活动,增强社会责任感,树立绿色低碳企业形象
		节能技术	利用太阳能、风能、生物质能、地热等清洁能源	降低传统能源的使用比例,提高新能源的利用率
			采用节水设备,安装并使用中水系统	如使用节水龙头、花洒、马桶,并进行中水循环利用,减少水资源的消耗
			定期对用能设备进行检查和保养	减少运行磨损,延长使用寿命,减少无功浪费的现象
			采用能效高的供热、空调、电机、照明等设备,并采用变频技术和智能控制技术	在节能改造的同时,加大能源利用的智能化程度,提高能源利用效率
	消费者	提升意识	增强低碳、环保意识和树立生态价值观	提升环保意识,加大对低碳理念的理解程度
			转变便利消费、奢侈消费等消费观念	改变传统消费价值取向,不过度消费、奢华消费
		落实行动	配合并参与饭店的节能减排活动	在入住、餐饮消费时,积极参与饭店的低碳活动
			自觉践行低碳消费和生活模式	培养良好的低碳生活方式和习惯

5.1.2 评价指标的权重确定方法

5.1.2.1 AHP 的基本原理

层次分析法(Analytical Hierarchy Process,简称 AHP)是美国运筹学家 T. L. Saaty 于 20 世纪 70 年代提出的多指标综合评价的一种定量系统分析方法,是一种定性与定量相结合的决策方法(Saaty,1990)。其基本原理是,假定有 n 个物体 $A_1, A_2, \ldots, A_n$,它们的重量分别记为 $W_1, W_2, \cdots, W_n$,若以矩阵来表示各物体的这种相互重量关系,即

$$A = \begin{pmatrix} W_1/W_1 & W_1/W_2 \cdots W_1/W_n \\ W_2/W_1 & W_2/W_2 \cdots W_2/W_n \\ \vdots & \vdots \quad\quad \vdots \\ W_n/W_1 & W_n/W_2 \cdots W_n/W_n \end{pmatrix} \tag{5-1}$$

式中,A 为判断矩阵。若取重量向量 $W = (W_1, W_2, \cdots, W_n)^T$,则有:

$$A \cdot W = n \cdot W \qquad (5-2)$$

根据线性知识,n 是矩阵 A 的唯一非零的,也是最大的特征值,而 W 为 n 所对应的特征向量。

5.1.2.2 基本步骤和计算方法

AHP 决策过程一般包括四个基本步骤:建立层次结构模型,构造判断矩阵,层次单排序和一致性检验、层次总排序和一致性检验。

① 建立层次结构模型。根据问题需要,将各要素按照目标层、准则层、指标层的形式进行排列。

② 构造判断矩阵。表示针对上一层次中的某个元素而言,评定该层次中各元素间的相对重要性。判断矩阵的形式如下(Zhang,2009):

$$A = \begin{pmatrix} a_{11} & a_{12} & \cdots & a_{1m} \\ a_{21} & a_{22} & \cdots & a_{2m} \\ \vdots & \vdots & & \vdots \\ a_{m1} & a_{m2} & \cdots & a_{mm} \end{pmatrix} \qquad (5-3)$$

式中,a_{ij} 表示相对于上一层的某项元素而言,元素 i 和元素 j 之间相对重要性的判断值,满足下面的条件:$a_{ij} > 0$;$a_{ij} = 1 \ (i = j)$;$a_{ij} = 1/a_{ji} \ (i \neq j)$。

a_{ij} 的取值一般采用 $1 \sim 9$ 及其倒数的标度方法,如表 $5-3$ 所示。

表 5-3 指标相对重要性比较评分标准

标度	定义	含义
1	同等重要	对目标来说,两个元素是一样重要的
3	稍微重要	对目标来说,前者比后者稍显重要
5	明显重要	对目标来说,前者比后者要明显重要
7	十分重要	对目标来说,前者比后者重要得多
9	极端重要	对目标来说,前者比后者极端重要
2,4,6,8	上述相邻判断的中间值	当对比需要时,可以取上述相邻判断的中间值
倒数	若指标 i 与指标 j 的重要性之比为 a_{ij},那么指标 j 与指标 i 重要性之比为 $a_{ij} = 1/a_{ji}$

资料来源:Saaty (1990)。

③ 层次单排序和一致性检验。层次单排序的目的是针对上层次中的某元素而言,确定

本层次与之有联系的各元素重要性次序的权重值。它是本层次所有元素对上一层次某元素重要性排序的基础。层次单排序是计算判断矩阵的最大特征根和相应的特征向量,即对于判断矩阵 A,计算满足下式的特征根与特征向量,即:

$$A \cdot W = \lambda_{\max} \cdot W \qquad (5-4)$$

式中,$\lambda_{\max}$ 为矩阵 A 最大特征根;W 为对应于 $\lambda_{\max}$ 的正规划特征向量,$W = [W_1, W_2, \cdots, W_n]^T$;$W$ 的分量 W_i 即是对应元素单排序的权重值。以方根法为例求解特征根与特征向量(徐建华,2002;Tang,2010;Zhang et al.,2013):

计算判断矩阵每一行元素的乘积:

$$M_i = \prod_{j=1}^{n} a_{ij} \quad (i = 1, 2, \cdots, n) \qquad (5-5)$$

计算 M_i 的 n 次方根:

$$\bar{W}_i = \sqrt[n]{M_i} \quad (i = 1, 2, \cdots, n) \qquad (5-6)$$

将向量 $\bar{W} = [\bar{W}_1, \bar{W}_2, \cdots, \bar{W}_n]^T$ 归一化:

$$W_i = \bar{W}_i / \sum_{i=1}^{n} \bar{W}_i \quad (i = 1, 2, \cdots, n) \qquad (5-7)$$

则 $W = [W_1, W_2, \cdots, W_n]^T$ 即为所求的特征向量。

计算最大特征根:

$$\lambda_{\max} = \sum_{i=1}^{n} \frac{(AW)_i}{nW_i} \qquad (5-8)$$

式中,$\lambda_{\max}$ 是判断矩阵的最大特征根;A 是判断矩阵;W 是相应的标准化向量;$(AW)_i$ 为向量 AW 的第 i 个分量。

当判断矩阵 A 具有完全一致性时,$\lambda_{\max} = n$。为检验判断矩阵的一致性,需要计算它的一致性指标 CI,定义为:

$$CI = \frac{\lambda_{\max} - n}{n - 1} \qquad (5-9)$$

式中,当 $CI = 0$ 时,判断矩阵具有完全一致性;CI 愈大,则判断矩阵的一致性就愈差。

同时,为了检验判断矩阵是否具有令人满意的一致性,需要将 CI 与平均随机一致性指标 RI 进行比较,即计算一致性比例 CR:

$$CR = \frac{CI}{RI} \qquad (5-10)$$

当 $CR < 0.10$ 时,表明一致性程度是可以接受的,判断矩阵合理;如果 $CR \geq 0.10$,表明存在着严重的不一致性,应对判断矩阵作适当修正。随机指数 RI 与判断矩阵阶数 n 的关系如表 5 - 4 所示。

表 5 - 4　随机一致性指标 RI 与判断矩阵阶数 n 的关系

n	1	2	3	4	5	6	7	8	9	10	11	12
RI	0	0	0.58	0.9	1.12	1.24	1.32	1.41	1.45	1.49	1.51	1.53

资料来源:Saaty（1990）。

④层次总排序及一致性检验。利用同一层次中所有层次单排序的结果,计算针对上一层次而言的本层次所有元素重要性的权重值。层次总排序需要从上到下逐层进行。对于最高层,其层次单排序也就是总排序(徐建华,2002)。

若上一层次所有元素 $A_1, A_2, \cdots, A_m$ 的层次总排序已经完成,得到的权重值分别为 $a_1, a_2, \cdots, a_m$, 与 A_j 对应的本层次元素 $B_1, B_2, \cdots, B_n$ 的层次单排序结果为 $[b_1^j, b_2^j, \cdots, b_n^j]^T$ (当 B_i 与 A_j 无联系时, $b_i^j = 0$),那么,B 层次的总排序结果见表 5 - 5。

显然,

$$\sum_{i=1}^{n} \sum_{j=1}^{m} a_j b_i^j = 1 \ (i = 1, 2, \cdots, n; j = 1, 2, \cdots, m) \tag{5-11}$$

为了评价层次总排序的计算结果的一致性,类似于层次单排序,也需要进行一致性检验。

$$CR = \sum_{j=1}^{m} a_j CI_j \Big/ \sum_{j=1}^{m} a_j RI_j \ (i = 1, 2, \cdots, n; j = 1, 2, \cdots, m) \tag{5-12}$$

式中,CI_j 为与 a_j 对应的 B 层次中判断矩阵的一致性指标;RI_j 为 a_j 与对应的 B 层次中判断矩阵的随机一致性指标;CR 为层次总排序的随机一致性比例。同样,当 $CR < 0.10$ 时,认为层次总排序结果具有较满意的一致性并接受该分析结果;否则,就需要对本层次的各判断矩阵进行调整,直至层次总排序的一致性检验达到要求为止。

表 5 - 5　层次总排序表

层次 A / 层次 B	A_1	A_2	$\cdots$	A_m	B 层次的总排序
	a_1	a_2	$\cdots$	a_m	
B_1	b_1^1	b_1^2	$\cdots$	b_1^m	$\sum_{j=1}^{m} a_j b_1^j$

层次 A 层次 B	A_1 a_1	A_2 a_2	$\cdots$ $\cdots$	A_m a_m	B 层次的总排序
B_2	b_2^1	b_2^2	$\cdots$	b_2^m	$\sum\limits_{j=1}^{m} a_j b_2^j$
$\vdots$	$\vdots$	$\vdots$	$\vdots$	$\vdots$	$\vdots$
B_n	b_n^1	b_n^2	$\cdots$	b_n^m	$\sum\limits_{j=1}^{m} a_j b_n^j$

资料来源:徐建华(2002)。

5.1.3 实证结果分析

5.1.3.1 指标体系层次结构的建立

根据层次分析法的步骤以及 5.1.1 节中最终确定的旅游饭店低碳发展的评价指标体系,需要首先建立旅游饭店低碳发展评价指标的层次结构图,该层次结构图由 1 个目标层、3 个准则层、10 个指标层、31 个要素层共同组成,如图 5-2 所示。

从图 5-2 的层次框架可以看出,第一层是目标层,旅游饭店低碳发展的评价指标体系(A);第二层为准则层(B),包括政府与行业协会(B_1)、旅游饭店(B_2)、消费者(B_3);第三层是指标层(C),包括政策调控(C_1)、宏观引导(C_2)、建筑设计(C_3)、绿色客房(C_4)、绿色餐饮(C_5)、能源管理(C_6)、交流培训(C_7)、节能技术(C_8)、提升意识(C_9)和落实行动(C_{10});最后一层是要素层(D),在上述 10 个方面下设 31 项评价要素,分别是制定与饭店低碳节能相关的法律和法规(D_1)、对饭店的节能减排给予财税优惠政策(D_2)、制定低碳饭店公约、行业标准、行业规则等(D_3)、利用媒体进行低碳理念的宣传与教育(D_4)、建立饭店低碳发展的信息交换平台,提供低碳技术和服务咨询(D_5)、合理调整饭店业的档次结构(D_6)、使用适应当地气候特点、地理环境的建筑技术(D_7)、使用隔热、保温、节能环保的建筑材料(D_8)、有充分利用自然采光、自然通风的设计(D_9)、良好的室内植物配置、室外绿化、建筑立体绿化(D_{10})、减少或去掉六小件等一次性用品(D_{11})、有节约能源提示卡,布草毛巾根据客人需要进行更换(D_{12})、对客房进行合理的安排以有利于集中用能和分层管理(D_{13})、选用当地、当季食材及绿色食品和有机食品(D_{14})、食品加工过程的绿色化(D_{15})、引导顾客适度消费和绿色消费,提供打包和存酒服务(D_{16})、成立节能管理部门或委员会,制定节能管理制度(D_{17})、定期进行节能测试和能源审计(D_{18})、采用合同能源管理(D_{19})、定期对员工进行节能知识的普及

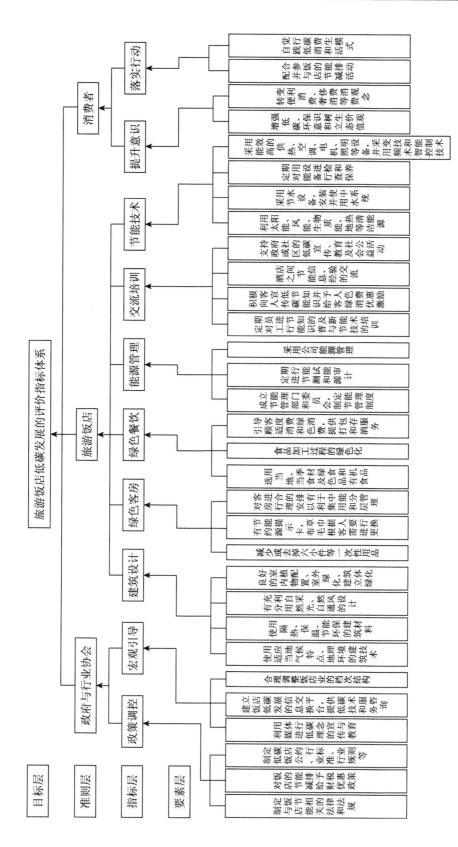

图5-2 旅游饭店低碳发展评价指标的层次结构图

与新节能技术的培训（D_{20}）、积极向客人宣传低碳节能知识并给予客人绿色消费优惠激励（D_{21}）、酒店之间节能信息、经验的交流（D_{22}）、支持政府或社区的低碳宣传、教育及社会公益活动（D_{23}）、利用太阳能、风能、生物质能、地热等清洁能源（D_{24}）、采用节水设备，安装并使用中水系统（D_{25}）、定期对用能设备进行检查和保养（D_{26}）、采用能效高的供热、空调、电机、照明等设备，并采用变频技术和智能控制技术（D_{27}）、增强低碳、环保意识和树立生态价值观（D_{28}）、转变便利消费、奢侈消费等消费观念（D_{29}）、配合并参与饭店的节能减排活动（D_{30}）、自觉践行低碳消费和生活模式（D_{31}）。

5.1.3.2 数据采集与样本描述

根据以上建立的指标体系层次结构图，本书设计了旅游饭店低碳发展的评价指标体系的调查问卷（见附录 2）。该问卷由 14 个表组成，第 1 个表用来判断准则层 3 个指标之间的相对重要性，第 2～4 个表、第 5～14 个表分别用来判断指标层 10 个指标以及要素层 31 个指标之间的相对重要性。问卷表的评价矩阵通过调研数据获得，调查问卷的发放和回收过程历时 3 个月，共发放调查问卷 200 份，回收问卷 182 份；去掉填答不全和绝大多数评价值一致的无效问卷，获得有效问卷 166 份，回收率和有效率分别为 91% 和 83%。

此次问卷调查样本的涵盖面较广，调查地域主要集中在北京市、上海市、哈尔滨市、大庆市、长春市、大连市、秦皇岛市、深圳市；调查对象包括饭店的中高层管理人员、饭店普通员工、饭店的消费者、政府旅游部门的官员、旅游饭店行业协会的专家、从事饭店管理教学和研究的学者；调查方式采用国内学术会议交流、旅游行业培训、饭店实地调研、专家座谈会、电子邮件与电话交流等；调查饭店类型涵盖星级饭店与经济型酒店，其中三星级以上饭店占调查比例的 60%。因此，所选样本在地域分布、调查对象、企业类型等方面基本能够代表学术界、企业界、行业界和社会公众对饭店低碳发展的态度和认识。

5.1.3.3 评价指标权重的确定

评价矩阵的数据处理通过 yaahp 6.0（Yet Another AHP）完成。yaahp 6.0 是层次分析法的一款辅助软件，通过绘制层次模型，可以自动生成判断矩阵，并进行相应的一致性检验，迅速得到各指标的排序权重。同时，该软件提供了不一致判断矩阵自动修正功能，以及残缺判断矩阵自动补全功能，大大提高了判断矩阵的精确性。本书汇总每份调查问卷的评判值，将其输入层次分析法软件 yaahp6.0，构建相应的矩阵，并进行相应的一致性检验。如果通过检验，则可以分别计算出每个评价指标的权重值，再将所有专家对某个评价因子建议的权重值之和求算术平均值，最终得到了旅游饭店低碳发展评价指标体系各因子的权重值及其排序，详见表 5-6。

表 5－6　旅游饭店低碳发展评价指标体系的权重和排序

目标层	准则层	指标层	要素层	权重	排序
旅游饭店低碳发展的评价指标体系	政府与行业协会（B₁）（0.1751）	政策调控（C₁）（0.0985）	制定与饭店低碳节能相关的法律和法规（D₁）	0.0293	19
			对饭店的节能减排给予财税优惠政策（D₂）	0.0389	9
			制定低碳饭店公约、行业标准、行业规则等（D₃）	0.0303	18
		宏观引导（C₂）（0.0766）	利用媒体进行低碳理念的宣传与教育（D₄）	0.0304	17
			建立饭店低碳发展的信息交换平台,提供低碳技术和服务咨询（D₅）	0.0315	14
			合理调整饭店业的档次结构（D₆）	0.0147	28
	旅游饭店（B₂）（0.7033）	建筑设计（C₃）（0.0747）	使用适应当地气候特点、地理环境的建筑技术（D₇）	0.0118	31
			使用隔热、保温、节能环保的建筑材料（D₈）	0.0309	16
			有充分利用自然采光、自然通风的设计（D₉）	0.0181	27
			良好的室内植物配置、室外绿化、建筑立体绿化（D₁₀）	0.0139	30
		绿色客房（C₄）（0.0946）	减少或去掉六小件等一次性用品（D₁₁）	0.0341	13
			有节约能源提示卡,布草毛巾根据客人需要进行更换（D₁₂）	0.0346	11
			对客房进行合理的安排以有利于集中用能和分层管理（D₁₃）	0.0259	21
		绿色餐饮（C₅）（0.0855）	选用当地、当季食材及绿色食品和有机食品（D₁₄）	0.0312	15
			食品加工过程的绿色化（D₁₅）	0.0342	12
			引导顾客适度消费和绿色消费,提供打包和存酒服务（D₁₆）	0.0201	26
		能源管理（C₆）（0.1118）	成立节能管理部门或委员会,制定节能管理制度（D₁₇）	0.0268	20
			定期进行节能测试和能源审计（D₁₈）	0.0451	5
			采用合同能源管理（D₁₉）	0.0399	8
		交流培训（C₇）（0.1161）	定期对员工进行节能知识的普及与新节能技术的培训（D₂₀）	0.0575	3
			积极向客人宣传低碳节能知识并给予客人绿色消费优惠激励（D₂₁）	0.0211	23
			酒店之间节能信息、经验的交流（D₂₂）	0.0232	22
			支持政府或社区的低碳宣传、教育及社会公益活动（D₂₃）	0.0143	29

目标层	准则层	指标层	要素层	权重	排序
旅游饭店低碳发展的评价指标体系	旅游饭店（B_2）（0.703 3）	节能技术（C_8）（0.220 6）	利用太阳能、风能、生物质能、地热等清洁能源（D_{24}）	0.048 1	4
			采用节水设备,安装并使用中水系统（D_{25}）	0.042 1	6
			定期对用能设备进行检查和保养（D_{26}）	0.062 5	2
			采用能效高的供热、空调、电机、照明等设备,并采用变频技术和智能控制技术（D_{27}）	0.067 9	1
	消费者（B_3）（0.1216）	提升意识（C_9）（0.040 9）	增强低碳、环保意识和树立生态价值观（D_{28}）	0.020 3	25
			转变便利消费、奢侈消费等消费观念（D_{29}）	0.020 6	24
		落实行动（C_{10}）（0.080 7）	配合并参与饭店的节能减排活动（D_{30}）	0.041 9	7
			自觉践行低碳消费和生活模式（D_{31}）	0.038 8	10

5.1.3.4 评价结果分析

如表 5-6 所示,从准则层的权重值来看,旅游饭店的权重值最高,为 0.703 3,政府与行业协会和消费者的权重值分别是 0.175 1 和 0.121 6。结果表明饭店自身的节能减排发挥着举足轻重的作用,是旅游饭店低碳发展的决定性因素。同时,政府与行业协会和消费者也扮演着重要的角色,是旅游饭店低碳发展的重要支持者和参与者。

在指标层层面,10 个指标对旅游饭店低碳发展的权重值排序为:"节能技术"（0.220 6）>"交流培训"（0.116 1）>"能源管理"（0.111 8）>"政策调控"（0.098 5）>"绿色客房"（0.094 6）>"绿色餐饮"（0.085 5）>"落实行动"（0.080 7）>"宏观引导"（0.076 6）>"建筑设计"（0.074 7）>"提升意识"（0.040 9）。其中"节能技术"的权重值最高,表明饭店采取合理有效的节能技术对于旅游饭店的低碳发展具有至关重要的作用;而饭店对员工的教育培训和信息交流,以及成立能源管理部门也是旅游饭店低碳发展的重要手段。同时,政府和行业协会对低碳饭店的政策调控也发挥着重要的带动作用。"提升意识"的指标权重值最低,表明低碳意识在全社会范围内还没有形成合力。受工业文明崇尚物质财富消费的生活方式和消费主义的价值观影响,便利消费、奢侈消费、超前消费、炫耀性消费、攀比消费成为许多人的生活方式和追求目标。而消费观念和消费方式的转变是一个长期的、渐变的过程,需要进一步增强全民节约意识、环保意识、生态意识、节能意识,营造低碳发展的良好社会风气。

从31个要素相对于准则层的权重值来看,"采用能效高的供热、空调、电机、照明等设备,并采用变频技术和智能控制技术"(0.067 9)是最重要的影响因子。科技节能是饭店低碳发展的一个重要途径。旅游饭店在日常的经营活动过程中,通过采用先进的节能技术、采用变频技术和智能控制技术,对供热、空调、电机等设备设施进行改造升级,同时,选用光效更好、耗电低的 LED 灯、高压钠灯等高效照明产品,可以显著减少电力、燃气、燃油等的供应,从而减少二氧化碳的排放。

其次是"定期对用能设备进行检查和保养"(0.062 5)。只有对先进的节能技术和设备进行合理的检查和保养,才能使先进技术发挥节能作用。定期对空调系统、制冷机组、电机系统、水泵、锅炉、电梯、餐饮设施等用能设备进行检查、维护、清理和保养,可以减少这些耗能设备设施的日常运行磨损,延长其使用寿命,同时可以大大提高设备的运行效率和能源利用效率,降低能源消耗和碳排放量。因此,定期设备检查与保养这项指标是旅游饭店低碳发展不可小觑的途径。

"定期对员工进行节能知识的普及与新节能技术的培训"(0.057 5)排在第三位。作为人力资源密集型的服务企业,饭店员工节能意识的提高是饭店低碳发展的基本保证。通过日常例会、培训学习、知识竞赛、考察参观等方式对员工普及节能知识和新节能技术,提升其节能意识和技能,并逐渐融入和贯穿到饭店经营、管理和服务的整个环节过程中,形成良好的节能减排氛围,培育绿色企业文化,有助于员工节能意识的提高及行动的实施,从而降低饭店的水、电、气等能源的消耗。

"利用太阳能、风能、生物质能、地热等清洁能源"(0.048 1)也是重要的影响因素。旅游饭店的低碳发展最重要的是降低传统能源的使用比例,还要积极推广和应用太阳能、风能、生物质能、地热等清洁能源和可再生能源。其中,地源热泵、水源热泵等较少受条件限制,是旅游饭店可以普遍采用的新能源技术。此外,太阳能热水器、空气源热泵、风力发电等也可以用于饭店的热水供应和电力供应,有条件的饭店可以考虑使用。

"定期进行节能测试和能源审计"的权重为0.045 1,该指标的重要性表明饭店要强化能源审计及监控工作。准确详尽的能耗数据统计与分析是饭店低碳发展的重要数据基础。饭店应及时了解各种能源资源的消耗量,并对能源消耗状况进行跟踪分析,掌握各种影响能耗的因素及其变化规律,发现能源使用中存在的问题,充分挖掘节能潜力。进行能源审计最重要的方式是分区域、分设备安装统计仪表,从而使饭店能实时监测能源消耗状况。因此,低碳饭店的重要标志之一就是进行用能分项计量装置及实时监控系统安装工作,建立完善和精确的能源计量和审计体系。

"采用节水设备,安装并使用中水系统"(0.042 1)也是影响饭店低碳发展的重要因素。调研显示,除电力、天然气外,水也是饭店能耗的重要组成部分。因此,饭店要提高对节水的认识,并采取各种措施节约用水,采用节水龙头、花洒、马桶等节水用具和设备。有条件的饭店、特别是新建饭店,要大力推广并使用中水系统,可以将洗浴废水、泳池排水、雨水、空调冷却塔排水及锅炉冷凝水等可利用废水,经过先进处理工艺的处理后,用于马桶冲水、景观用水、道路冲洗等,能有效提高饭店的水资源利用率,并为饭店节约巨额的用水成本。

"配合并参与饭店的节能减排活动"的权重值为0.041 9,表明消费者的节能行为在很大程度上影响着饭店的低碳发展。消费者是饭店服务的对象,饭店的能源有很大一部分是由消费者消耗的。因此,消费者节能意识的提高是非常必要的,同时更重要的是将低碳意识外化为具体的行动。消费者可以根据饭店的节能引导,配合并参与饭店的节能减排活动,在与饭店良好互动的同时,促进节能意识、低碳理念、绿色消费等观念的形成,并带动周围的人参与到饭店的低碳、绿色、节能行动中来。

"采用合同能源管理"(0.039 9)可以很好地解决饭店低碳发展面临的资金、技术、人员问题。合同能源管理(EPC,Energy Performance Contracting)是由节能服务公司提供节能设备和技术服务,通过与饭店签订能源服务合同来对其进行节能改造和管理,而饭店用节约下来的能源费用支付节能服务公司的成本,用未来的节能收益为用能设备的改造升级提供资金,提高能源的利用效率。但是,这种方式目前在我国还没有得到广泛应用,需要政府相关政策的扶持,推动合同能源管理在旅游饭店的推广应用,支持用能单位、节能服务公司在旅游饭店开展合同能源管理项目合作。

"对饭店的节能减排给予财税优惠政策"(0.038 9),该项指标对饭店低碳发展具有重要的驱动作用。饭店的节能减排、低碳发展需要资金和政策的支持,政府和行业协会应尽快制定并完善酒店行业相关的节能扶持政策,对饭店的节能设备融资给予税收优惠、贷款优惠或财政奖励等,鼓励饭店进行设备改造和技术升级,开发和利用新的节能技术及产品,并鼓励饭店通过合同能源管理、招投标等形式引导社会资金进行节能改造。同时,可采取经济刺激政策,对具有节能示范作用的低碳饭店给予资金和物质奖励,有效实现饭店节能、低碳的推广。

以上指标是影响旅游饭店低碳发展的排名靠前的重要因素。除此之外,还有一些指标对饭店的节能减排也起着重要的作用。如饭店通过"有节约能源提示卡,布草毛巾根据客人需要进行更换"、"减少或去掉六小件等一次性用品"的绿色客房计划,以及"食品加工过程的绿色化"、"选用当地、当季食材及绿色食品和有机食品"的绿色餐饮活动,在不影响旅游饭店服务质量的前提下,可以有效促进旅游饭店绿色、低碳、节能创新行动的广泛开展。而政府和行业协会通过"建立饭店低碳发展的信息交换平台,提供低碳技术和服务咨询"和"利用媒体进行低碳理念的宣传与教育",搜集和提供节能产品信息,通过树立典型、宣传先进等方式塑造一批低碳发展的标杆饭店,进行节能减排信息、理念与经验的交流共享,通过开展饭店节能行动或媒体报道等方式,大力宣传并推广旅游饭店的节能经验,有助于形成良好的节能减排社会氛围,对于合理采用并快速推广节能技术与措施具有重要作用。

评价指标的权重值相对较低的指标包括"有充分利用自然采光、自然通风的设计"(0.018 1)、"合理调整饭店业的档次结构"(0.014 7)、"支持政府或社区的低碳宣传、教育及社会公益活动"(0.014 3)、"良好的室内植物配置、室外绿化、建筑立体绿化"(0.013 9),以及"使用适应当地气候特点、地理环境的建筑技术"(0.011 8)。其中,"有充分利用自然采光、自然通风的设计"和"使用适应当地气候特点、地理环境的建筑技术"两个指标的得分较低,可能与所选调研饭店的建成时间有关。建成时间较早的老饭店在建设时并没有充分考虑节能要求,而新建饭店的业主和设计施工单位为追求减少投入的短期利益,会忽视长期的能源消耗。从长远来看,饭店在规划设计阶段就应从墙体、保温材料、门窗、采暖制冷等方面采取适应当地气候特点、地理环境的建筑技术,可以有效地起到保温、隔热等功效,降低饭店的空调能耗。同时,要充分利用自然光照、自然通风并选用节能环保的建筑材料及先进节能设备,尽量一次性地完成对饭店建筑布局及设备设施的节能低碳设计。

"良好的室内植物配置、室外绿化、建筑立体绿化"指标权重值仅为0.013 9,表明对饭店碳汇指标的重要性认识不足、认可度较低,室内植物配置、室外绿化等仅被视为美化环境的点缀装饰。一般来讲,饭店的绿化面积越大,绿化率越高,其碳汇作用越强。这就需要饭店在节能减排的同时,尽量扩大植被、绿地的覆盖率。若饭店面积有限,则可以选择墙面绿化、屋顶绿化、围栏绿化、种植爬藤植物等方式实现饭店建筑的立体绿化,既能增加饭店建筑的自然绿色美感,又能吸收二氧化碳,降低碳排放总量,发挥良好的碳汇作用。

"合理调整饭店业的档次结构"和"支持政府或社区的低碳宣传、教育及社会公益活动"指标的权重值较低,反映出社会公众虽然在思想上认同节能减排、低碳发展的观念,但在行为上却表现滞后,不愿意改变已经形成的消费习惯。对于高星级饭店来讲,单体高层建筑面积规模大,建筑空间密闭性强,提供的服务设施项目的数量和类型完备,环境舒适度以及服务保障和标准高,其基础能源消耗量巨大。而多年来,国内一些地方政府以及饭店企业一味追求高档次、高星级和设施设备齐全,将豪华、奢侈作为追求的目标。在大力倡导厉行节约、反对浪费的时代背景下,政府、行业协会以及饭店应该转变观念,不过度营造壮观、豪华、奢侈的饭店,形成合理消费的社会风尚。此外,低碳理念在我国尚处于发展阶段,就旅游饭店的低碳发展来讲,除重视饭店内部的节能减排外,还要积极参与地球日、环境日等活动,增强企业的社会责任感,树立绿色低碳企业形象;同时进一步增强全民节约意识、环保意识、生态意识、节能意识,营造低碳发展的良好社会风气。

综上所述,旅游饭店的低碳发展是一项完整的系统工程,涉及饭店内部的各个部门,以及外部的政府与行业协会、消费者等利益相关者,这些影响因素对旅游饭店推广节能减排、低碳发展分别产生着不同影响。低碳发展环境的建立也是一个任重而道远的过程,需要全社会的共同努力。

5.2　旅游景区低碳发展评价

5.2.1　旅游景区的界定

国家旅游局 2004 年发布的国家标准《旅游景区质量等级的划分与评定》(GB/T 17775 – 2003)对旅游景区的定义为,"旅游景区是以旅游及其相关活动为主要功能或主要功能之一的空间或地域。指具有参观游览、休闲度假、康乐健身等功能,具备相应旅游服务设施并提供相应旅游服务的独立管理区。该管理区应有统一的经营管理机构和明确的地域范围。包括风景区、文博院馆、寺庙观堂、旅游度假区、自然保护区、主题公园、森林公园、地质公园、游乐园、动物园、植物园及工业、农业、经贸、科教、军事、体育、文化艺术等各类旅游景区。"

从定义来看,旅游景区可分为两大类,即以自然旅游资源为主要吸引物的景区和以人文旅游资源为主要吸引物的景区。从适宜低碳发展评价的角度,本研究主要考虑以自然旅游资源为主要吸引物的旅游景区,即不仅具有自然观光功能,还为旅游者提供餐饮、住宿(民宿)、交通、购物、娱乐、休闲等综合性服务的景区(赵金凌和高峻,2011)。

从研究对象来看,旅游景区是旅游活动的重要场所及游客集散中心。由于旅游者的食宿游等消费行为导致了水电气等资源的消耗,以及交通工具的使用,产生了一定的二氧化碳排放,使得旅游景区成为旅游业二氧化碳排放的一个重要领域(朱国兴等,2013)。为了实现旅游业的可持续发展,旅游景区低碳发展已成为一种必然。因此,旅游景区的低碳发展是以节能、减排、低碳作为核心设计理念;尽量减少废弃物排放,提高水资源、电能、热能等的利用效率,对水、植被、土地等生态环境的负面影响减少到最小,从而实现旅游景区的低碳化。同时,旅游景区也要肩负起提升社区及旅游者低碳环保的意识和促进其向低碳生活转型的责任。

5.2.2　评价指标体系的框架

5.2.2.1 旅游景区低碳发展的动力机制模型

DPSIR(Driving forces—Pressure—Status—Impact—Response)模型是由联合国经济合作组织(OECD)在 1993 年提出,并为欧洲环境局(EEA)所采用。该模型以 PSR(Pressure—Status—Response)模型和 DSR(Driving—Status—Response)模型为基础,综合二者的优点扩展修订而成,涵盖了经济、社会、资源和环境四大要素,对驱动力、压力、状态、影响和响应进行分析判断,在经济社会和资源环境的可持续发展评价方面得到了广泛应用。近年来,已有学者将 PSR、DSR、DPSIR 模型运用在旅游业低碳发展评价方面,如李晓琴和银元(2012)参照DSR 模型,构建了低碳旅游景区概念模型;陈海珊(2012)借助 DSR 模型,采用层次分析法构建了低碳生态旅游发展评价体系;孙菲菲(2013)基于 DPSIR 模型,运用模糊层次分析法和德尔菲法构建了低碳旅游评价体系;李晓琴(2013)建立了旅游景区 PSR 低碳转型动力机制模型,并探讨了不同驱动模式的动态应用;台运红(2014)利用 DPSIR 模型构建了旅游景区碳管理水平评价框架。

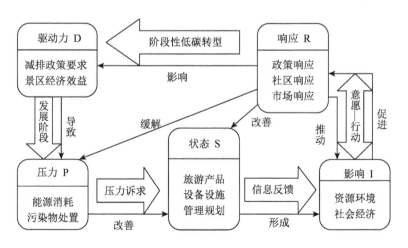

图 5 - 3　旅游景区低碳发展的驱动力—压力—状态—影响—响应模型

根据上述学者和相关机构的研究,本书构建了旅游景区低碳发展的驱动力—压力—状态—影响—响应的 DPSIR 模型,该模型也是旅游景区低碳发展评价指标体系的框架,如图

5-3所示。旅游景区低碳发展的 DPSIR 模型可以理解为:当旅游景区发展到一定阶段时,在外部减排政策要求和景区内部经济效益的驱动下(D),导致旅游景区面临着能源消耗以及污染物处置的压力诉求(P),迫使旅游景区的旅游产品、设备设施和管理规划等状态(S)发生改变,而旅游景区所处的低碳发展状态反过来对资源环境和社会经济形成了一定影响(I),为了实现旅游景区的低碳发展,这种影响促使政策、社区和市场等方面做出相应的意识和行为变化的响应(R)。"响应"之后进一步缓解了旅游景区低碳发展的压力、改善了旅游景区低碳发展的状态、影响了旅游景区低碳发展的驱动力,促使旅游景区向低碳阶段性转型。因此,旅游景区低碳发展的 DPSIR 模型整合了环境、资源、能源、经济、社会、政策等系统,有效地揭示了景区旅游活动和低碳发展的因果、制约和反馈关系。整个模型通过各个环节的动态调节,逐步推进旅游景区低碳发展的"驱动力—压力—状态—影响—响应"循环过程,进而实现阶段性低碳发展的目标,最终达到旅游景区低碳发展的螺旋式上升循环。

5.2.2.2 旅游景区低碳发展的机理分析

(1)驱动力

当旅游景区发展到一定阶段时,受全球应对气候变化、推行低碳经济模式以及低碳旅游市场推动等减排政策要求的影响,外部驱动将"引导"或者"迫使"旅游景区向低碳转型。同时,旅游景区内部在经济结构、客源结构、消费结构等经济效益方面,也存在着向低碳转型和调整的内在动力。内、外驱动力是促进旅游景区低碳发展的潜在原因。

(2)压力

在旅游景区运营过程中,人类活动不断地对旅游景区的能源、资源和环境产生着压力,是影响旅游景区低碳发展的直接原因。压力主要是指其能源消耗是否达到节能减排目标、能源最大供应量;污水排放达标、固体废物回收利用等污染物处置方式等。因此,在能源消耗和污染物处置压力的共同作用下,旅游景区低碳发展的压力诉求不断被强化。

(3)状态

对旅游产品、设备设施和管理规划的综合度量,可以表征旅游景区在上述压力下所处的低碳发展水平或状态。旅游产品是景区低碳发展的目标,如吸引物构建、旅游路线设计等;设备设施是景区低碳发展的主体,包括交通、住宿和餐饮等;管理规划是景区低碳发展的支撑,包括制度、技术等。这些因素共同决定了旅游景区低碳发展的深度和效率。

(4)影响

旅游景区低碳发展的影响,主要指在低碳旅游驱动力和资源能源压力作用下,旅游景区所处的状态对景区的资源环境、社会经济、公众感知等方面具有的一定影响。主要包括植被覆盖率、生物多样性指数、地表水和空气质量等表征低碳资源环境的指标,单位 CO_2 的经济产出水平以及公众对低碳景区的认知率和满意度等表征社会经济影响的指标。

(5)响应

相关利益主体对旅游景区低碳发展的政策、社区和市场响应等,是促进旅游景区低碳发展的外部机遇和刺激因素。政策响应是指政府与行业协会制定和提供与旅游景区低碳发展相适应的政策体系、资金支持等;社区响应是指当地社区居民对旅游景区低碳发展的理解和支持程度;市场响应是指以旅游者为主体的旅游消费市场对景区低碳发展的支持与参与程度。

由此可见,旅游景区低碳发展是一个涉及多层面、多个利益主体的问题。在旅游景区的低碳发展和节能减排的基础上,还要提高旅游景区的经济效益、保证游客的体验质量、带动全社会的低碳发展,在各个层面及利益主体之间寻求最优平衡点。

5.2.3 评价指标体系的构建

5.2.3.1 评价指标体系的选取原则

(1)科学性和客观性相结合

根据旅游景区低碳发展的 DPSIR 模型,为确保评价指标体系及其评价结果的准确合理,必须依据科学的主导思想和理论基础,必须科学、合理地分析选取相关评价指标,明晰所选指标的概念和外延,所建立的指标体系要对旅游景区的低碳发展做出客观科学的解释,从而客观、真实地反映旅游景区低碳发展的能力,保证旅游景区低碳发展评价的科学性和可靠性。

(2)综合性与典型性相结合

旅游景区低碳发展是一个复杂巨系统,所构建的指标体系应为多因素的综合性评价,要综合、全面地反映指标之间的平衡及内部结构,涵盖 DPSIR 模型的各个方面。同时,选取的各指标之间要相互独立,具有典型性和代表性,将性质相近的指标尽量合并成同一指标,避免有重复意义的指标出现和重要意义的指标遗漏,使所选指标能够真正代表和反映旅游景区的低碳发展水平。

(3)层次性和操作性相结合

要切实结合旅游景区低碳发展 DPSIR 模型,根据指标之间的隶属关系,兼顾指标的有效性,进行指标分层和细分,具体化详细指标,清晰地表达各个指标间的层次和隶属关系。同时,旅游景区低碳发展评价指标选取应该兼顾评价的全面性和数据的易得性,使其具有广泛的实用性。此外,具体的指标内容要简洁明确,计算方法简便,具有较强的可行性和易于操作性。

（4）可比性和动态性相结合

一方面，旅游景区低碳发展的评价指标选取要与国家环境质量标准、景区质量评定、低碳旅游示范区等测评指标相联系，保证各旅游景区之间的低碳发展在空间上具有可比性；另一方面，要兼顾景区自身的动态变化和可持续发展，所构建的评价指标体系要保证连续性和实用性，不仅适用于当前旅游景区低碳发展的现状，而且应符合旅游景区低碳发展的未来趋势。

5.2.3.2 评价指标体系的提出

合理正确地选择相关指标，是构建旅游景区低碳发展评价指标体系的关键。本书在初始指标体系确定的过程中，主要以下三方面内容为依据：首先，检索了大量的相关文献，根据专家学者提出的评价指标体系，筛选出频率出现较高的指标，确保评价指标体系的综合性和典型性（谭锦，2010；赵金凌和高峻，2011；李晓琴和银元，2012；蒋芩，2012；朱国兴等，2013；李晓琴，2013；孙菲菲，2013；台运红，2014；吴学成等，2014）；其次，参考中华环保联合会、中国旅游协会联合实施的《全国低碳旅游实验区》评分标准，以此确保评价指标体系的科学性、客观性与可比性；最后，参照部分低碳旅游示范景区低碳建设的经验，以此为依据确保评价指标体系的实用性和操作性。

综合以上三方面的参考依据，本书建立了初始的旅游景区低碳发展的评价指标体系。该指标体系包括驱动力、压力、状态、影响、响应等5个二级指标，在每一个二级指标下面分解出若干个三级指标（12个）和四级指标（56个），如表5-7所示。

表5-7 初始的旅游景区低碳发展的评价指标体系

目标层	准则层	指标层	要素层
旅游景区低碳发展的总体评价	驱动力	景区发展	是否达到节能减排目标（D_1）；景区低碳发展政策数量（D_2）；游客碳诉求比重（D_3）
		景区经济	当地GDP（D_4）；当地人均旅游年收入（D_5）；景区旅游人次（D_6）
	压力	能源消耗	景区主要能源使用情况（D_7）；能源最大供应量（D_8）
		污染物处置	固体废弃物的减量、回收处理（D_9）；垃圾箱布局合理，垃圾清扫及时（D_{10}）；污水排放达标率（D_{11}）；生态卫生间比重（D_{12}）

续表

目标层	准则层	指标层	要素层
旅游景区低碳发展的总体评价	状态	旅游产品	旅游线路的多层次性与不重复性(D_{13});旅游线路设计尽量少切割原生态系统(D_{14});低碳(或绿色)旅游活动产品(D_{15});低碳旅游娱乐项目的种类(D_{16});导游对低碳知识的宣传和介绍(D_{17});开发具有本地特色的绿色环保纪念品(D_{18});旅游纪念品不过度包装,使用可循环利用的环保袋(D_{19})
		设备设施	低碳或清洁能源交通工具的比率(D_{20});游步道建设的生态化与低碳化(D_{21});生态停车场的面积比率(D_{22});绿色餐饮企业比率(D_{23});酒店、餐厅不提供一次性用具(D_{24});提供民宿、帐篷临时性建筑住宿(D_{25});建筑体量合理(D_{26});生态节能设备和建筑材料的使用率(D_{27});各种引导标志设置合理(D_{28})
		管理规划	成立节能减排领导小组(D_{29});编制专项的低碳保护规划(D_{30});景区碳排放监测、监管机制(D_{31});节水循环利用技术(D_{32});节能电器使用率(D_{33});节能技术使用程度(D_{34});可再生能源及清洁能源的利用率(D_{35});对游客和社区居民的低碳旅游知识宣传(D_{36});对从业人员的低碳理念和服务培训(D_{37});节能减碳营销理念的推广(D_{38});减碳补偿营销措施的推行(D_{39})
	影响	资源环境	植被覆盖率(D_{40});森林覆盖率(D_{41});生物多样性指数(D_{42});景观资源价值(D_{43});地表水环境质量(D_{44});空气质量达标率(D_{45})
		社会经济	低碳旅游收入占旅游年收入的比重(D_{46});单位 CO_2 的经济产出水平(D_{47});低碳旅游景区品牌知名度(D_{48});公众对低碳景区的满意度(D_{49})
	响应	政府管理	当地政府对景区低碳发展的政策支持(D_{50});当地政府对景区减碳补偿的资金投入(D_{51});有无高碳业态限入政策(D_{52})
		社区支持	当地居民低碳环保意识(D_{53});当地居民对景区低碳发展的支持度(D_{54})
		市场参与	游客对低碳旅游的认知度(D_{55});游客对景区低碳发展的参与程度(D_{56})

5.2.3.3 评价指标体系的筛选

采用德尔菲法通过两轮专家咨询对初步选取的 56 个评价指标进行筛选(第一轮专家咨询表见附录 3)。邀请 3 位旅游学界的专家学者、6 位高校旅游管理专业的教授、8 位具有硕士以上学位的旅游管理专业研究生、8 位旅游景区从业人员作为专家咨询小组,通过问卷调查方式请以上专家对初始评价指标提出意见和建议,进行指标必要性确认。发放问卷25份,回收25份,回收率为100%,且问卷全部有效。第一轮问卷统计结果见表5-8。

表5-8 旅游景区低碳发展第一轮问卷统计结果

编号	专家认同次数	编号	专家认同次数	编号	专家认同次数	编号	专家认同次数
D_1	25	D_{15}	21	D_{29}	17	D_{43}	15
D_2	23	D_{16}	13	D_{30}	21	D_{44}	20
D_3	16	D_{17}	23	D_{31}	24	D_{45}	21
D_4	19	D_{18}	21	D_{32}	19	D_{46}	15
D_5	20	D_{19}	22	D_{33}	23	D_{47}	21
D_6	23	D_{20}	25	D_{34}	21	D_{48}	23
D_7	25	D_{21}	23	D_{35}	22	D_{49}	21
D_8	16	D_{22}	21	D_{36}	21	D_{50}	24
D_9	20	D_{23}	20	D_{37}	23	D_{51}	25
D_{10}	17	D_{24}	24	D_{38}	16	D_{52}	16
D_{11}	21	D_{25}	19	D_{39}	25	D_{53}	23
D_{12}	23	D_{26}	12	D_{40}	23	D_{54}	22
D_{13}	20	D_{27}	23	D_{41}	23	D_{55}	20
D_{14}	15	D_{28}	20	D_{42}	21	D_{56}	23

第一轮专家意见征询结束后,将专家认同次数>17,即相当于指标认同率>70%的指标视为得到专家学者的初步确认。根据表5-8的统计结果,"旅游线路设计尽量少切割原生态系统(D_{14})"、"建筑体量合理(D_{26})"、"景观资源价值(D_{43})"等三个指标被认为与研究论题相关度不高,应加以舍弃。"游客碳诉求比重(D_3)"、"能源最大供应量(D_8)"、"低碳旅游收入占旅游年收入的比重(D_{46})"等三个指标不容易度量,对其予以删除。"固体废弃物的减量、回收处理(D_9)"和"垃圾箱布局合理,垃圾清扫及时

（D_{10}）"、"低碳（或绿色）旅游活动产品（D_{15}）"和"低碳旅游娱乐项目的种类（D_{16}）"、"成立节能减排领导小组（D_{29}）"和"编制专项的低碳保护规划（D_{30}）"、"对游客和社区居民的低碳旅游知识宣传（D_{36}）"和"节能减碳营销理念的推广（D_{38}）"、"植被覆盖率（D_{40}）"和"森林覆盖率（D_{41}）"等指标间存在一定的重复性，相互独立性不强，应舍弃两者间相对不重要的一项指标。此外，根据专家学者的意见，对部分指标的表述进行了修饰，力求使指标描述言简意赅，如将"固体废弃物的减量、回收处理（D_9）"、"垃圾箱布局合理，垃圾清扫及时（D_{10}）"两个指标合并为"固体废弃物的归类、回收处理"；"旅游纪念品不过度包装，使用可循环利用的环保袋（D_{19}）"简化为"旅游纪念品包装环保性"；"当地居民低碳环保意识（D_{53}）"调整为"当地居民的低碳环保意识普及程度"。经过对上述指标的删除和处理，保留下来的 44 个指标进入第二轮的指标修正。另外，经过专家学者的建议，增加了"景区碳汇密度"、"低碳环保资金投入比例"两个指标。由此，经第一轮筛选调整后得到 46 个指标，进而形成了新的指标体系，见附录 4。

在第二轮专家意见咨询中，将调整后的旅游景区低碳发展的评价指标体系重新发给各专家，邀请专家学者采用李克特五级量表（1、3、5、7、9 分别对应"很不重要"、"不重要"、"一般重要"、"比较重要"、"非常重要"）对评价指标的重要程度进行赋值（第二轮专家咨询表见附录 4）。共回收到 25 份有效量表。根据量表进一步计算出每个指标的算术平均值和变异系数，分别表示专家的"意见集中度"和"意见协调度"，计算方法分别为：

$$M_j = \frac{1}{n} \sum_{i=1}^{n} X_{ij} \tag{5-13}$$

$$S_j = \sqrt{\frac{1}{n-1} \sum_{i=1}^{n} (X_{ij} - M_j)^2} \tag{5-14}$$

$$V_j = \frac{S_j}{M_j} \tag{5-15}$$

其中，M_j 表示 j 指标的算术平均值；S_j 表示 j 指标的标准差；V_j 表示 j 指标的变异系数；n 表示专家个数；X_{ij} 表示第 i 个专家对第 j 个指标的打分。

M_j 的值越高，其算术平均值越高，表明该指标的意见集中度越高，相对重要性越大；V_j 的值越小，其变异系数越小，表明该指标的意见协调度越高，争议也就越小。根据上述公式计算得到如表 5-9 所示的结果。

表5-9 旅游景区低碳发展第二轮指标统计结果

目标层	准则层	指标层	要素层	意见集中度	意见协调度
旅游景区低碳发展的总体评价	驱动力	景区发展	是否达到节能减排目标(D_1)	7.40	0.21
			景区低碳发展政策数量(D_2)	6.92	0.24
		景区经济	当地 GDP(D_3)	7.16	0.23
			当地人均旅游年收入(D_4)	5.72	0.43
			景区旅游人次(D_5)	7.24	0.23
	压力	能源消耗	景区主要能源使用情况(D_6)	7.48	0.19
			景区碳汇密度(D_7)	7.08	0.24
		污染物处置	固体废弃物的归类、回收处理(D_8)	6.84	0.27
			污水排放达标率(D_9)	7.16	0.23
			生态卫生间比重(D_{10})	7.00	0.25
	状态	旅游产品	旅游线路的多层次性与不重复性(D_{11})	7.08	0.24
			低碳(或绿色)旅游活动产品(D_{12})	7.16	0.24
			导游对低碳知识的宣传和介绍(D_{13})	6.84	0.25
			开发具有本地特色的绿色环保纪念品(D_{14})	6.92	0.23
			旅游纪念品包装环保性(D_{15})	7.08	0.22
		设备设施	低碳或清洁能源交通工具的比率(D_{16})	7.80	0.20
			游步道建设的生态化与低碳化(D_{17})	7.24	0.18
			生态停车场的面积比率(D_{18})	7.00	0.23
			绿色餐饮企业比率(D_{19})	6.92	0.23
			酒店、餐厅不提供一次性用具(D_{20})	7.16	0.24
			提供民宿、帐篷临时性建筑住宿(D_{21})	6.44	0.29
			生态节能设备和建筑材料的使用率(D_{22})	7.08	0.22
			各种引导标志设置合理(D_{23})	6.04	0.32
		管理规划	编制专项的低碳保护规划(D_{24})	7.80	0.20
			景区碳排放监测、监管机制(D_{25})	7.96	0.18
			节水循环利用技术(D_{26})	7.16	0.23
			节能电器使用率(D_{27})	7.64	0.20
			节能技术使用程度(D_{28})	7.40	0.22
			可再生能源及清洁能源的利用率(D_{29})	7.24	0.23
			对游客和社区居民的低碳旅游知识宣传(D_{30})	7.08	0.19
			对从业人员的低碳理念和服务培训(D_{31})	7.24	0.23
			低碳环保资金投入比例(D_{32})	7.32	0.20
			减碳补偿营销措施的推行(D_{33})	7.48	0.21

目标层	准则层	指标层	要素层	意见集中度	意见协调度
旅游景区低碳发展的总体评价	影响	资源环境	植被覆盖率(D_{34})	8.20	0.14
			生物多样性指数(D_{35})	7.16	0.23
			地表水环境质量(D_{36})	6.92	0.23
			空气质量达标率(D_{37})	7.16	0.23
		社会经济	单位 CO_2 的经济产出水平(D_{38})	7.08	0.22
			低碳旅游景区品牌知名度(D_{39})	7.24	0.22
			公众对低碳景区的满意度(D_{40})	7.08	0.22
	响应	政府管理	当地政府对景区低碳发展的政策支持(D_{41})	7.32	0.22
			当地政府对景区减碳补偿的资金投入(D_{42})	8.12	0.19
		社区支持	当地居民低碳环保意识普及程度(D_{43})	7.16	0.21
			当地居民对景区低碳发展的支持度(D_{44})	7.24	0.23
		市场参与	游客对低碳旅游的认知度(D_{45})	7.16	0.24
			游客对景区低碳发展的参与程度(D_{46})	7.96	0.16

根据德尔菲法,意见集中度大于 6.0,并且意见协调度在 0~0.35 的指标符合专家的集成意见。从表 5-9 可以看出,除指标"当地人均旅游年收入(D_4)"的意见集中度为 5.72、意见协调度为 0.43,不符合要求外,其余指标的意见集中度均在 6.04~8.20,并且意见协调度均在 0.14~0.32。因此,根据结果分析以及专家学者意见,将第 4 项指标予以剔除。最终确定了由 5 个准则层、12 个指标层以及 45 个要素层构成的旅游景区低碳发展的评价指标体系框架,如表 5-10 所示。

表 5-10　旅游景区低碳发展的评价指标体系

目标层	准则层	指标层	要素层
总体评价（A）	旅游景区低碳发展的驱动力（B₁）	景区发展（C₁）	是否达到节能减排目标(D_1)
			景区低碳发展政策数量(D_2)
		景区经济（C₂）	当地 GDP(D_3)
			景区旅游人次(D_4)
	压力（B₂）	能源消耗（C₃）	景区主要能源使用情况(D_5)
			景区碳汇密度(D_6)

目标层	准则层	指标层	要素层
旅游景区低碳发展的总体评价（A）	压力（B_2）	污染物处置（C_4）	固体废弃物的归类、回收处理（D_7）
			污水排放达标率（D_8）
			生态卫生间比重（D_9）
	状态（B_3）	旅游产品（C_5）	旅游线路的多层次性与不重复性（D_{10}）
			低碳（或绿色）旅游活动产品（D_{11}）
			导游对低碳知识的宣传和介绍（D_{12}）
			开发具有本地特色的绿色环保纪念品（D_{13}）
			旅游纪念品包装环保性（D_{14}）
		设备设施（C_6）	低碳或清洁能源交通工具的比率（D_{15}）
			游步道建设的生态化与低碳化（D_{16}）
			生态停车场的面积比率（D_{17}）
			绿色餐饮企业比率（D_{18}）
			酒店、餐厅不提供一次性用具（D_{19}）
			提供民宿、帐篷临时性建筑住宿（D_{20}）
			生态节能设备和建筑材料的使用率（D_{21}）
			各种引导标志设置合理（D_{22}）
		管理规划（C_7）	编制专项的低碳保护规划（D_{23}）
			景区碳排放监测、监管机制（D_{24}）
			节水循环利用技术（D_{25}）
			节能电器使用率（D_{26}）
			节能技术使用程度（D_{27}）
			可再生能源及清洁能源的利用率（D_{28}）
			对游客和社区居民的低碳旅游知识宣传（D_{29}）
			对从业人员的低碳理念和服务培训（D_{30}）
			低碳环保资金投入比例（D_{31}）
			减碳补偿营销措施的推行（D_{32}）

目标层	准则层	指标层	要素层
旅游景区低碳发展的总体评价（A）	影响（B₄）	资源环境（C₈）	植被覆盖率（D₃₃）
			生物多样性指数（D₃₄）
			地表水环境质量（D₃₅）
			空气质量达标率（D₃₆）
		社会经济（C₉）	单位 CO_2 的经济产出水平（D₃₇）
			低碳旅游景区品牌知名度（D₃₈）
			公众对低碳景区的满意度（D₃₉）
	响应（B₅）	政府管理（C₁₀）	当地政府对景区低碳发展的政策支持（D₄₀）
			当地政府对景区减碳补偿的资金投入（D₄₁）
		社区支持（C₁₁）	当地居民低碳环保意识普及程度（D₄₂）
			当地居民对景区低碳发展的支持度（D₄₃）
		市场参与（C₁₂）	游客对低碳旅游的认知度（D₄₄）
			游客对景区低碳发展的参与程度（D₄₅）

5.2.4 评价指标权重的确定

5.2.4.1 网络层次分析法

网络层次分析法（Analytic Network Process，ANP）是 1996 年由美国匹兹堡大学 T. L. Saaty 教授在层次分析法（Analytic Hierarchy Process，AHP）的基础上提出的一种系统分析的理论和方法（孙宏才等，2011）。AHP 方法的核心是将系统划分为若干层次，只考虑上层元素对下层元素的支配作用，而且同一层次的元素间是相互独立的。这种递阶层次结构虽然简化了系统内部元素关系，给处理决策问题带来了方便，但是也限制了其在复杂系统中的应用(刘睿等,2003)。在许多复杂系统或者大部分实际问题中,同一层次的元素间往往存在着相互依存的关系,而下层元素对上层元素也存在着支配和反馈作用,系统内各元素的关系也不仅仅是简单的递阶层次结构。作为一种对非独立递阶层次结构适用性较强的决策方法,ANP方法克服了AHP方法的不足,它将系统内各元素的关系用类似网络结构表示,各个因素之间可以存在相互依赖和相互反馈的关系,从而可以更准确地描述客观事物之间的联系,以及更为复杂的外界环境。ANP方法是一种有效实用的决策方法,广泛应用于政府、社会、企业的系统问题决策。传统的AHP方法只是ANP方法的一个特例(刘睿等,2003)。

ANP方法的主要步骤包括(Saaty,2005;孙宏才等,2011;孙静和刘丽英,2011;赵金凌和高峻,2011):

①分析问题、确定目标及准则。首先对决策问题进行详细分析,确定ANP方法的目标、准则、子目标和需要条件,通过构建决策指标,形成元素和元素组。同时判断考虑各元素之间是否独立,是否存在依存和反馈关系。

②建立ANP结构模型。在已经确立的决策目标、准则、子目标和需求基础上,构建ANP结构模型,如图5-4所示。典型的ANP结构模型由两部分构成:第一部分是控制层,或者称为目标、准则层,包括决策目标和决策准则。要求所有的决策准则之间是彼此独立的,且只受决策目标影响。若控制层中只有一个决策准则,这个决策准则实际上即为决策目标。控制层中每个准则相对于决策目标的权重可以由AHP方法计算得出。第二部分是网络层,是由所有受控制层支配的元素所组成,相应目标、准则下网内的元素或元素组互相影响而形成的网络层次结构。至于所有元素之间是否内部独立,是否具有依存和反馈关系,可以通过文献研究、专家访谈、会议讨论、市场调研等方法获知。图中 C_N 表示元素组,e_{NnN} 表示元素,连线表示各个元素间的相互关系,单向箭头表示元素间影响(或控制)与被影响(或被控制)的关系,箭头所指的元素组中的元素受箭尾元素组中元素的影响(或控制);双向箭头表示两个元素组或两个元素之间存在相互依赖相互反馈关系;环形箭头表示元素组内的元素之间是相互依存或非独立的,存在着内部的相互影响相互反馈关系。

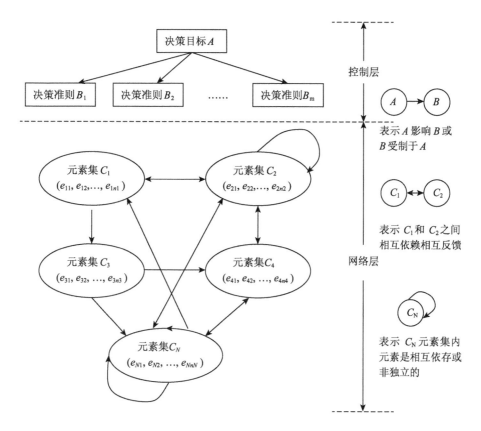

图 5 - 4　典型的 ANP 结构图

　　③构造判断矩阵。如果元素之间是相互独立的,与 AHP 类似,可以在一个准则下对受支配元素进行两两比较,来构造判断矩阵。如果元素之间是相互依存的,可以给定一个主准则和一个次准则,比较两元素在主准则下对次准则的影响程度,由此间接构造判断矩阵。判断矩阵的赋值一般采用 Saaty 的 $1 \sim 9$ 及其倒数的标度方法,如表 $5 - 3$ 所示。赋值后需要计算判断矩阵的特征向量和最大特征值。设有 N 个元素 $C_1, C_2, \cdots, C_i, \cdots C_n$,其比较矩阵为 $A = (a_{ij})$, a_{ij} 表示 C_i 对 C_j 的相对重要程度。C_i 的相对权重 W_i 可以通过公式 $5 - 16$ 计算得到。

$$W_i = \frac{\sum_{j=1}^{n} \left(a_{ij} / \sum_{i=1}^{n} a_{ij} \right)}{n}, \forall i, j = 1, 2, \cdots, n \tag{5-16}$$

判断矩阵 A 的最大特征根 λ_{max} 的计算公式为:

$$AW = \lambda W, \quad \lambda_{max} = \frac{1}{n} \sum_{i=1}^{n} \frac{(AW)_i}{W_i} \tag{5-17}$$

对判断矩阵 A 进行一致性检验,公式为:

$$CR = \frac{\lambda_{\max} - n}{(n-1)RI} \tag{5-18}$$

其中,RI 为随机一致性参数,其值见表 5-5。

当 $CR < 0.1$ 时,说明判断矩阵的一致性水平是可以接受的,说明权数分配合理;否则就需要决策者重新调整判断矩阵,直到取得满意的一致性为止。

④建立无权重超矩阵。假定 ANP 的网络结构中控制层的准则有 $B_1, B_2, \cdots, B_m$,网络层有 N 个元素组 $C_1, C_2, \cdots, C_N$,C_i 中有元素 $e_{i1}, e_{i2}, \cdots, e_{ini}(i = 1, 2, \cdots, N)$,$C_j$ 中有元素 $e_{jl}(l = 1, 2, \cdots, n_j)$。在每一个控制准则下,对元素通过两两比较方式构建无权重超矩阵 W_{ij}。就是把构建网络时选取的控制层的准则 $B_s(s = 1, 2, \cdots, m)$ 做成主准则,将网络层中元素组 C_j 里的元素 e_{jl} 做成次准则,根据元素组 C_i 里各元素受到元素 e_{jl} 对其的影响程度构造判断矩阵。同时把特征向量 $(W_{i1}^{jl}, W_{i2}^{jl}, \cdots, W_{ini}^{jl})^T$ 进行归一化求解。同理,将元素组 C_j 和元素组 C_i 内的元素进行两两比较,建立判断矩阵,并分别求出这些判断矩阵的归一化特征向量。最后,将各判断矩阵的归一化特征向量汇总起来在矩阵 W_{ij} 中,该矩阵就会展示出元素组 C_j 内元素与元素组 C_i 内元素间的影响关联。

$$W_{ij} = \begin{bmatrix} W_{i1}^{j1} & W_{i1}^{j2} & \cdots & W_{i1}^{jnj} \\ W_{i2}^{j1} & W_{i2}^{j2} & \cdots & W_{i2}^{jnj} \\ \vdots & \vdots & & \vdots \\ W_{ini}^{j1} & W_{ini}^{j2} & \cdots & W_{ini}^{jnj} \end{bmatrix} \tag{5-19}$$

矩阵 W_{ij} 的列向量就是 C_i 中元素 $e_{i1}, e_{i2}, \cdots, e_{ini}$ 对 C_j 中元素影响程度的排序向量。如果 C_j 中元素不受 C_i 中元素的影响,则 $W_{ij} = 0$。

同理,以控制层中其他准则作为主准则,依次将网络层中各元素组内的元素之间的内外关系进行比较,总共可以构造 $N \times N$ 个判断矩阵。对每个判断矩阵求其最大特征值和对应的特征向量,并进行一致性检验,将通过一致性检验的判断矩阵汇总到无权重超矩阵 W_s 中。

$$W_s = \begin{bmatrix} W_{11} & W_{12} & \cdots & W_{1n} \\ W_{21} & W_{22} & \cdots & W_{2n} \\ \vdots & \vdots & & \vdots \\ W_{n1} & W_{n2} & \cdots & W_{nn} \end{bmatrix} \tag{5-20}$$

⑤构建权重超矩阵。以控制层准则 B_s 为主准则,以元素组 C_j 为次准则,将其他元素组在该准则下对 C_j 影响的程度进行两两比较,构造判断矩阵 a_j,并将 a_j 进行归一化处理,得归一化特征向量 $(a_{ij}, a_{2j}, \cdots, a_{nj})^T$。同理,依次以控制层其他准则为主准则,以其他元素组为

次准则进行元素组间的两两比较,可构造出 N 个判断矩阵,并计算特征向量及进行一致性检验。同样,可将通过检验的特征向量构成一个 N 阶权重矩阵 A_s,则 A_s 表示在某一准则下元素组间经两两比较后影响力程度的大小。

$$A_s = \begin{bmatrix} a_{11} & a_{12} & \cdots & a_{1n} \\ a_{21} & a_{22} & \cdots & a_{2n} \\ \vdots & \vdots & & \vdots \\ a_{n1} & a_{n2} & \cdots & a_{nn} \end{bmatrix} \qquad (5-21)$$

将权重矩阵 A_s 乘以无权重超矩阵 W_s,就可以获得权重超矩阵 W_s^W,即 $W_s^W = A_s \cdot W_s$。权重超矩阵 W_s^W 表示元素组对元素的控制关系和元素对元素组的反馈关系。

⑥求解权重超矩阵。采用相应的计算方法,对权重超矩阵进行归一化处理,得到极限超矩阵。

$$W_s^l = \lim_{k \to \infty} W_s^k \qquad (5-22)$$

因为元素间是反馈与依赖的关系,所以求解极限超矩阵是一个反复迭代、趋稳的过程。由于网络层中的元素相互影响形式不同,可能会得到两种极限超矩阵结果:一是矩阵的所有列数都是一样的;二是分块的极限循环矩阵。在极限超矩阵 W_s^l 中,每一列的数值都是在准则 B_s 下各元素对该列对应元素的极限相对优先权。

⑦确定元素总目标权重。按照各准则权重对每个控制准则中的极限向量进行求和,可得到所有元素在总目标下的权重向量。最后按照各个可选的方案权重值大小进行排序,从而选出最佳方案。

5.2.4.2 超级决策软件

由于网络层次分析法的计算过程较为复杂,必须借助于计算软件才能将 ANP 模型应用于实际决策之中,2003 年,美国 Expert Choice 公司的 Rozann W Saaty 和 William Adams 研发出了超级决策(Super Decisions,SD)软件,成功地将 ANP 模型的计算程序化,为 ANP 模型的推广奠定了坚实的应用基础(刘睿等,2003;孙宏才等,2011)。运用 SD 软件进行 ANP 建模时,只需设置好各元素组和元素及其相互关系,就可以形成完整的 ANP 网络模型;之后进行元素之间的两两比较,并对判断矩阵一致性进行检验。比较完成之后,就可以直接计算出未加权超矩阵、加权超矩阵、极限超矩阵,根据极限超矩阵便可得到方案的最终排序结果。具体操作过程如下(刘睿等,2003;胡子义等,2006;孙宏才等,2011;刘丽英,2012):

①构建 ANP 网络模型。可以利用 SD 软件提供的 3 种模板来构造 ANP 模型,包括简单网络模板(simple network)、BOCR 小型模板(small template)、BOCR 完全模板(full template)。

此外,也可以根据实际决策问题自行设计相应的 ANP 网络模型。

②设置元素组(cluster)、元素(element)及其之间的连接。这里的连接包括:同一元素组内各元素之间的连接称为内依赖(inner dependence)、不同元素组元素之间的连接称为外依赖(outer dependence),以及元素组之间的连接。打开 SD 软件,执行 Design/Cluster/New 命令,建立 ANP 模型所需要的元素组。之后,运行 Design/Node/New 命令,设置每个元素组下面的元素。根据元素层次是否内部独立、是否有依存和反馈关系存在,判断完成所有元素组及元素之间的连接。此后,分别执行 Assess/Compare/Cluster Compare 和 Assess/Compare/Node Compare 命令,针对某一目标,根据每个元素组或元素的相对重要性,按照比例标度将元素组之间和元素之间分别进行两两比较,从而构成相应的比较矩阵。对于矩阵的构成,其输入方式可采用 Matrix(矩阵式)、Questionnaire(问卷式)、Verbal(文字式)、Graphic(图形式)、直接键入数据模式,也可以直接以文件形式输入数据。当同一层元素之间关系相互独立,不进行两两比较时,就转化为 AHP 模型(ANP 模型的特例)。

③计算分析。根据比较矩阵,就可以分别计算出 ANP 模型的未加权超矩阵、加权超矩阵和极限超矩阵,最终得出各个元素组和元素的综合优势度。打开 SD 软件,执行 Computations/Unweighted Super Matrix 命令,可以得到 ANP 模型的未加权超矩阵;执行 Computations/Weighted Super Matrix 命令,可得到模型的加权超矩阵;执行 Computations/Limit Super Matrix 命令,可以得到模型的极限超矩阵;执行 Computations/Experimental Priorities 命令,便可得到各个元素组和元素的综合优势度,即 ANP 模型相应的权重值。

5.2.4.3 ANP 法在旅游景区低碳发展评价中的应用

(1)网络结构的建立

旅游景区低碳发展评价体系并不是一个内部独立的层次结构,因此在应用网络层次分析法(ANP)时需要考虑不同层次指标以及同层指标之间的依赖或反馈关系。根据 ANP 法,可将旅游景区低碳发展评价指标体系分为控制层和网络层两个部分。控制层包括目标层(旅游景区低碳发展的总体评价)和准则层(驱动力、压力、状态、影响、响应)。网络层包括准则层内部指标元素(指标层及要素层)。由于要素层是衡量指标层指标的,基本上是相互独立的,因此这里不考虑它们之间的相互关系,只确定指标层指标之间的相互影响关系即可,而指标层指标之间的相互关系则通过第二轮的专家咨询法得出。将专家认同次数 >17,即相当于指标认同率 >70%,视为指标间是否存在影响的判断依据,结果如表 5 – 11 所示。

旅游景区低碳发展涉及众多方面,是一个复杂的网络结构,所以旅游景区低碳发展评价体系的指标层指标之间存在相互作用、相互影响的关系。例如,在驱动力中,景区发展会影响能源消耗和污染物处置,同时也会受到景区经济的制约,另外,响应中的政府管理、社区支持和市场参与也会对景区发展有所影响。根据表 5 - 11 中各指标间的相互关系,利用 ANP网络层次模型和 super decision 软件,本书确立了如图 5 - 5 所示的基于 ANP 理论的旅游景区低碳发展评价的网络结构图。

表 5 - 11　旅游景区低碳发展指标层指标相互影响关系评分

	C_1	C_2	C_3	C_4	C_5	C_6	C_7	C_8	C_9	C_{10}	C_{11}	C_{12}
C_1	—	0	1	1	0	0	0	0	0	0	0	0
C_2	1	—	1	1	0	0	0	0	0	0	0	0
C_3	0	0	—	0	1	1	1	0	0	0	0	0
C_4	0	0	1	—	1	1	1	0	0	0	0	0
C_5	0	0	0	0	—	0	1	1	0	0	0	0
C_6	0	0	0	0	0	—	1	1	0	0	0	0
C_7	0	0	0	0	1	1	—	1	1	0	0	0
C_8	0	0	0	0	0	0	0	—	1	1	1	1
C_9	0	0	0	0	0	0	0	0	—	1	1	1
C_{10}	1	1	1	1	1	1	1	1	1	—	1	1
C_{11}	1	1	1	1	1	1	1	1	1	1	—	0
C_{12}	1	1	1	1	1	1	1	1	1	1	0	—

注:1 表示横向指标对纵向指标有显著影响;0 表示横向指标对纵向指标无显著影响。

（2）确定指标权重

在 SD（Super Decision）软件中绘制好 ANP 网络结构图以后,可以得到旅游景区低碳发展评价的两两判断矩阵,发送调查问卷（详见附录 5）给前述 25 位专家和学者,请各位专家学者对判断矩阵进行判断打分,回收 25 份问卷,回收率 100% ,均为有效问卷。以其中某位专家打分为例,说明具体操作过程。选择 SD 软件中的 Assess/Compare 下的 Pairwise Comparisons 命令,SD 软件提供了五种判断矩阵的两两比较输入模式,本书采取问卷模式（Questionnaire）,把该专家对准则层指标判断的评分输入界面,得到如图 5 - 6 所示的结果。可以看到准则层指标的权重分别为 B_1,0.107；B_2,0.081；B_3,0.372；B_4,0.136；B_5,0.304；一致性系数为 0.057 < 0.1,满足一致性检验,所以该判断矩阵的一致性可以接受。

重复上述过程,把该专家对指标层指标的评分结果全部输入 SD 软件。选择 Computations 下的 Unweighted Super Matrix 命令,可得到未加权矩阵(见图 5-7);选择 Weighted Super Matrix 命令,可得到加权矩阵(见图 5-8);选择 Limit Super Matrix 命令,可以得到极限矩阵(见图 5-9),极限权重矩阵的每行就是权向量;选择 Priorities 命令,即得到指标层指标的权重 W_i,如图 5-10 所示。

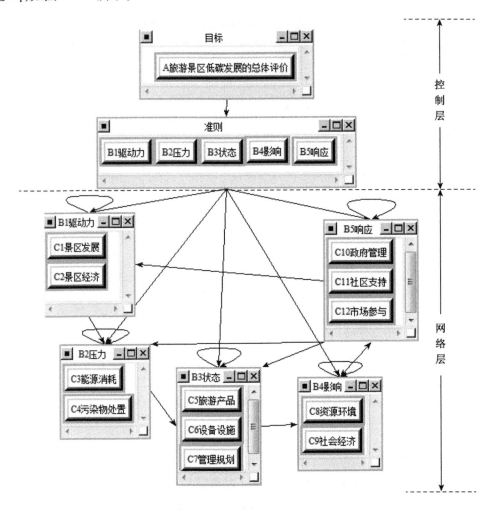

图 5-5　旅游景区低碳发展评价的 ANP 网络结构图

假设有 n 个专家,可以得到 n 个指标层指标的权重 W_i,计算 n 个专家权重结果的几何平均值,公式为:

$$W = \sqrt[n]{\prod_{i=1}^{n} W_i} \tag{5-23}$$

得到的 W 值即为综合 n 个专家建议的指标层指标的最终权重结果。结果如表

5 - 12所示。

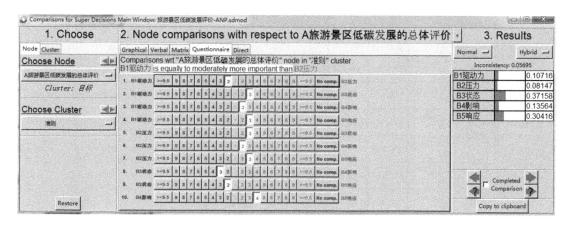

图 5 - 6 准则层指标判断矩阵示例

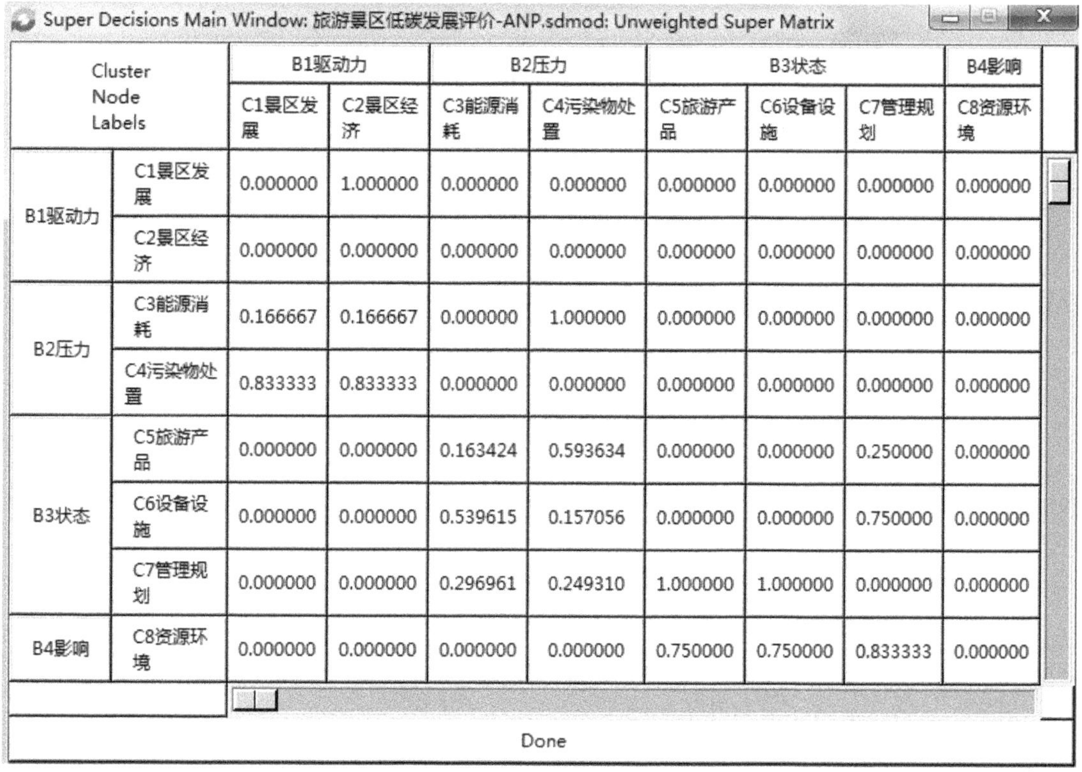

Cluster Node Labels		B1驱动力		B2压力		B3状态			B4影响
		C1景区发展	C2景区经济	C3能源消耗	C4污染物处置	C5旅游产品	C6设备设施	C7管理规划	C8资源环境
B1驱动力	C1景区发展	0.000000	1.000000	0.000000	0.000000	0.000000	0.000000	0.000000	0.000000
	C2景区经济	0.000000	0.000000	0.000000	0.000000	0.000000	0.000000	0.000000	0.000000
B2压力	C3能源消耗	0.166667	0.166667	0.000000	1.000000	0.000000	0.000000	0.000000	0.000000
	C4污染物处置	0.833333	0.833333	0.000000	0.000000	0.000000	0.000000	0.000000	0.000000
B3状态	C5旅游产品	0.000000	0.000000	0.163424	0.593634	0.000000	0.000000	0.250000	0.000000
	C6设备设施	0.000000	0.000000	0.539615	0.157056	0.000000	0.000000	0.750000	0.000000
	C7管理规划	0.000000	0.000000	0.296961	0.249310	1.000000	1.000000	0.000000	0.000000
B4影响	C8资源环境	0.000000	0.000000	0.000000	0.000000	0.750000	0.750000	0.833333	0.000000

Done

图 5 - 7 未加权超矩阵示例

Super Decisions Main Window: 旅游景区低碳发展评价-ANP.sdmod: Weighted Super Matrix

Cluster Node Labels		B1驱动力		B2压力		B3状态			B4影响
		C1景区发展	C2景区经济	C3能源消耗	C4污染物处置	C5旅游产品	C6设备设施	C7管理规划	C8资源环境
B1驱动力	C1景区发展	0.000000	0.333333	0.000000	0.000000	0.000000	0.000000	0.000000	0.000000
	C2景区经济	0.000000	0.000000	0.000000	0.000000	0.000000	0.000000	0.000000	0.000000
B2压力	C3能源消耗	0.166667	0.111111	0.000000	0.166667	0.000000	0.000000	0.000000	0.000000
	C4污染物处置	0.833333	0.555556	0.000000	0.000000	0.000000	0.000000	0.000000	0.000000
B3状态	C5旅游产品	0.000000	0.000000	0.163424	0.494695	0.000000	0.000000	0.187500	0.000000
	C6设备设施	0.000000	0.000000	0.539615	0.130880	0.000000	0.000000	0.562500	0.000000
	C7管理规划	0.000000	0.000000	0.296961	0.207759	0.750000	0.750000	0.000000	0.000000
B4影响	C8资源环境	0.000000	0.000000	0.000000	0.000000	0.187500	0.187500	0.208333	0.000000

Done

图5-8　加权超矩阵示例

Super Decisions Main Window: 旅游景区低碳发展评价-ANP.sdmod: Limit Matrix

Cluster Node Labels		B1驱动力		B2压力		B3状态			B4影响
		C1景区发展	C2景区经济	C3能源消耗	C4污染物处置	C5旅游产品	C6设备设施	C7管理规划	C8资源环境
B1驱动力	C1景区发展	0.018887	0.018887	0.018887	0.018887	0.018887	0.018887	0.018887	0.018887
	C2景区经济	0.012513	0.012513	0.012513	0.012513	0.012513	0.012513	0.012513	0.012513
B2压力	C3能源消耗	0.012684	0.012684	0.012684	0.012684	0.012684	0.012684	0.012684	0.012684
	C4污染物处置	0.032967	0.032967	0.032967	0.032967	0.032967	0.032967	0.032967	0.032967
B3状态	C5旅游产品	0.089688	0.089688	0.089688	0.089688	0.089688	0.089688	0.089688	0.089688
	C6设备设施	0.169654	0.169654	0.169654	0.169654	0.169654	0.169654	0.169654	0.169654
	C7管理规划	0.243591	0.243591	0.243591	0.243591	0.243591	0.243591	0.243591	0.243591
B4影响	C8资源环境	0.106809	0.106809	0.106809	0.106809	0.106809	0.106809	0.106809	0.106809

Done

图5-9　极限矩阵示例

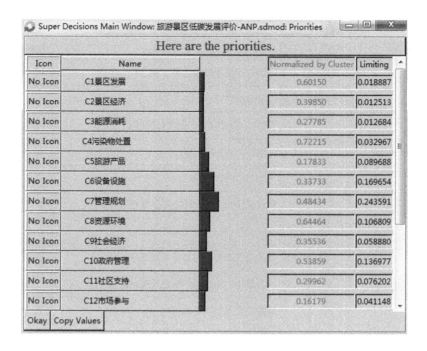

图 5 - 10　指标层指标权重示例

　　因为要素层的指标是衡量上一级指标层指标的,数量较多但基本上没有相互影响,其权重用 AHP 方法确定即可。如前文所述,如果不考虑指标间的相互影响和反馈关系,AHP 方法可以视作 ANP 方法的特殊情况。因此要素层的指标权重也可以通过 SD 软件确定。按照上述方法和过程,将各位专家学者对要素层指标的评分输入到 SD 软件,可以得到要素层各指标的权重,将其乘以其上一级指标权重,得到全局权重。将 n 个专家建议的权重求几何平均值,得到最终的全局权重,即旅游景区低碳发展评价指标的所有权重,结果如表 5 - 12 所示。

表 5 - 12　旅游景区低碳发展的评价指标权重和排序

目标层	准则层	指标层	要素层	指标权重	总目标权重
旅游景区低碳发展的总体评价(A)	驱动力(B₁) 0.130 9	景区发展(C₁) 0.547 7	是否达到节能减排目标(D₁)	0.499 7	0.035 8
			景区低碳发展政策数量(D₂)	0.500 3	0.035 9
		景区经济(C₂) 0.452 3	当地 GDP(D₃)	0.486 7	0.028 8
			景区旅游人次(D₄)	0.513 3	0.030 4

目标层	准则层	指标层	要素层	指标权重	总目标权重
旅游景区低碳发展的总体评价（A）	压力（B_2）0.207 5	能源消耗（C_3）0.480 8	景区主要能源使用情况（D_5）	0.497	0.049 6
			景区碳汇密度（D_6）	0.503	0.050 2
		污染物处置（C_4）0.519 2	固体废弃物的归类、回收处理（D_7）	0.329 1	0.035 5
			污水排放达标率（D_8）	0.342 7	0.036 9
			生态卫生间比重（D_9）	0.328 2	0.035 4
	状态（B_3）0.272 8	旅游产品（C_5）0.211 5	旅游线路的多层次性与不重复性（D_{10}）	0.221 1	0.012 8
			低碳（或绿色）旅游活动产品（D_{11}）	0.512 5	0.029 6
			导游对低碳知识的宣传和介绍（D_{12}）	0.010 8	0.000 6
			开发具有本地特色的绿色环保纪念品（D_{13}）	0.132 2	0.007 6
			旅游纪念品包装环保性（D_{14}）	0.123 4	0.007 1
		设备设施（C_6）0.331 2	低碳或清洁能源交通工具的比率（D_{15}）	0.325 2	0.029 4
			游步道建设的生态化与低碳化（D_{16}）	0.051 3	0.004 6
			生态停车场的面积比率（D_{17}）	0.013 5	0.001 2
			绿色餐饮企业比率（D_{18}）	0.167 1	0.015 1
			酒店、餐厅不提供一次性用具（D_{19}）	0.122 6	0.011 1
			提供民宿、帐篷临时性建筑住宿（D_{20}）	0.010 1	0.000 9
			生态节能设备和建筑材料的使用率（D_{21}）	0.301 6	0.027 2
			各种引导标志设置合理（D_{22}）	0.008 6	0.000 8
		管理规划（C_7）0.457 3	编制专项的低碳保护规划（D_{23}）	0.012 1	0.001 5
			景区碳排放监测、监管机制（D_{24}）	0.011 5	0.001 4
			节水循环利用技术（D_{25}）	0.193 8	0.024 2
			节能电器使用率（D_{26}）	0.203 1	0.025 3
			节能技术使用程度（D_{27}）	0.190 5	0.023 8
			可再生能源及清洁能源的利用率（D_{28}）	0.140 3	0.017 5
			对游客和社区居民的低碳旅游知识宣传（D_{29}）	0.001 3	0.000 2
			对从业人员的低碳理念和服务培训（D_{30}）	0.006 1	0.000 8
			低碳环保资金投入比例（D_{31}）	0.236 2	0.029 5
			减碳补偿营销措施的推行（D_{32}）	0.005 2	0.000 6

续表

目标层	准则层	指标层	要素层	指标权重	总目标权重
旅游景区低碳发展的总体评价（A）	影响（B_4）0.213 2	资源环境（C_8）0.674 8	植被覆盖率（D_{33}）	0.289 5	0.041 7
			生物多样性指数（D_{34}）	0.196 3	0.028 2
			地表水环境质量（D_{35}）	0.223 7	0.032 2
			空气质量达标率（D_{36}）	0.290 5	0.041 8
		社会经济（C_9）0.325 2	单位 CO_2 的经济产出水平（D_{37}）	0.470 5	0.032 6
			低碳旅游景区品牌知名度（D_{38}）	0.271 3	0.018 8
			公众对低碳景区的满意度（D_{39}）	0.258 2	0.017 9
	响应（B_5）0.175 6	政府管理（C_{10}）0.431 2	当地政府对景区低碳发展的政策支持（D_{40}）	0.496 7	0.037 6
			当地政府对景区减碳补偿的资金投入（D_{41}）	0.503 3	0.038 1
		社区支持（C_{11}）0.289 6	当地居民低碳环保意识普及程度（D_{42}）	0.435 0	0.022 1
			当地居民对景区低碳发展的支持度（D_{43}）	0.565 0	0.028 7
		市场参与（C_{12}）0.279 2	游客对低碳旅游的认知度（D_{44}）	0.396 7	0.019 4
			游客对景区低碳发展的参与程度（D_{45}）	0.603 3	0.029 6

（3）旅游景区低碳发展评价指标权重分析

从表 5 - 12 中可以看出,在旅游景区低碳发展的 DPSIR 模型中,驱动力（B_1）的权重值为 0.130 9,压力（B_2）的权重值为 0.207 5,状态（B_3）的权重值为 0.272 8,影响（B_4）的权重值为 0.213 2,响应（B_5）的权重值为 0.175 6。这五个主要的准则层指标的重要性排序为:状态 > 影响 > 压力 > 响应 > 驱动力。

状态层面。状态是衡量在驱动力和影响作用下与旅游景区低碳发展相关的各种因素所处的状况,是旅游景区低碳发展的关键性因素。在这一维度中,其子指标管理规划（C_7）的权重值最高 0.457 3,说明管理规划是旅游景区低碳发展的核心所在,以确保旅游景区低碳发展遵循正确的方向。在管理规划的细分指标中,低碳环保资金投入比例（D_{31}）的权重最高（0.236 2）,说明充足的资金支持是旅游景区低碳发展的保障;节能电器使用率（D_{26}）、节水循环利用技术（D_{25}）、节能技术使用程度（D_{27}）、可再生能源及清洁能源的利用率（D_{28}）等指标的权重值也较高,这说明节电、节水、节能、清洁能源利用等对低碳指标有重要的意义,这些指标能够有效衡量旅游景区的节约能源方式。

此外,设备设施（C_6）和旅游产品（C_5）对旅游景区低碳发展的状态同样具有重要的影响。旅游交通、旅游线路、住宿餐饮、公共设施、商品购物等是旅游景区运营过程中能源消耗和碳排放的重要来源。提高低碳或清洁能源交通工具的比率(D_{15})是旅游景区低碳交通建设的基本要求和实现途径。低碳(或绿色)旅游活动产品(D_{11})包括营造旅游景区低碳吸引物、景区低碳活动项目、景区低碳管理与服务等内容,以此推动旅游景区的低碳发展。绿色餐饮企业比率(D_{18})及酒店、餐厅不提供一次性用具(D_{19})都是低碳餐饮的具体评价指标。生态节能设备和建筑材料的使用率(D_{21})提倡在住宿设施、公共建筑设施等方面要选用低碳建筑材料。以旅游景区设备设施和旅游产品为载体,通过低碳设计、低碳开发、低碳运营和低碳管理等形式,引导和建立旅游景区的低碳消费模式。

影响层面。旅游景区所处的状态对资源环境和经济社会所造成的影响,也是反映旅游景区低碳发展的重要依据。特别是对资源环境(C_8)的影响,权重值达到了 0.674 8,反映了资源环境保护对旅游景区低碳发展的重要性。旅游资源和生态环境是旅游景区低碳发展的基础,其细分指标空气质量达标率(D_{36})、植被覆盖率(D_{33})、地表水环境质量(D_{35})具有脆弱性、敏感性和不稳定性等特点,因此,保护旅游资源和提升环境质量对旅游景区低碳发展具有十分重要的意义。

旅游景区所处的状态对社会经济所造成的影响(0.325 2),也是测评旅游景区低碳发展的一项重要指标。单位 CO_2 的经济产出水平(D_{37})从经济效益角度评价旅游景区的低碳发展,是低碳经济发展水平的主要表征。低碳旅游景区品牌知名度(D_{38})、公众对低碳景区的满意度(D_{39})体现了旅游景区的低碳发展所带来的社会效益。在某种程度上,旅游景区低碳发展的主要目标和意义就是获得相应的经济效益和社会效益,最终实现旅游景区的可持续发展。

压力层面。压力是人类活动尤其是大众旅游影响景区资源环境和自然资源环境的直接原因,影响着景区内能源消耗方式及其碳排放,也是进行低碳旅游发展评价的主要依据之一。其中污染物处置(C_4)的权重值为 0.519 2,是旅游景区实现低碳化发展的基础。其细分指标包括固体废弃物的归类、回收处理(D_7)及污水排放达标率(D_8)、生态卫生间比重(D_9)等,分别反映了旅游景区固体废物无害化处理水平、污水处理及回用程度、生态环保厕所比率等,是衡量旅游景区低碳发展基础设施压力的重要组成部分。

作为反映旅游景区碳源和碳汇能力的指标,能源消耗(C_3)的权重值为 0.480 8,是旅游景区节能减排政策制定的重要依据。景区主要能源使用情况(D_5)反映了旅游景区的碳排放情况以及其能源构成比例是否合理低碳。景区碳汇密度(D_6)是旅游景区碳汇量与景区面积的比率,其值越高,表明景区的碳吸收能力越强。因此,在旅游景区低碳发展过程中,应加大固碳增汇技术的开发与应用,加大碳汇项目执行与管理,以此发挥碳汇在旅游景区低碳发展中的主导作用。

响应层面。响应过程是在推进旅游景区低碳发展过程中所采取和制定的积极对策。其中比较重要的是政府管理(C_{10}),其权重值为 0.431 2。旅游景区低碳发展是一项任务艰巨的系统工程,离不开政府参与。当地政府对景区减碳补偿的资金投入(D_{41})和当地政府对景区低碳发展的政策支持(D_{40})是旅游景区低碳发展的重要推力。作为低碳旅游的引导者和支持者,政府应当为景区的低碳发展建立政策激励和保障机制、提供相应的财政和资金支持,使得旅游景区的低碳发展更加规范化和制度化,从而推动旅游景区低碳发展的步伐。

同时,旅游景区的低碳发展离不开社区支持(C_{11})和市场参与(C_{12})。社区居民和游客的环保意识普及程度、对低碳旅游的认知度,以及对景区低碳发展的支持和参与程度,对旅游景区低碳发展发挥着重要的参与作用。旅游景区应当加强对当地社区和游客的低碳环保教育,通过相关人员示范引导、在公众信息栏进行宣传、发放低碳旅游资料手册等方式,提高社区居民和游客节能减排的环保意识和责任感,使其认可低碳旅游并愿意践行低碳旅游行为。

驱动力层面。驱动力是引起旅游景区进行低碳转型的潜在原因,这里主要指景区发展(C_1)和景区经济(C_2)的发展趋势。从景区发展的角度出发,主要考虑是否达到节能减排目标(D_1)和景区低碳发展政策数量(D_2)。对于旅游景区而言,节能减排目标反映了旅游景区对于节能减排的计划和目标的衡量,低碳发展政策数量反映了景区颁布的有关节能减排和低碳发展的政策和制度数量,二者是评价旅游景区低碳发展驱动力的主要因素。

景区经济对于旅游景区的低碳发展提供了一定的物质支撑,而旅游景区的节能减排也能够有效降低运营成本,对于景区经济起到一定的促进作用。旅游景区发展与当地经济有着密切的联系,当地 GDP(D_3)也是衡量景区经济发展的一个重要指标。景区旅游人次(D_4)是推动旅游景区低碳发展的主要驱动力,旅游人次越多,能源消耗越多,所产生的碳排放量也就越高。

旅游景区低碳发展各级指标权重的大小受分层多少、指标数量以及专家观点的影响。从所有 45 个指标总目标权重大小排序来看,景区碳汇密度(D_6)的权重最高,达到了0.050 2,反映了碳汇能力对景区低碳发展的重要影响;其次是景区主要能源使用情况(D_5),权重值为 0.049 6,反映了景区发展的能源消耗情况;空气质量达标率(D_{36})和植被覆盖率(D_{33})的权重值分别为 0.041 8 和 0.041 7,反映了生态环境质量对景区低碳发展的重要作用;当地政府对景区低碳发展的政策支持(D_{40})和当地政府对景区减碳补偿的资金投入

（D$_{41}$）的权重值也较高，反映了政府对景区低碳发展的重要支持。通过以上分析表明，对于旅游景区低碳发展的评价，关注度最高的是景区碳汇能力及碳源情况，其次是对资源环境的影响程度。鉴于我国的低碳旅游发展整体处于初级阶段，旅游景区的低碳发展离不开政府参与，因此在评价中对政府管理给予了较高的关注度，其政策引导及资金支持对于旅游景区的低碳发展起到至关重要的作用。

5.3 旅游业低碳发展的对策分析

5.3.1 政府方面

5.3.1.1 设立低碳旅游标准

相关政府部门应制定与旅游业低碳发展相关的一系列标准规范以及低碳旅游行动方案，如《低碳旅游标准》《低碳旅游指南》等，为低碳旅游的发展提供行动纲领与指导性文件（唐承财，2014）。在开展低碳旅游示范点（区）建设的同时，统一规范全国低碳旅游的发展。同时，为旅游住宿、餐饮、交通和旅游景区等部门和行业工作制定严格的低碳标准，并将其纳入星级酒店、绿色酒店和 A 级景区的评定标准中，加强旅游相关企业的碳排放审核准入机制与标准，督促其进行节能减排工作。从国家政府层面将低碳旅游标准化和制度化，有助于旅游业真正落实低碳理念，执行低碳旅游规范和标准。

5.3.1.2 加大政策技术支持

政府部门要营造低碳旅游发展的政策环境。通过制定相关低碳旅游政策，培育低碳旅游项目，加大低碳旅游投融资能力，提供低碳旅游专项发展资金，引入经济补贴政策和税收优惠政策，鼓励和引导旅游企业开展低碳旅游工作。要充分发挥行政管理部门的监督作用，将节能减排和低碳旅游全面落实到旅游各行业的实际工作之中（石长波和彭晶晶，2012）。同时，政府要加强对低碳旅游的科技支持，鼓励旅游企业采用新能源和新材料，引进碳汇生产技术以及先进低碳技术和发展经验。政府部门要加强低碳旅游科研投入力度，增加旅游业低碳发展的应用基础项目，为低碳旅游提供理论与实践支撑。

5.3.1.3 加强宣传营销力度

相关政府和旅游行业部门应加大宣传绿色旅游、低碳旅游的力度。通过广播电视、报纸杂志、网络平台、公益广告、新媒体、节事活动等各种形式向社会大众宣传、鼓励、引导低碳旅游消费方式,开展定期/不定期的低碳生活行为和低碳旅游方式培训和讲座,强化社会公众的环保意识,加深公众对低碳旅游的理解,促进公众主动、自觉选择绿色消费,践行低碳旅游,追求低碳生活。此外,要加强对低碳旅游的公共营销,根据旅游者和经营者的需要来塑造低碳旅游形象,营造低碳旅游环境,将低碳旅游作为一个整体产品推向市场,以此增强低碳旅游参与市场竞争的能力(熊元斌和陈震寰,2014)。

5.3.1.4 开展国际交流合作

低碳旅游是在应对全球气候变化、世界低碳经济转型的大背景下产生的。因此,我国低碳旅游的发展要积极加强国际合作研究与开发,积极引进国外低碳旅游先进技术与发展经验,引入国际先进的低碳管理模式,构建良好的国际化合作交流平台(唐承财等,2011)。应当从国家和企业两个层面着手破解国外低碳技术引进障碍,加强国外先进低碳技术的引进、消化、吸收、再创新(赵吝加和曾维华,2013)。在实现技术共享的基础上,推动我国与发达国家和地区在低碳旅游发展领域的经验交流与技术合作,以促进我国旅游业的低碳、可持续发展,同时提升我国旅游业在国家及国际上的整体竞争力。

5.3.2　旅游企业方面

5.3.2.1 旅行社

作为旅游企业的重要组成部分,旅行社在低碳旅游中扮演着重要的引导角色。从旅游业的角度来说,旅行社是低碳旅游的号召者。首先,旅行社要积极开发设计低碳旅游产品,积极引导游客践行低碳消费行为和生活方式,并给予一定的奖励,倡导低碳旅游等新兴旅游形式,减少二氧化碳的排放。其次,精心设计低碳旅游路线和方式,以我国广阔的森林、湖泊、湿地为载体,以资源节约、环境友好型景区景点为重点,构建低碳旅游供应链,可适当设计徒步旅行路线、自行车旅行路线等,引导旅游者走向自然、热爱生态、保护环境,减少碳排放,从而支撑旅游业的可持续发展。同时,旅行社也要加强低碳旅游的培训和教育,丰富低碳旅游知识,提高管理者、经营者、员工、导游等人员的低碳环保意识,切实将低碳旅游理念贯彻到旅行社产品和线路的计划、组织、控制、协调等过程中。

5.3.2.2 旅游景区

旅游景区作为整个旅游活动的一个重要环节,是减少旅游碳排放的重要渠道。旅游景区要从规划开发建设时就着眼于低碳,建立并执行低碳评价考核制度,在旅游资源开发和旅游活动中实现“资源—产品—再生资源”的闭环反馈式循环过程,合理确定景区容量,科学设置游览项目与设施;结合物理学、力学、机械学等科学知识,使旅游项目富有趣味性和互动性;景区建筑应尽量采用低碳环保型材料,以太阳能、风能、水能等清洁能源代替化石能源;景区管理也要注重节能减排,尽量减少办公用电、办公用纸等。此外,景区还应推广可重复使用的电子门票,使用生态公厕、环保垃圾箱等,发展低碳旅游环境卫生设施。景区景观采用当地的原始材料,这样既环保又与自然环境协调。通过植树、种草、栽花、园林美化、增加建筑物的绿覆率等方式,构建景区立体的绿化生态网络。还可以在森林旅游资源的开发上,引入"碳补偿"的做法,就是以游客亲手植树的形式,来补偿旅行过程中所产生的二氧化碳排放量,并发放给旅游者碳补偿的标识(王式玉,2012)。这样,不仅可以提高旅游景区的参与性,还可以增强旅游者的低碳环保意识。

5.3.2.3 旅游交通

交通是旅游业的重要支撑,有着较大的节能空间。要优化旅游交通消费结构,从价格、时效性、便捷性和舒适度等角度提升铁路交通在中短途旅行方面的吸引力和周转量(杜鹏和杨蕾,2015)。对于需要燃料的交通工具,要提高能源使用效率,积极探索新能源的运用。增加公交车、轻轨、地铁等公共交通是低碳减排的一种有效途径;同时,运用经济手段,征收高额的停车费、牌照费与汽油费,遏制人们自驾车出游的行为(曹静等,2014)。鼓励旅游者和旅游企业参与碳抵消、碳补偿、碳中和等项目,中和部分旅游碳足迹。例如,携程网与航空公司联手实施"碳补偿"计划,旅游者可以采用里程积分兑换树苗的方式,在内蒙古和北京种植携程林,实现其旅行的"碳补偿",已取得了良好的社会效益。在景区内部,提供使用清洁能源、可再生能源等的交通工具,如公共交通、环保大巴、电动车、自行车等低碳或零碳的交通方式。提高景区游步道建设生态化程度,减少硬化道路的铺装率,保护景区的生态系统。生态停车场是景区交通系统的组成部分,以灌木为隔离带,尽可能铺设草皮,使用草坪砖、植草板等无污染生态材料,以增加停车场的绿化面积。

5.3.2.4 旅游饭店

旅游饭店应在建筑、供热、空调、照明、电器使用和水资源利用等方面采用低碳新技术、新材料与智能控制系统,充分利用太阳能、生物能、有机能以及其他清洁能源等。在住宿方面都可以考虑利用各种形式的可再生能源,如太阳能照明、太阳能热水器、地源热泵、空气源热泵等设施,也可以考虑使用未并网的可再生能源提供燃气、热力供应等方式替代电能以及煤、天然气的使用(王谋,2012)。同时,酒店要减少一次性物品的供应,节水节电,合理利用常规能源,如煤、石油等,采用节能技术,提高能源效率,尽量利用可再生能源,促使酒店向无污染的绿色、低碳方向发展。推广应用合同能源管理,支持节能服务公司与旅游饭店开展合同能源管理项目合作。加强绿色旅游饭店教育培训,积极培育绿色低碳文化,设立绿色低碳旅游饭店示范培训基地。在新的形势下,引导旅游饭店转变经营观念,健全厉行节约的规章制度,引导文明消费。旅游饭店还可以为节能减排建立相应的激励制度。例如,在员工培训、客人消费中鼓励节俭消费,使游客获得更多的物质奖励和精神体验。如鼓励旅游者入住具有绿色标志的房间,并对旅游者的配合给予适当的经济补偿。

5.3.3　旅游者方面

作为旅游活动的主要参与者,旅游者是影响我国旅游业二氧化碳排放的重要因素。旅游者是旅游业低碳发展的主要群体和实践者,决定了低碳旅游产品生产与开发的方向。旅游者应努力提高自身的文明素质和低碳环保意识,将低碳贯穿于整个旅游过程即食、住、行、游、购、娱之中,在享受舒适的旅游环境的同时,也创造了健康的环境,真正地践行低碳旅游消费方式(Tang et al. ,2011)。

在食方面,旅游者尽量选择旅游地生产的食物或饮品,不仅具有地方风味特色,而且可减少外来食品在物流运输、存储、包装等环节所带来的资源损耗和碳排放。可选择以蔬菜和植物性食物等低碳食物为主,优先考虑各种绿色食品、生态食品、有机食品等。鼓励旅游者自带餐具,不使用一次性餐具。

在住方面,旅游者可选择绿色节能环保型酒店,或者有绿色标志的家庭旅馆等,还可以使用野营帐篷作为贴近自然的特色旅游项目。自带必备的日常洗漱用品,减少一次性用品的使用,在入住酒店时做到节约用水,随手关灯,减少空调使用等,杜绝浪费行为,以减少能源消耗,降低个人碳排量。

在行方面,旅行方式上注重不同区域尺度的交通方式的选择:远程游客优先选择高速铁路,中短途可采用铁路与公路,旅游目的地优先选择轨道交通、公共汽车等公共交通,景区内乘坐景区的环保大巴、电瓶车等,或者采取徒步和骑自行车等相对低碳的旅游交通方式,体验回归自然的意境,也有利于身心健康。

在游方面,旅游者优先选择低碳景区作为旅游目的地,学习低碳旅游指南和减少碳足迹的方法。可选择生态旅游景区或去郊外旅行,自觉处理垃圾,维护环境,在享受自然风光的同时,减少碳足迹。同时,旅游者可参与旅游景区一些有益的旅游活动,如植树木、栽花草等,进行"碳补偿"或"碳中和",实现低碳化游览。

在购方面,尽量购买本地原生态的特色产品和旅游纪念品,尽可能选择能够再生或者对生态影响较少的商品,不购买过度包装的旅游纪念品,使用帆布购物袋,减少一次性用品的使用率。此外,旅游者可自备饮用水,尽量少购买瓶装水和饮料,以减少垃圾排放量和资源浪费量。

在娱方面,尊重旅游目的地的本土风俗和文化,尽量参与具有地方性和文化性的娱乐活动(马东跃,2010)。如体验具有丰富文化内涵和浓郁乡土风情的传统节日、人生礼仪活动,尽量多参与旅游目的地具有地方特色和文化的娱乐活动,如栽花种草、保护生态、种植绿色植物等碳汇活动。

5.4　本章小结

通过对国内外旅游饭店和旅游景区低碳发展评价的分析,选取相应的指标分别构建了旅游饭店低碳发展评价指标体系和旅游景区低碳发展评价指标体系,并分别运用 AHP 方法以及 DPSIR 与 ANP 相结合的方法,确定了所建立指标体系的指标权重。对于旅游饭店低碳发展来说,饭店内部的各个部门以及外部的政府与行业协会、消费者等利益相关者,对旅游饭店推广节能减排、低碳发展分别产生着不同影响。对于旅游景区低碳发展来说,无论是从哪个层面,关注度最高的都是能源消耗情况、主要节能减排措施、对资源环境的影响程度、低碳发展政策和资金的支持等。同时,提出旅游业低碳发展需要政府发挥宏观引导作用,旅游企业发挥主体作用,旅游者要树立低碳生活价值观并践行低碳旅游消费方式。影响旅游业低碳发展的因素较为复杂,旅游饭店和景区低碳发展各级指标权重的大小受指标选取、指标数量、分层多少以及专家观点的影响,不可避免地存在一定的差异和片面性。有关如何建立更加全面、更加完善、更加科学的旅游业低碳发展的评价指标体系,以及如何对具体指标采用合适的量化评价方法,有待于在未来的研究中进一步深化。

第6章 研究总结与展望

6.1 主要结论

据世界旅游组织预计,到 2020 年我国将成为世界最大的旅游目的地国家和世界第四大游客来源国。伴随着旅游业的快速发展,旅游业所引起的环境问题日益凸显。2009 年国务院通过了《关于加快发展旅游业的意见》,明确提出大力推进旅游节能减排,倡导低碳旅游方式。因此,宏观把握我国旅游业二氧化碳排放现状及其与旅游经济发展间的关系,分析其影响因素,并对其未来发展做出预测,是旅游业低碳发展的重要前提。本书在全面梳理国内外旅游业二氧化碳排放研究现状的基础上,以可持续发展理论、低碳经济理论、脱钩理论、循环经济理论、旅游系统理论、利益相关者理论等为指导,运用数理统计方法估算了我国旅游业二氧化碳排放的时空变化,讨论了旅游二氧化碳排放与旅游经济的脱钩关系,分析了影响我国旅游二氧化碳排放变化的因素,并预测了未来我国旅游二氧化碳排放的变化趋势,构建了旅游饭店和旅游景区的低碳发展评价指标体系,进而提出了我国旅游业低碳发展的对策。本书的研究结论主要包括:

①我国旅游业发展概况。1985—2014 年,我国入境旅游和国内旅游均取得了快速发展,接待国内外游客数量从 2.42 亿人次增加到 37.39 亿人次,增长了 14.45 倍;旅游业总收入从 117 亿元增加到 33 800 亿元,增长了 287.89 倍。旅游业总收入所占 GDP 比重和第三产业增加值比重分别从 1985 年的 1.31%、4.58%上升到 2014 年的 5.31%、11.02%。旅游业在拉动内需、促进经济增长、推动就业方面的作用越来越明显,已成为我国国民经济的支柱产业之一。

②我国旅游业二氧化碳排放的时空变化。从时间变化上,旅游业二氧化碳排放总量从 1985 年的 1 002.68 万 t 增加到 2012 年的 11 568.17 万 t,增长了 10.54 倍。从构成比例来看,旅游交通二氧化碳排放量所占比例最大,有缓慢下降的趋势;其次是旅游住宿,有逐渐增

加的趋势;旅游活动所占比例最小,变化相对平稳。从总量变化来看,旅游交通、旅游住宿、旅游活动的二氧化碳排放量均呈增加趋势。其中,旅游交通二氧化碳排放量的增加趋势与旅游业二氧化碳排放总量的增加趋势保持一致,说明旅游交通是旅游业二氧化碳排放的重要来源。从年均增长率来看,旅游住宿二氧化碳排放的年均增长率最高,其次是旅游活动,说明推动旅游饭店及作为旅游活动重要场所的旅游景区的节能减排和低碳发展是十分必要的。从空间变化上,我国旅游业二氧化碳排放较高的区域主要集中在北京及上海、广东等东部沿海地区,以及中部地区。随着旅游业的发展,这些地区旅游业二氧化碳排放量也在不断增加,增幅明显。而甘肃、宁夏、青海、西藏等我国西北部地区,是我国旅游业二氧化碳排放量最少的地区。但是随着交通设施的改善、旅游接待能力的提高、旅游者数量的增多,这些地区旅游业二氧化碳排放量的增长速度较快。

③我国旅游二氧化碳排放与旅游经济的脱钩关系分析。总体来看,1985—2012年,我国旅游业二氧化碳排放与旅游经济的脱钩状态经历了负脱钩—弱脱钩—强脱钩—负脱钩——弱脱钩——负脱钩的交替演变轨迹。全部年份的平均脱钩指数为0.93,旅游业二氧化碳排放增长率小于旅游经济增长率,表明我国旅游二氧化碳排放整体上达到了弱脱钩,说明我国旅游经济增长在能源利用方面是有效率的。但是,有效率的能源利用同样隐含了我国旅游业二氧化碳排放面临着巨大的挑战,0.93的脱钩指数接近临界状态,意味着在未来10年或20年的经济增长周期,我国旅游业的能源消耗依然会成倍增加,在某种程度上将可能会导致二氧化碳排放不可接受的增长。各省区市旅游业二氧化碳排放和旅游经济增长之间的脱钩关系主要表现为弱脱钩和负脱钩两种状态。其中,上海、北京、新疆、云南等省区市旅游业二氧化碳排放与旅游经济发展之间的脱钩指数大于1,处于负脱钩状态,是旅游业低碳发展的不可取状态。而其他绝大部分地区旅游业二氧化碳排放与旅游经济发展之间的脱钩指数小于1,处于弱脱钩状态,是旅游业低碳发展的相对理想状态。分析旅游业二氧化碳排放与旅游经济之间脱钩关系的动态变化,对于旅游业节能减排的科学调控意义重大。

④我国旅游业二氧化碳排放的影响因素与趋势预测分析。本书初步将环境研究领域的STIRPAT模型应用到旅游业二氧化碳排放变化与其影响因子关系的研究中。结果表明,STIRPAT模型能较好地反映社会经济发展指标对旅游业二氧化碳排放变化的影响。根据拟合出的STIRPAT模型分析,1985—2012年我国旅游业二氧化碳排放的旅游者总数、旅游业总收入、第三产业产值占GDP比重、人均旅游花费的弹性系数分别是0.199 6、0.203 3、1.207 4、0.203 0,表示当旅游者总数、旅游业总收入、第三产业产值占GDP比重、人均旅游花费每增加1%时,旅游业二氧化碳排放量将分别增加0.199 6%、0.203 3%、1.207 4%、

0.203 0%。由此表明,旅游者总数、旅游业总收入、第三产业产值占 GDP 的比重、人均旅游花费对 1985—2012 年旅游业二氧化碳排放具有增量效应,是导致我国旅游业二氧化碳排放持续增加的驱动因素。而旅游二氧化碳排放强度的弹性系数为 −1.629 7,表示当旅游二氧化碳排放强度每降低 1% 时,旅游业二氧化碳排放量将减少 1.629 7%;表明能源集约利用水平对我国旅游业二氧化碳排放具有减量效应,负向影响力最高。因此,提高能源利用率是实现我国旅游业二氧化碳减排的重要途径。同时,本书应用 STIRPAT 模型和 BP 神经网络模型对我国旅游二氧化碳排放进行了预测。结果表明,到 2025 年,我国旅游业二氧化碳排放量将呈现出继续增加的趋势,增加速度相对放缓,但是也不容乐观,需要采取多种措施推动旅游业的节能减排及其低碳发展。

⑤我国旅游业低碳发展评价。通过对国内外旅游饭店和旅游景区低碳发展评价的分析,选取相应的指标分别构建了旅游饭店低碳发展评价指标体系和旅游景区低碳发展评价指标体系,并分别运用 AHP 方法及 DPSIR 与 ANP 相结合的方法,确定了所建立指标体系的指标权重。对于旅游饭店低碳发展来说,饭店内部的各个部门以及外部的政府与行业协会、消费者等利益相关者,对旅游饭店推广节能减排、低碳发展分别产生着不同影响。对于旅游景区低碳发展来说,无论是从哪个层面,关注度最高的都是能源消耗情况、主要节能减排措施、对资源环境的影响程度、低碳发展政策和资金的支持等。

⑥我国旅游业的低碳发展对策。旅游业的低碳发展是旅游发展模式的新变革,是促进旅游产业可持续发展、建设生态文明和美丽中国的必然路径和战略抉择。从政府宏观方面,应设立低碳旅游标准、加大资金和政策支持、加强低碳旅游的宣传力度、开展国际交流合作等。从旅游企业中观层面,旅行社、旅游景区、旅游交通、旅游饭店等企业,可结合自己部门的优势,寻找低碳发展的路径。对于微观层面的旅游者,应在提高自身文明素质和低碳环保意识的基础上,将低碳消费贯穿于整个旅游过程,即食、住、行、游、购、娱之中,实现其自身真正的低碳旅游。

6.2　主要创新点

针对旅游业研究的热点和前沿性问题,本书突出的价值在于采用定量分析的方法,不仅对 1985 年至 2012 年我国旅游业二氧化碳排放量进行了时间变化分析,也首次对全国各省区市的旅游业二氧化碳排放量的空间动态演变过程进行了系统的分析。同时,应用脱钩理论从时间和空间两个层面分析了我国旅游业二氧化碳排放量与旅游经济增长之间的关系。明确了我国旅游业二氧化碳排放的主要来源、时空变化特征及其与旅游经济的关系。

本书初步将环境研究领域的 STIRPAT 模型引入到旅游二氧化碳排放变化与影响因子关系研究中,建立了旅游二氧化碳排放与其驱动因子关系的 STIRPAT 模型,并利用 BP 神经网络模型对我国旅游业未来二氧化碳排放进行了预测,以明晰人类活动因子对旅游业二氧化碳排放的影响,以及旅游业二氧化碳排放的未来发展趋势。

本书尝试从利益相关者角度构建了旅游饭店低碳发展的评价指标体系,并运用 AHP 法确定了各项指标权重。同时,首次构建了旅游景区低碳发展的驱动力—压力—状态—影响—响应的 DPSIR 模型,并运用 ANP 法确定了各项指标权重。从客观的角度分析利益相关者对于旅游业低碳发展评价指标的认同差异。

6.3　研究不足与展望

旅游业二氧化碳排放是近年来受到国际旅游业关注的热点,本书就解析我国旅游业二氧化碳排放量的时空变化进行了初步尝试与探索,并就其影响因素及未来发展趋势进行了分析和预测,提出了旅游饭店和旅游景区低碳发展的评价指标体系。在研究中尚存在许多不足之处,还有待在未来的研究中继续加以完善。

确定旅游产业二氧化碳排放构成比较复杂,缺乏完备的统计数据。限于研究条件,本书中各种交通方式、星级饭店、旅游活动的单位二氧化碳排放系数充分借鉴了国内外的研究成果,如果能够对各二氧化碳排放系数进行深入调查,将会使估算结果更加精确。另外,鉴于我国还没有完整的旅游卫星账户,全国及各省各种交通客运量中旅游者比例无法精确确定,本书通过文献查阅确定旅游者比例,并且假设各年、各地区情况相同,如果能够对不同地区开展调查,将会使结果更加完善。尽管本书结果在数据上可能存在相应的偏差,但作为对我国旅游业二氧化碳排放量的粗略估算,是对旅游产业二氧化碳排放的总体性把握,能在一定程度上反映我国旅游业二氧化碳排放的时间变化趋势和区域差异情况。要做出更加准确的计算,还需要进一步改进研究框架和方法,进行更深入的实证调查研究,以获取符合中国国情和旅游业发展实际的关键数据。

影响旅游业二氧化碳排放的驱动因子众多,本书仅选取了与旅游业发展密切相关的 5个指标,并对其进行了 STIRPAT 模型拟合。虽然模型拟合的效果较好,但是对于旅游业二氧化碳排放与每个影响因子关系的分析较为笼统,进一步研究可针对旅游业二氧化碳排放与每个影响因子的关系进行具体分析,以更好地确定节能减排的重点方向。此外,本书利用 STIRPAT 模型和 BP 神经网络模型相结合的方式预测了我国旅游二氧化碳排放的未来变化趋势,尽管符合我国旅游业发展的实际,但是,旅游业发展受自然、人为因素的影响较大,其变化具有不确定性。未来研究,应结合多因素的数据系列预测方法,总结其共性规律,为我国旅游业节能减排政策的制定更好地提供依据。

影响旅游业低碳发展的因素较为复杂,旅游饭店和景区低碳发展各级指标权重的大小受指标选取、指标数量、分层多少以及专家观点的影响,不可避免地存在一定的差异和片面性。有关如何建立更加全面、更加完善、更加科学的旅游业低碳发展的评价指标体系,以及如何对具体指标采用合适的量化评价方法,有待于在未来的研究中进一步深化。

附　录

附录1　旅游饭店低碳发展评价指标专家意见征询表

尊敬的专家：

您好！衷心地感谢您抽出宝贵的时间填写此表！

本研究从评估旅游饭店低碳发展的角度出发,旨在建立旅游饭店低碳发展的评价指标体系,并在此基础上进行实证研究。请根据您的理解,为每项指标的重要程度打分,并回答有关问题。

"非常重要"填数字9；"比较重要"填数字7；"一般重要"填数字5；

"不重要"填数字3；"很不重要"填数字1。

此项调查仅作学术研究之用,您的相关信息将予以保密,期盼您的支持。

衷心感谢您的合作与支持！

旅游饭店低碳发展的评价指标体系

目标层	准则层	指标层	要素层	重要程度得分
旅游饭店低碳发展的评价指标体系	政府与行业协会	政策调控	1 制定与饭店低碳节能相关的法律和法规	
			2 对饭店的节能减排给予财税优惠政策	
			3 制定低碳饭店公约、行业标准、行业规则等	
			4 对高能耗、高排放、高污染的饭店征收环境税	
		宏观引导	5 利用媒体进行低碳理念的宣传与教育	
			6 建立饭店低碳发展的信息交换平台	
			7 提供低碳技术和服务咨询	

目标层	准则层	指标层	要素层	重要程度得分
旅游饭店低碳发展的评价指标体系	旅游饭店	建筑设计	8 使用适应当地气候特点、地理环境的建筑技术	
			9 使用隔热、保温、节能环保的建筑材料	
			10 有充分利用自然采光、自然通风的设计	
			11 良好的室内植物配置、室外绿化、建筑立体绿化	
		绿色客房	12 减少或去掉六小件等一次性用品	
			13 有节约能源提示卡,提倡棉织品一客一换	
			14 对客房进行合理的安排以有利于集中用能和分层管理	
		绿色餐饮	15 选用当地、当季食材及绿色食品和有机食品	
			16 食品加工过程的绿色化	
			17 倡导客人适量用餐,提倡"消费不浪费"	
		能源管理	18 成立专门的节能管理部门或委员会	
			19 定期进行节能测试和能源审计	
			20 采用合同能源管理	
		交流培训	21 定期对员工进行节能知识的普及与新节能技术的培训	
			22 积极向消费者宣传低碳、节能、节约知识	
			23 对支持低碳消费的客人给予优惠激励	
			24 酒店之间节能信息、经验的交流	
			25 支持政府或社区的低碳宣传、教育及社会公益活动	
		节能技术	26 利用太阳能、风能、生物质能、地热等清洁能源	
			27 采用节水龙头、花洒、马桶等设备	
			28 排水类别分设系统,进行中水回用	
			29 定期对用能设备进行检查和保养	
			30 采用节能空调和进行余热回收	
			31 有效利用节能灯具及高效照明产品	
			32 供热、空调、电机、照明等采用变频技术和智能控制技术	
	消费者	提升意识	33 增强低碳、环保意识和树立生态价值观	
			34 转变便利消费、奢侈消费等消费观念	
		落实行动	35 配合并参与饭店的节能减排活动	
			36 自觉践行低碳消费和生活模式	

1. 您认为上表对旅游饭店低碳发展评价指标的分类是否合理?

□非常合理　□基本合理　□需进行适当调整　□完全不合理

如果不合理,您认为应该如何调整?

2. 您认为上表是否需要补充?

□需要　□不需要

如果需要补充,您认为应该增加哪些指标?

问卷结束,谢谢合作!

附录 2　旅游饭店低碳发展的评价指标体系调查问卷

一、问题描述

此调查问卷以旅游饭店低碳发展的评价指标体系为调查目标,对其多种影响因素使用层次分析法进行分析。层次模型如下图所示。

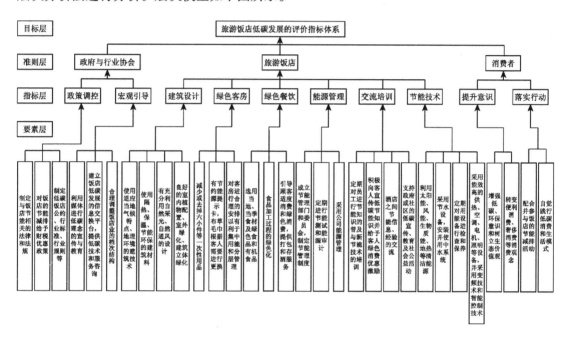

二、问卷说明

此调查问卷的目的在于确定旅游饭店低碳发展的各指标之间的权重。调查问卷依据层次分析法(AHP)的形式设计。这种方法是在同一个层次对影响因素重要性进行两两比较。衡量尺度划分为 5 个等级,分别是绝对重要、十分重要、比较重要、稍微重要、同样重要,分别对应 9,7,5,3,1 的数值。靠左边的衡量尺度表示左列因素重要于右列因素,靠右边的衡量尺度表示右列因素重要于左列因素。根据您的看法,在对应方格中打钩即可。

如果您觉得 5 个级别不能精确地表达您对某项比较的看法,例如您认为您的看法介于十分重要和比较重要之间,那么您可以通过在十分重要和比较重要两个方格之间画圈来表示。

三、问卷内容

下列各组比较要素,对于"旅游饭店低碳发展的评价指标"的相对重要性如何?

A	评价尺度									B
	9	7	5	3	1	3	5	7	9	
政府与行业协会										旅游饭店
政府与行业协会										消费者
旅游饭店										消费者

注:衡量尺度划分为5个等级,分别是绝对重要、十分重要、比较重要、稍微重要、同样重要,分别对应9,7,5,3,1 的数值。

下列各组比较要素,对于"政府与行业协会"的相对重要性如何?

A	评价尺度									B
	9	7	5	3	1	3	5	7	9	
政策调控										宏观引导

下列各组比较要素,对于"旅游饭店"的相对重要性如何?

A	评价尺度									B
	9	7	5	3	1	3	5	7	9	
建筑设计										绿色客房
建筑设计										绿色餐饮
建筑设计										能源管理
建筑设计										交流培训
建筑设计										节能技术
绿色客房										绿色餐饮
绿色客房										能源管理
绿色客房										交流培训
绿色客房										节能技术

A	评价尺度									B
	9	7	5	3	1	3	5	7	9	
绿色餐饮										能源管理
绿色餐饮										交流培训
绿色餐饮										节能技术
能源管理										交流培训
能源管理										节能技术
交流培训										节能技术

下列各组比较要素,对于"消费者"的相对重要性如何?

A	评价尺度									B
	9	7	5	3	1	3	5	7	9	
提升意识										落实行动

下列各组比较要素,对于"政策调控"的相对重要性如何?

A	评价尺度									B
	9	7	5	3	1	3	5	7	9	
制定与饭店低碳节能相关的法律和法规										对饭店的节能减排给予财税优惠政策
制定与饭店节能相关的法律和法规										制定低碳饭店公约、行业标准、行业规则等
对饭店的节能减排给予财税优惠政策										制定低碳饭店公约、行业标准、行业规则等

下列各组比较要素,对于"宏观引导"的相对重要性如何?

A	评价尺度									B
	9	7	5	3	1	3	5	7	9	
利用媒体进行低碳理念的宣传与教育										建立饭店低碳发展的信息交换平台,提供低碳技术和服务咨询
利用媒体进行低碳理念的宣传与教育										合理调整饭店业的档次结构
建立饭店低碳发展的信息交换平台,提供低碳技术和服务咨询										合理调整饭店业的档次结构

下列各组比较要素,对于"建筑设计"的相对重要性如何?

A	评价尺度									B
	9	7	5	3	1	3	5	7	9	
使用适应当地气候特点、地理环境的建筑技术										使用隔热、保温、节能环保的建筑材料
使用适应当地气候特点、地理环境的建筑技术										有充分利用自然采光、自然通风的设计
使用适应当地气候特点、地理环境的建筑技术										良好的室内植物配置、室外绿化、建筑立体绿化
使用隔热、保温、节能环保的建筑材料										有充分利用自然采光、自然通风的设计

A	评价尺度									B
	9	7	5	3	1	3	5	7	9	
使用隔热、保温、节能环保的建筑材料										良好的室内植物配置、室外绿化、建筑立体绿化
有充分利用自然采光、自然通风的设计										良好的室内植物配置、室外绿化、建筑立体绿化

下列各组比较要素,对于"绿色客房"的相对重要性如何?

A	评价尺度									B
	9	7	5	3	1	3	5	7	9	
减少或去掉六小件等一次性用品										有节约能源提示卡,布草毛巾根据客人需要进行更换
减少或去掉六小件等一次性用品										对客房进行合理的安排以有利于集中用能和分层管理
有节约能源提示卡,布草毛巾根据客人需要进行更换										对客房进行合理的安排以有利于集中用能和分层管理

下列各组比较要素,对于"绿色餐饮"的相对重要性如何?

A	评价尺度									B
	9	7	5	3	1	3	5	7	9	
选用当地、当季食材及绿色食品和有机食品										食品加工过程的绿色化
选用当地、当季食材及绿色食品和有机食品										引导顾客适度消费和绿色消费,提供打包和存酒服务
食品加工过程的绿色化										引导顾客适度消费和绿色消费,提供打包和存酒服务

下列各组比较要素,对于"能源管理"的相对重要性如何?

A	评价尺度									B
	9	7	5	3	1	3	5	7	9	
成立节能管理部门或委员会,制定节能管理制度										定期进行节能测试和能源审计
成立节能管理部门或委员会,制定节能管理制度										采用合同能源管理
定期进行节能测试和能源审计										采用合同能源管理

下列各组比较要素,对于"交流培训"的相对重要性如何?

A	评价尺度									B
	9	7	5	3	1	3	5	7	9	
定期对员工进行节能知识的普及与新节能技术的培训										积极向客人宣传低碳节能知识并给予客人绿色消费优惠激励
定期对员工进行节能知识的普及与新节能技术的培训										酒店之间节能信息、经验的交流
定期对员工进行节能知识的普及与新节能技术的培训										支持政府或社区的低碳宣传、教育及社会公益活动
积极向客人宣传低碳节能知识并给予客人绿色消费优惠激励										酒店之间节能信息、经验的交流
积极向客人宣传低碳节能知识并给予客人绿色消费优惠激励										支持政府或社区的低碳宣传、教育及社会公益活动
酒店之间节能信息、经验的交流										支持政府或社区的低碳宣传、教育及社会公益活动

下列各组比较要素,对于"节能技术"的相对重要性如何?

A	评价尺度									B
	9	7	5	3	1	3	5	7	9	
利用太阳能、风能、生物质能、地热等清洁能源										采用节水设备,安装并使用中水系统

续表

A	评价尺度									B
	9	7	5	3	1	3	5	7	9	
利用太阳能、风能、生物质能、地热等清洁能源										定期对用能设备进行检查和保养
利用太阳能、风能、生物质能、地热等清洁能源										采用能效高的供热、空调、电机、照明等设备,并采用变频技术和智能控制技术
采用节水设备,安装并使用中水系统										定期对用能设备进行检查和保养
采用节水设备,安装并使用中水系统										采用能效高的供热、空调、电机、照明等设备,并采用变频技术和智能控制技术
定期对用能设备进行检查和保养										采用能效高的供热、空调、电机、照明等设备,并采用变频技术和智能控制技术

下列各组比较要素,对于"提升意识"的相对重要性如何?

A	评价尺度									B
	9	7	5	3	1	3	5	7	9	
转变便利消费、奢侈消费等消费观念										增强环保意识和树立生态价值观

下列各组比较要素,对于"落实行动"的相对重要性如何?

A	评价尺度									B
	9	7	5	3	1	3	5	7	9	
配合并参与饭店的节能减排活动										自觉践行低碳消费和生活模式

问卷结束,谢谢合作!

附录3 旅游景区低碳发展评价指标筛选调查表

尊敬的学者和专家：

您好！衷心地感谢您抽出宝贵的时间来填写本份问卷。

这是一份关于旅游景区低碳发展评价指标体系的调查问卷，主要目的是想了解您对旅游景区低碳发展的看法，借此帮助我们来完善旅游景区低碳发展评价指标体系。烦请在下表中选出您认为能够用以评价旅游景区低碳发展的必要指标（在所认同的指标后画"√"表示）。

本问卷纯属学术研究之用，不作其他用途，诚挚地希望您能予以填写。

旅游景区低碳发展的评价指标体系

编号	指标内容		编号	指标内容	
1	是否达到节能减排目标		29	成立节能减排领导小组	
2	景区低碳发展政策数量		30	编制专项的低碳保护规划	
3	游客碳诉求比重		31	景区碳排放监测、监管机制	
4	当地 GDP		32	节水循环利用技术	
5	当地人均旅游年收入		33	节能电器使用率	
6	景区旅游人次		34	节能技术使用程度	
7	景区主要能源使用情况		35	可再生能源及清洁能源的利用率	
8	能源最大供应量		36	对游客和社区居民的低碳旅游知识宣传	
9	固体废弃物的减量、回收处理		37	对从业人员的低碳理念和服务培训	
10	垃圾箱布局合理，垃圾清扫及时		38	节能减碳营销理念的推广	
11	污水排放达标率		39	减碳补偿营销措施的推行	
12	生态卫生间比重		40	植被覆盖率	
13	旅游线路的多层次性与不重复性		41	森林覆盖率	
14	旅游线路设计尽量少切割原生态系统		42	生物多样性指数	
15	低碳（或绿色）旅游活动产品		43	景观资源价值	
16	低碳旅游娱乐项目的种类		44	地表水环境质量	
17	导游对低碳知识的宣传和介绍		45	空气质量达标率	

编号	指标内容		编号	指标内容	
18	开发具有本地特色的绿色环保纪念品		46	低碳旅游收入占旅游年收入的比重	
19	旅游纪念品不过度包装,使用可循环利用的环保袋		47	单位 CO_2 的经济产出水平	
20	低碳或清洁能源交通工具的比率		48	低碳旅游景区品牌知名度	
21	游步道建设的生态化与低碳化		49	公众对低碳景区的满意度	
22	生态停车场的面积比率		50	当地政府对景区低碳发展的政策支持	
23	绿色餐饮企业比率		51	当地政府对景区减碳补偿的资金投入	
24	酒店、餐厅不提供一次性用具		52	有无高碳业态限入政策	
25	提供民宿、帐篷临时性建筑住宿		53	当地居民低碳环保意识	
26	建筑体量合理		54	当地居民对景区低碳发展的支持度	
27	生态节能设备和建筑材料的使用率		55	游客对低碳旅游的认知度	
28	各种引导标志设置合理		56	游客对景区低碳发展的参与程度	

★您认为需要补充的指标有:

_____

_____

★您认为需要删除的指标有:

_____

_____

★您认为需要修改的指标有:

_____

_____

再次感谢您的支持与合作!

附录4　旅游景区低碳发展评价指标重要程度调查表

尊敬的学者和专家：

您好！衷心地感谢您抽出宝贵的时间来填写本份问卷。

这是一份关于旅游景区低碳发展评价指标体系的调查问卷。根据您的意见，已经对最初的指标体系进行了删减，调整后的指标体系如下表所示。请您根据指标的重要程度对各个指标进行打分，1、3、5、7、9分别表示指标很不重要、不重要、一般重要、比较重要、非常重要。烦请您按指标的重要程度在合适的分值下画"√"表示，谢谢您的支持！

旅游景区低碳发展的评价指标重要性评分

目标层	准则层	要素层	指标层	重要程度得分				
				很不重要	不重要	一般重要	比较重要	非常重要
旅游景区低碳发展的总体评价	驱动力	景区发展（C_1）	是否达到节能减排目标（D_1）	1	3	5	7	9
			景区低碳发展政策数量（D_2）	1	3	5	7	9
		景区经济（C_2）	当地 GDP（D_3）	1	3	5	7	9
			当地人均旅游年收入（D_4）	1	3	5	7	9
			景区旅游人次（D_5）	1	3	5	7	9
	压力	能源消耗（C_3）	景区主要能源使用情况（D_6）	1	3	5	7	9
			景区碳汇密度（D_7）	1	3	5	7	9
		污染物处置（C_4）	固体废弃物的归类、回收处理（D_8）	1	3	5	7	9
			污水排放达标率（D_9）	1	3	5	7	9
			生态卫生间比重（D_{10}）	1	3	5	7	9
	状态	旅游产品（C_5）	旅游线路的多层次性与不重复性（D_{11}）	1	3	5	7	9
			低碳（或绿色）旅游活动产品（D_{12}）	1	3	5	7	9
			导游对低碳知识的宣传和介绍（D_{13}）	1	3	5	7	9
			开发具有本地特色的绿色环保纪念品（D_{14}）	1	3	5	7	9
			旅游纪念品包装环保性（D_{15}）	1	3	5	7	9

目标层	准则层	要素层	指标层	重要程度得分				
				很不重要	不重要	一般重要	比较重要	非常重要
旅游景区低碳发展的总体评价	状态	设备设施（C_6）	低碳或清洁能源交通工具的比率（D_{16}）	1	3	5	7	9
			游步道建设的生态化与低碳化（D_{17}）	1	3	5	7	9
			生态停车场的面积比率（D_{18}）	1	3	5	7	9
			绿色餐饮企业比率（D_{19}）	1	3	5	7	9
			酒店、餐厅不提供一次性用具（D_{20}）	1	3	5	7	9
			提供民宿、帐篷临时性建筑住宿（D_{21}）	1	3	5	7	9
			生态节能设备和建筑材料的使用率（D_{22}）	1	3	5	7	9
			各种引导标志设置合理（D_{23}）	1	3	5	7	9
		管理规划（C_7）	编制专项的低碳保护规划（D_{24}）	1	3	5	7	9
			景区碳排放监测、监管机制（D_{25}）	1	3	5	7	9
			节水循环利用技术（D_{26}）	1	3	5	7	9
			节能电器使用率（D_{27}）	1	3	5	7	9
			节能技术使用程度（D_{28}）	1	3	5	7	9
			可再生能源及清洁能源的利用率（D_{29}）	1	3	5	7	9
			对游客和社区居民的低碳旅游知识宣传（D_{30}）	1	3	5	7	9
			对从业人员的低碳理念和服务培训（D_{31}）	1	3	5	7	9
			节能减碳营销理念的推广（D_{32}）	1	3	5	7	9
			减碳补偿营销措施的推行（D_{33}）	1	3	5	7	9
	影响	资源环境（C_8）	植被覆盖率（D_{34}）	1	3	5	7	9
			生物多样性指数（D_{35}）	1	3	5	7	9
			地表水环境质量（D_{36}）	1	3	5	7	9
			空气质量达标率（D_{37}）	1	3	5	7	9
		社会经济（C_9）	单位 CO_2 的经济产出水平（D_{38}）	1	3	5	7	9
			低碳旅游景区品牌知名度（D_{39}）	1	3	5	7	9
			公众对低碳景区的满意度（D_{40}）	1	3	5	7	9
	响应	政府管理（C_{10}）	当地政府对景区低碳发展的政策支持（D_{41}）	1	3	5	7	9
			当地政府对景区减碳补偿的资金投入（D_{42}）	1	3	5	7	9
		社区支持（C_{11}）	当地居民低碳环保意识普及程度（D_{43}）	1	3	5	7	9
			当地居民对景区低碳发展的支持度（D_{44}）	1	3	5	7	9
		市场参与（C_{12}）	游客对低碳旅游的认知度（D_{45}）	1	3	5	7	9
			游客对景区低碳发展的参与程度（D_{46}）	1	3	5	7	9

您对以上指标体系是否还有意见？若无,请您帮忙确定以下要素层指标间的关系。

旅游景区低碳发展要素层指标相互影响关系评分

	C_1	C_2	C_3	C_4	C_5	C_6	C_7	C_8	C_9	C_{10}	C_{11}	C_{12}
C_1	—											
C_2		—										
C_3			—									
C_4				—								
C_5					—							
C_6						—						
C_7							—					
C_8								—				
C_9									—			
C_{10}										—		
C_{11}											—	
C_{12}												—

说明:由于网络层次分析法(ANP)应用的需要,需要确定要素层指标之间相互的影响关系,请您根据横向指标对纵向指标影响的显著程度进行评分。

1 表示横向指标对纵向指标有显著影响;0 表示横向指标对纵向指标无显著影响。

本调查问卷到此结束！再次感谢您的支持与合作！

附录5 旅游景区低碳发展评价指标比较调查表

尊敬的专家：

您好！衷心地感谢您在第一轮和第二轮调查问卷中给予的莫大支持！请您一如既往地给予我们帮助和指导。根据前两轮问卷调查的结果，所建立的评价指标体系如下表所示：

旅游景区低碳发展的评价指标体系

目标层	准则层	指标层	要素层
旅游景区低碳发展的总体评价（A）	驱动力（B_1）	景区发展（C_1）	是否达到节能减排目标（D_1）
			景区低碳发展政策数量（D_2）
		景区经济（C_2）	当地 GDP（D_3）
			景区旅游人次（D_4）
	压力（B_2）	能源消耗（C_3）	景区主要能源使用情况（D_5）
			景区碳汇密度（D_6）
		污染物处置（C_4）	固体废弃物的归类、回收处理（D_7）
			污水排放达标率（D_8）
			生态卫生间比重（D_9）
	状态（B_3）	旅游产品（C_5）	旅游线路的多层次性与不重复性（D_{10}）
			低碳（或绿色）旅游活动产品（D_{11}）
			导游对低碳知识的宣传和介绍（D_{12}）
			开发具有本地特色的绿色环保纪念品（D_{13}）
			旅游纪念品包装环保性（D_{14}）
			低碳或清洁能源交通工具的比率（D_{15}）
		设备设施（C_6）	游步道建设的生态化与低碳化（D_{16}）
			生态停车场的面积比率（D_{17}）
			绿色餐饮企业比率（D_{18}）
			酒店、餐厅不提供一次性用具（D_{19}）
			提供民宿、帐篷临时性建筑住宿（D_{20}）
			生态节能设备和建筑材料的使用率（D_{21}）
			各种引导标志设置合理（D_{22}）

目标层	准则层	指标层	要素层
旅游景区低碳发展的总体评价（A）	状态（B_3）	管理规划（C_7）	编制专项的低碳保护规划（D_{23}）
			景区碳排放监测、监管机制（D_{24}）
			节水循环利用技术（D_{25}）
			节能电器使用率（D_{26}）
			节能技术使用程度（D_{27}）
			可再生能源及清洁能源的利用率（D_{28}）
			对游客和社区居民的低碳旅游知识宣传（D_{29}）
			对从业人员的低碳理念和服务培训（D_{30}）
			低碳环保资金投入比例（D_{31}）
			减碳补偿营销措施的推行（D_{32}）
	影响（B_4）	资源环境（C_8）	植被覆盖率（D_{33}）
			生物多样性指数（D_{34}）
			地表水环境质量（D_{35}）
			空气质量达标率（D_{36}）
		社会经济（C_9）	单位 CO_2 的经济产出水平（D_{37}）
			低碳旅游景区品牌知名度（D_{38}）
			公众对低碳景区的满意度（D_{39}）
	响应（B_5）	政府管理（C_{10}）	当地政府对景区低碳发展的政策支持（D_{40}）
			当地政府对景区减碳补偿的资金投入（D_{41}）
		社区支持（C_{11}）	当地居民低碳环保意识普及程度（D_{42}）
			当地居民对景区低碳发展的支持度（D_{43}）
		市场参与（C_{12}）	游客对低碳旅游的认知度（D_{44}）
			游客对景区低碳发展的参与程度（D_{45}）

指标层指标相互影响关系如下表所示：

旅游景区低碳发展指标层指标相互影响关系评分

	C_1	C_2	C_3	C_4	C_5	C_6	C_7	C_8	C_9	C_{10}	C_{11}	C_{12}
C_1	—	0	1	1	0	0	0	0	0	0	0	0
C_2	1	—	1	1	0	0	0	0	0	0	0	0
C_3	0	0	—	0	1	1	1	0	0	0	0	0

	C_1	C_2	C_3	C_4	C_5	C_6	C_7	C_8	C_9	C_{10}	C_{11}	C_{12}
C_4	0	0	1	—	1	1	1	0	0	0	0	0
C_5	0	0	0	0	—	0	1	1	1	0	0	0
C_6	0	0	0	0	0	—	1	1	1	0	0	0
C_7	0	0	0	0	1	1	—	1	1	0	0	0
C_8	0	0	0	0	0	0	0	—	1	1	1	1
C_9	0	0	0	0	0	0	0	0	—	1	1	1
C_{10}	1	1	1	1	1	1	1	1	1	—	1	1
C_{11}	1	1	1	1	1	1	1	1	1	1	—	0
C_{12}	1	1	1	1	1	1	1	1	1	1	0	—

1 表示横向指标对纵向指标有显著影响;0 表示横向指标对纵向指标无显著影响

下面烦请您认真比较各个不同层次的评价指标的重要程度,然后得出两两比较评分值并将数值填入以下各表相应位置,谢谢您的支持!

指标两两比较评分标准为:

标度	定义	含义
1	同等重要	对目标来说,两个元素是一样重要的
3	稍微重要	对目标来说,前者比后者稍显重要
5	明显重要	对目标来说,前者比后者要明显重要
7	十分重要	对目标来说,前者比后者重要得多
9	极端重要	对目标来说,前者比后者极端重要
2,4,6,8	上述相邻判断的中间值	当对比需要时,可以取上述相邻判断的中间值
倒数	若指标 i 与指标 j 的重要性之比为 a_{ij},那么指标 j 与指标 i 重要性之比为 $a_{ij} = 1/a_{ji}$

1. 在 A 旅游景区低碳发展的总体评价目标下,准则层指标重要程度的两两对比:

B_1 驱动力	9	8	7	6	5	4	3	2	1	2	3	4	5	6	7	8	9	B_2 压力
B_1 驱动力	9	8	7	6	5	4	3	2	1	2	3	4	5	6	7	8	9	B_3 状态

B_1 驱动力	9	8	7	6	5	4	3	2	1	2	3	4	5	6	7	8	9	B_4 影响
B_1 驱动力	9	8	7	6	5	4	3	2	1	2	3	4	5	6	7	8	9	B_5 响应
B_2 压力	9	8	7	6	5	4	3	2	1	2	3	4	5	6	7	8	9	B_3 状态
B_2 压力	9	8	7	6	5	4	3	2	1	2	3	4	5	6	7	8	9	B_4 影响
B_2 压力	9	8	7	6	5	4	3	2	1	2	3	4	5	6	7	8	9	B_5 响应
B_3 状态	9	8	7	6	5	4	3	2	1	2	3	4	5	6	7	8	9	B_4 影响
B_3 状态	9	8	7	6	5	4	3	2	1	2	3	4	5	6	7	8	9	B_5 响应
B_4 影响	9	8	7	6	5	4	3	2	1	2	3	4	5	6	7	8	9	B_5 响应

2. 在 B_1 驱动力目标下, C_1 与 C_2 指标重要程度的两两对比:

C_1 景区发展	9	8	7	6	5	4	3	2	1	2	3	4	5	6	7	8	9	C_2 景区经济

3. 在 B_2 压力目标下, C_3 与 C_4 指标重要程度的两两对比:

C_3 能源消耗	9	8	7	6	5	4	3	2	1	2	3	4	5	6	7	8	9	C_4 污染物处置

4. 在 B_3 状态目标下, C_5、C_6 与 C_7 指标重要程度的两两对比:

C_5 旅游产品	9	8	7	6	5	4	3	2	1	2	3	4	5	6	7	8	9	C_6 设备设施
C_5 旅游产品	9	8	7	6	5	4	3	2	1	2	3	4	5	6	7	8	9	C_7 管理规划
C_6 设备设施	9	8	7	6	5	4	3	2	1	2	3	4	5	6	7	8	9	C_7 管理规划

5. 在 B_4 影响目标下, C_8 与 C_9 指标重要程度的两两对比:

C_8 资源环境	9	8	7	6	5	4	3	2	1	2	3	4	5	6	7	8	9	C_9 社会经济

6. 在 B_5 响应目标下, C_{10}、C_{11} 与 C_{12} 指标重要程度的两两对比:

C_{10} 政府管理	9	8	7	6	5	4	3	2	1	2	3	4	5	6	7	8	9	C_{11} 社区支持

C₁₀ 政府管理	9	8	7	6	5	4	3	2	1	2	3	4	5	6	7	8	9	C₁₂ 市场参与
C₁₁ 社区支持	9	8	7	6	5	4	3	2	1	2	3	4	5	6	7	8	9	C₁₂ 市场参与

7. 在 C_1 景区发展目标下，C_3 与 C_4 指标重要程度的两两对比：

C₃ 能源消耗	9	8	7	6	5	4	3	2	1	2	3	4	5	6	7	8	9	C₄ 污染物处置

8. 在 C_2 景区经济目标下，C_3 与 C_4 指标重要程度的两两对比：

C₃ 能源消耗	9	8	7	6	5	4	3	2	1	2	3	4	5	6	7	8	9	C₄ 污染物处置

9. 在 C_3 能源消耗目标下，C_5、C_6 与 C_7 指标重要程度的两两对比：

C₅ 旅游产品	9	8	7	6	5	4	3	2	1	2	3	4	5	6	7	8	9	C₆ 设备设施
C₅ 旅游产品	9	8	7	6	5	4	3	2	1	2	3	4	5	6	7	8	9	C₇ 管理规划
C₆ 设备设施	9	8	7	6	5	4	3	2	1	2	3	4	5	6	7	8	9	C₇ 管理规划

10. 在 C_4 污染物处置目标下，C_5、C_6 与 C_7 指标重要程度的两两对比：

C₅ 旅游产品	9	8	7	6	5	4	3	2	1	2	3	4	5	6	7	8	9	C₆ 设备设施
C₅ 旅游产品	9	8	7	6	5	4	3	2	1	2	3	4	5	6	7	8	9	C₇ 管理规划
C₆ 设备设施	9	8	7	6	5	4	3	2	1	2	3	4	5	6	7	8	9	C₇ 管理规划

11. 在 C_5 旅游产品目标下，C_8 与 C_9 指标重要程度的两两对比：

C₈ 资源环境	9	8	7	6	5	4	3	2	1	2	3	4	5	6	7	8	9	C₉ 社会经济

12. 在 C_6 设备设施目标下，C_8 与 C_9 指标重要程度的两两对比：

C₈ 资源环境	9	8	7	6	5	4	3	2	1	2	3	4	5	6	7	8	9	C₉ 社会经济

13. 在 C_7 管理规划目标下, C_8 与 C_9 指标重要程度的两两对比:

C_8 资源环境	9	8	7	6	5	4	3	2	1	2	3	4	5	6	7	8	9	C_9 社会经济

14. 在 C_8 资源环境目标下, C_{10}、C_{11} 与 C_{12} 指标重要程度的两两对比:

C_{10} 政府管理	9	8	7	6	5	4	3	2	1	2	3	4	5	6	7	8	9	C_{11} 社区支持
C_{10} 政府管理	9	8	7	6	5	4	3	2	1	2	3	4	5	6	7	8	9	C_{12} 市场参与
C_{11} 社区支持	9	8	7	6	5	4	3	2	1	2	3	4	5	6	7	8	9	C_{12} 市场参与

15. 在 C_9 社会经济目标下, C_{10}、C_{11} 与 C_{12} 指标重要程度的两两对比:

C_{10} 政府管理	9	8	7	6	5	4	3	2	1	2	3	4	5	6	7	8	9	C_{11} 社区支持
C_{10} 政府管理	9	8	7	6	5	4	3	2	1	2	3	4	5	6	7	8	9	C_{12} 市场参与
C_{11} 社区支持	9	8	7	6	5	4	3	2	1	2	3	4	5	6	7	8	9	C_{12} 市场参与

16. 在 C_{10} 政府管理目标下, C_1 与 C_2 指标重要程度的两两对比:

C_1 景区发展	9	8	7	6	5	4	3	2	1	2	3	4	5	6	7	8	9	C_2 景区经济

17. 在 C_{11} 社区支持目标下, C_1 与 C_2 指标重要程度的两两对比:

C_1 景区发展	9	8	7	6	5	4	3	2	1	2	3	4	5	6	7	8	9	C_2 景区经济

18. 在 C_{12} 市场参与目标下, C_1 与 C_2 指标重要程度的两两对比:

C_1 景区发展	9	8	7	6	5	4	3	2	1	2	3	4	5	6	7	8	9	C_2 景区经济

19. 在 C_1 景区发展目标下, D_1 与 D_2 指标重要程度的两两对比:

D_1 是否达到节能减排目标	9	8	7	6	5	4	3	2	1	2	3	4	5	6	7	8	9	D_2 景区低碳发展政策数量

20. 在 C₂ 景区经济目标下，D₃ 与 D₄ 指标重要程度的两两对比：

D₃ 当地 GDP	9	8	7	6	5	4	3	2	1	2	3	4	5	6	7	8	9	D₄ 景区旅游人次

21. 在 C₃ 能源消耗目标下，D₅ 与 D₆ 指标重要程度的两两对比：

D₅ 景区主要能源使用情况	9	8	7	6	5	4	3	2	1	2	3	4	5	6	7	8	9	D₆ 景区碳汇密度

22. 在 C₄ 污染物处置目标下，D₇、D₈ 与 D₉ 指标重要程度的两两对比：

D₇ 固体废弃物的归类、回收处理	9	8	7	6	5	4	3	2	1	2	3	4	5	6	7	8	9	D₈ 污水排放达标率
D₇ 固体废弃物的归类、回收处理	9	8	7	6	5	4	3	2	1	2	3	4	5	6	7	8	9	D₉ 生态卫生间比重
D₈ 污水排放达标率	9	8	7	6	5	4	3	2	1	2	3	4	5	6	7	8	9	D₉ 生态卫生间比重

23. 在 C₅ 旅游产品目标下，D₁₀ 至 D₁₄ 指标重要程度的两两对比：

D₁₀ 旅游线路的多层次性与不重复性	9	8	7	6	5	4	3	2	1	2	3	4	5	6	7	8	9	D₁₁ 低碳（或绿色）旅游活动产品
D₁₀ 旅游线路的多层次性与不重复性	9	8	7	6	5	4	3	2	1	2	3	4	5	6	7	8	9	D₁₂ 导游对低碳知识的宣传和介绍

D_{10} 旅游线路的多层次性与不重复性	9	8	7	6	5	4	3	2	1	2	3	4	5	6	7	8	9	D_{13} 开发具有本地特色的绿色环保纪念品
D_{10} 旅游线路的多层次性与不重复性	9	8	7	6	5	4	3	2	1	2	3	4	5	6	7	8	9	D_{14} 旅游纪念品包装环保性
D_{11} 低碳（或绿色）旅游活动产品	9	8	7	6	5	4	3	2	1	2	3	4	5	6	7	8	9	D_{12} 导游对低碳知识的宣传和介绍
D_{11} 低碳（或绿色）旅游活动产品	9	8	7	6	5	4	3	2	1	2	3	4	5	6	7	8	9	D_{13} 开发具有本地特色的绿色环保纪念品
D_{11} 低碳（或绿色）旅游活动产品	9	8	7	6	5	4	3	2	1	2	3	4	5	6	7	8	9	D_{14} 旅游纪念品包装环保性
D_{12} 导游对低碳知识的宣传和介绍	9	8	7	6	5	4	3	2	1	2	3	4	5	6	7	8	9	D_{13} 开发具有本地特色的绿色环保纪念品
D_{12} 导游对低碳知识的宣传和介绍	9	8	7	6	5	4	3	2	1	2	3	4	5	6	7	8	9	D_{14} 旅游纪念品包装环保性
D_{13} 开发具有本地特色的绿色环保纪念品	9	8	7	6	5	4	3	2	1	2	3	4	5	6	7	8	9	D_{14} 旅游纪念品包装环保性

24.在 C_6 设备设施目标下,D_{15} 至 D_{22} 指标重要程度的两两对比:

D_{15} 低碳或清洁能源交通工具的比率	9	8	7	6	5	4	3	2	1	2	3	4	5	6	7	8	9	D_{16} 游步道建设的生态化与低碳化
D_{15} 低碳或清洁能源交通工具的比率	9	8	7	6	5	4	3	2	1	2	3	4	5	6	7	8	9	D_{17} 生态停车场的面积比率
D_{15} 低碳或清洁能源交通工具的比率	9	8	7	6	5	4	3	2	1	2	3	4	5	6	7	8	9	D_{18} 绿色餐饮企业比率
D_{15} 低碳或清洁能源交通工具的比率	9	8	7	6	5	4	3	2	1	2	3	4	5	6	7	8	9	D_{19} 酒店、餐厅不提供一次性用具
D_{15} 低碳或清洁能源交通工具的比率	9	8	7	6	5	4	3	2	1	2	3	4	5	6	7	8	9	D_{20} 提供民宿、帐篷临时性建筑住宿
D_{15} 低碳或清洁能源交通工具的比率	9	8	7	6	5	4	3	2	1	2	3	4	5	6	7	8	9	D_{21} 生态节能设备和建筑材料的使用率
D_{15} 低碳或清洁能源交通工具的比率	9	8	7	6	5	4	3	2	1	2	3	4	5	6	7	8	9	D_{22} 各种引导标志设置合理
D_{16} 游步道建设的生态化与低碳化	9	8	7	6	5	4	3	2	1	2	3	4	5	6	7	8	9	D_{17} 生态停车场的面积比率

左指标	9	8	7	6	5	4	3	2	1	2	3	4	5	6	7	8	9	右指标
D_{16}游步道建设的生态化与低碳化	9	8	7	6	5	4	3	2	1	2	3	4	5	6	7	8	9	D_{18}绿色餐饮企业比率
D_{16}游步道建设的生态化与低碳化	9	8	7	6	5	4	3	2	1	2	3	4	5	6	7	8	9	D_{19}酒店、餐厅不提供一次性用具
D_{16}游步道建设的生态化与低碳化	9	8	7	6	5	4	3	2	1	2	3	4	5	6	7	8	9	D_{20}提供民宿、帐篷临时性建筑住宿
D_{16}游步道建设的生态化与低碳化	9	8	7	6	5	4	3	2	1	2	3	4	5	6	7	8	9	D_{21}生态节能设备和建筑材料的使用率
D_{16}游步道建设的生态化与低碳化	9	8	7	6	5	4	3	2	1	2	3	4	5	6	7	8	9	D_{22}各种引导标志设置合理
D_{17}生态停车场的面积比率	9	8	7	6	5	4	3	2	1	2	3	4	5	6	7	8	9	D_{18}绿色餐饮企业比率
D_{17}生态停车场的面积比率	9	8	7	6	5	4	3	2	1	2	3	4	5	6	7	8	9	D_{19}酒店、餐厅不提供一次性用具
D_{17}生态停车场的面积比率	9	8	7	6	5	4	3	2	1	2	3	4	5	6	7	8	9	D_{20}提供民宿、帐篷临时性建筑住宿
D_{17}生态停车场的面积比率	9	8	7	6	5	4	3	2	1	2	3	4	5	6	7	8	9	D_{21}生态节能设备和建筑材料的使用率
D_{17}生态停车场的面积比率	9	8	7	6	5	4	3	2	1	2	3	4	5	6	7	8	9	D_{22}各种引导标志设置合理

D_{18}绿色餐饮企业比率	9	8	7	6	5	4	3	2	1	2	3	4	5	6	7	8	9	D_{19}酒店、餐厅不提供一次性用具
D_{18}绿色餐饮企业比率	9	8	7	6	5	4	3	2	1	2	3	4	5	6	7	8	9	D_{20}提供民宿、帐篷临时性建筑住宿
D_{18}绿色餐饮企业比率	9	8	7	6	5	4	3	2	1	2	3	4	5	6	7	8	9	D_{21}生态节能设备和建筑材料的使用率
D_{18}绿色餐饮企业比率	9	8	7	6	5	4	3	2	1	2	3	4	5	6	7	8	9	D_{22}各种引导标志设置合理
D_{19}酒店、餐厅不提供一次性用具	9	8	7	6	5	4	3	2	1	2	3	4	5	6	7	8	9	D_{20}提供民宿、帐篷临时性建筑住宿
D_{19}酒店、餐厅不提供一次性用具	9	8	7	6	5	4	3	2	1	2	3	4	5	6	7	8	9	D_{21}生态节能设备和建筑材料的使用率
D_{19}酒店、餐厅不提供一次性用具	9	8	7	6	5	4	3	2	1	2	3	4	5	6	7	8	9	D_{22}各种引导标志设置合理
D_{20}提供民宿、帐篷临时性建筑住宿	9	8	7	6	5	4	3	2	1	2	3	4	5	6	7	8	9	D_{21}生态节能设备和建筑材料的使用率
D_{20}提供民宿、帐篷临时性建筑住宿	9	8	7	6	5	4	3	2	1	2	3	4	5	6	7	8	9	D_{22}各种引导标志设置合理
D_{21}生态节能设备和建筑材料的使用率	9	8	7	6	5	4	3	2	1	2	3	4	5	6	7	8	9	D_{22}各种引导标志设置合理

25. 在 C_7 管理规划目标下，D_{23} 至 D_{32} 指标重要程度的两两对比：

D_{23} 编制专项的低碳保护规划	9	8	7	6	5	4	3	2	1	2	3	4	5	6	7	8	9	D_{24} 景区碳排放监测、监管机制
D_{23} 编制专项的低碳保护规划	9	8	7	6	5	4	3	2	1	2	3	4	5	6	7	8	9	D_{25} 节水循环利用技术
D_{23} 编制专项的低碳保护规划	9	8	7	6	5	4	3	2	1	2	3	4	5	6	7	8	9	D_{26} 节能电器使用率
D_{23} 编制专项的低碳保护规划	9	8	7	6	5	4	3	2	1	2	3	4	5	6	7	8	9	D_{27} 节能技术使用程度
D_{23} 编制专项的低碳保护规划	9	8	7	6	5	4	3	2	1	2	3	4	5	6	7	8	9	D_{28} 可再生能源及清洁能源的利用率
D_{23} 编制专项的低碳保护规划	9	8	7	6	5	4	3	2	1	2	3	4	5	6	7	8	9	D_{29} 对游客和社区居民的低碳旅游知识宣传
D_{23} 编制专项的低碳保护规划	9	8	7	6	5	4	3	2	1	2	3	4	5	6	7	8	9	D_{30} 对从业人员的低碳理念和服务培训
D_{23} 编制专项的低碳保护规划	9	8	7	6	5	4	3	2	1	2	3	4	5	6	7	8	9	D_{31} 低碳环保资金投入比例
D_{23} 编制专项的低碳保护规划	9	8	7	6	5	4	3	2	1	2	3	4	5	6	7	8	9	D_{32} 减碳补偿营销措施的推行

D_{24}景区碳排放监测、监管机制	9	8	7	6	5	4	3	2	1	2	3	4	5	6	7	8	9	D_{25}节水循环利用技术
D_{24}景区碳排放监测、监管机制	9	8	7	6	5	4	3	2	1	2	3	4	5	6	7	8	9	D_{26}节能电器使用率
D_{24}景区碳排放监测、监管机制	9	8	7	6	5	4	3	2	1	2	3	4	5	6	7	8	9	D_{27}节能技术使用程度
D_{24}景区碳排放监测、监管机制	9	8	7	6	5	4	3	2	1	2	3	4	5	6	7	8	9	D_{28}可再生能源及清洁能源的利用率
D_{24}景区碳排放监测、监管机制	9	8	7	6	5	4	3	2	1	2	3	4	5	6	7	8	9	D_{29}对游客和社区居民的低碳旅游知识宣传
D_{24}景区碳排放监测、监管机制	9	8	7	6	5	4	3	2	1	2	3	4	5	6	7	8	9	D_{30}对从业人员的低碳理念和服务培训
D_{24}景区碳排放监测、监管机制	9	8	7	6	5	4	3	2	1	2	3	4	5	6	7	8	9	D_{31}低碳环保资金投入比例
D_{24}景区碳排放监测、监管机制	9	8	7	6	5	4	3	2	1	2	3	4	5	6	7	8	9	D_{32}减碳补偿营销措施的推行
D_{25}节水循环利用技术	9	8	7	6	5	4	3	2	1	2	3	4	5	6	7	8	9	D_{26}节能电器使用率
D_{25}节水循环利用技术	9	8	7	6	5	4	3	2	1	2	3	4	5	6	7	8	9	D_{27}节能技术使用程度

D$_{25}$节水循环利用技术	9	8	7	6	5	4	3	2	1	2	3	4	5	6	7	8	9	D$_{28}$可再生能源及清洁能源的利用率
D$_{25}$节水循环利用技术	9	8	7	6	5	4	3	2	1	2	3	4	5	6	7	8	9	D$_{29}$对游客和社区居民的低碳旅游知识宣传
D$_{25}$节水循环利用技术	9	8	7	6	5	4	3	2	1	2	3	4	5	6	7	8	9	D$_{30}$对从业人员的低碳理念和服务培训
D$_{25}$节水循环利用技术	9	8	7	6	5	4	3	2	1	2	3	4	5	6	7	8	9	D$_{31}$低碳环保资金投入比例
D$_{25}$节水循环利用技术	9	8	7	6	5	4	3	2	1	2	3	4	5	6	7	8	9	D$_{32}$减碳补偿营销措施的推行
D$_{26}$节能电器使用率	9	8	7	6	5	4	3	2	1	2	3	4	5	6	7	8	9	D$_{27}$节能技术使用程度
D$_{26}$节能电器使用率	9	8	7	6	5	4	3	2	1	2	3	4	5	6	7	8	9	D$_{28}$可再生能源及清洁能源的利用率
D$_{26}$节能电器使用率	9	8	7	6	5	4	3	2	1	2	3	4	5	6	7	8	9	D$_{29}$对游客和社区居民的低碳旅游知识宣传
D$_{26}$节能电器使用率	9	8	7	6	5	4	3	2	1	2	3	4	5	6	7	8	9	D$_{30}$对从业人员的低碳理念和服务培训
D$_{26}$节能电器使用率	9	8	7	6	5	4	3	2	1	2	3	4	5	6	7	8	9	D$_{31}$低碳环保资金投入比例
D$_{26}$节能电器使用率	9	8	7	6	5	4	3	2	1	2	3	4	5	6	7	8	9	D$_{32}$减碳补偿营销措施的推行

D_{27} 节能技术使用程度	9	8	7	6	5	4	3	2	1	2	3	4	5	6	7	8	9	D_{28} 可再生能源及清洁能源的利用率
D_{27} 节能技术使用程度	9	8	7	6	5	4	3	2	1	2	3	4	5	6	7	8	9	D_{29} 对游客和社区居民的低碳旅游知识宣传
D_{27} 节能技术使用程度	9	8	7	6	5	4	3	2	1	2	3	4	5	6	7	8	9	D_{30} 对从业人员的低碳理念和服务培训
D_{27} 节能技术使用程度	9	8	7	6	5	4	3	2	1	2	3	4	5	6	7	8	9	D_{31} 低碳环保资金投入比例
D_{27} 节能技术使用程度	9	8	7	6	5	4	3	2	1	2	3	4	5	6	7	8	9	D_{32} 减碳补偿营销措施的推行
D_{28} 可再生能源及清洁能源的利用率	9	8	7	6	5	4	3	2	1	2	3	4	5	6	7	8	9	D_{29} 对游客和社区居民的低碳旅游知识宣传
D_{28} 可再生能源及清洁能源的利用率	9	8	7	6	5	4	3	2	1	2	3	4	5	6	7	8	9	D_{30} 对从业人员的低碳理念和服务培训
D_{28} 可再生能源及清洁能源的利用率	9	8	7	6	5	4	3	2	1	2	3	4	5	6	7	8	9	D_{31} 低碳环保资金投入比例
D_{28} 可再生能源及清洁能源的利用率	9	8	7	6	5	4	3	2	1	2	3	4	5	6	7	8	9	D_{32} 减碳补偿营销措施的推行

D_{29} 对游客和社区居民的低碳旅游知识宣传	9	8	7	6	5	4	3	2	1	2	3	4	5	6	7	8	9	D_{30} 对从业人员的低碳理念和服务培训
D_{29} 对游客和社区居民的低碳旅游知识宣传	9	8	7	6	5	4	3	2	1	2	3	4	5	6	7	8	9	D_{31} 低碳环保资金投入比例
D_{29} 对游客和社区居民的低碳旅游知识宣传	9	8	7	6	5	4	3	2	1	2	3	4	5	6	7	8	9	D_{32} 减碳补偿营销措施的推行
D_{30} 对从业人员的低碳理念和服务培训	9	8	7	6	5	4	3	2	1	2	3	4	5	6	7	8	9	D_{31} 低碳环保资金投入比例
D_{30} 对从业人员的低碳理念和服务培训	9	8	7	6	5	4	3	2	1	2	3	4	5	6	7	8	9	D_{32} 减碳补偿营销措施的推行
D_{31} 低碳环保资金投入比例	9	8	7	6	5	4	3	2	1	2	3	4	5	6	7	8	9	D_{32} 减碳补偿营销措施的推行

26. 在 C_8 资源环境目标下，D_{33} 至 D_{36} 指标重要程度的两两对比：

D_{33} 植被覆盖率	9	8	7	6	5	4	3	2	1	2	3	4	5	6	7	8	9	D_{34} 生物多样性指数
D_{33} 植被覆盖率	9	8	7	6	5	4	3	2	1	2	3	4	5	6	7	8	9	D_{35} 地表水环境质量
D_{33} 植被覆盖率	9	8	7	6	5	4	3	2	1	2	3	4	5	6	7	8	9	D_{36} 空气质量达标率

D_{34}生物多样性指数	9	8	7	6	5	4	3	2	1	2	3	4	5	6	7	8	9	D_{35}地表水环境质量
D_{34}生物多样性指数	9	8	7	6	5	4	3	2	1	2	3	4	5	6	7	8	9	D_{36}空气质量达标率
D_{35}地表水环境质量	9	8	7	6	5	4	3	2	1	2	3	4	5	6	7	8	9	D_{36}空气质量达标率

27. 在 C_9 社会经济目标下，D_{37} 至 D_{39} 指标重要程度的两两对比：

D_{37}单位 CO_2 的经济产出水平	9	8	7	6	5	4	3	2	1	2	3	4	5	6	7	8	9	D_{38}低碳旅游景区品牌知名度
D_{37}单位 CO_2 的经济产出水平	9	8	7	6	5	4	3	2	1	2	3	4	5	6	7	8	9	D_{39}公众对低碳景区的满意度
D_{38}低碳旅游景区品牌知名度	9	8	7	6	5	4	3	2	1	2	3	4	5	6	7	8	9	D_{39}公众对低碳景区的满意度

28. 在 C_{10} 政府管理目标下，D_{40} 至 D_{41} 指标重要程度的两两对比：

D_{40}当地政府对景区低碳发展的政策支持	9	8	7	6	5	4	3	2	1	2	3	4	5	6	7	8	9	D_{41}当地政府对景区减碳补偿的资金投入

29. 在 C_{11} 社区支持目标下，D_{42} 至 D_{43} 指标重要程度的两两对比：

D_{42} 当地居民低碳环保意识普及程度	9	8	7	6	5	4	3	2	1	2	3	4	5	6	7	8	9	D_{43} 当地居民对景区低碳发展的支持度

30. 在 C_{12} 市场参与目标下，D_{44} 至 D_{45} 指标重要程度的两两对比：

D_{44} 游客对低碳旅游的认知度	9	8	7	6	5	4	3	2	1	2	3	4	5	6	7	8	9	D_{45} 游客对景区低碳发展的参与程度

本调查问卷到此结束！再次感谢您在百忙之中抽出时间来完成此问卷，祝您身体健康，工作顺利！

参考文献

[1]Aall C. Energy use and leisure consumption in Norway: an analysis and reduction strategy [J]. Journal of Sustainable Tourism, 2011, 19 (6):729 – 745.

[2]Becken S, Frampton C, Simmons D G. Energy consumption patterns in the accommodation sector: the New Zealand case [J]. Ecological Economics, 2001, 39(3): 371 – 386.

[3]Becken S, Patterson M. Measuring national carbon dioxide emissions from tourism as a key step towards achieving sustainable tourism [J]. Journal of Sustainable Tourism, 2006, 14 (4): 323 – 338.

[4]Becken S, Simmons D G, Frampton C. Energy use associated with different travel choices [J]. Tourism Management, 2003, 24(3): 267 – 277.

[5]Becken S, Simmons D G. Understanding energy consumption patterns of tourist attractions and activities in New Zealand [J]. Tourism Management, 2002, 23(4): 343 – 354.

[6]Becken S. A review of tourism and climate change as an evolving knowledge domain [J]. Tourism Management Perspectives, 2013, (6): 53 – 62.

[7]Becken S. Analyzing international tourist flows to estimate energy use associated with air travel [J]. Journal of Sustainable Tourism, 2002, 10(2).

[8]Belle N, Bramwell B. Climate change and small island tourism: policymaker and industry perspective in Bbabados [J]. Journal of Travel Research, 2005, (1): 32 – 41.

[9]Bernard F, Khelil T B, Pichon V, et al. The Maldives' 2009 Carbon Audit[DB/OL]. Paris: BeCitzen, 2010.

[10]Bhuiyan M A H, Bari M A, Siwar C, et al. Measurement of Carbon Dioxide Emissions for Eco – tourism in Malaysia [J]. Journal of Applied Sciences, 2012, 12(17): 1832 – 1838.

[11]Bohdanowicz P, Martinac I. Determinants and bench – marking of resource consumption in hotels: Case study of Hilton International and Scandic in Europe [J]. Energy and Buildings, 2007, 39(1): 82 – 95.

[12] Brouwer R, Brander L, Van Beukering P. A convenient truth air travel passengers' willing- ness to pay to offset their CO_2 emissions [J]. Climatic Change, 2008, 90(3): 299 – 313.

[13] Brunotte M. Energiekennzahlen für den Kleinverbrauch. Studie im Auftrag des Öko – Insti- tuts [M]. Freiburg, Germany, 1993.

[14] Buckley R. Tourism under climate change: Will slow travel supersede short breaks? [J]. AMBIO, 2011, 40(3): 328 – 331.

[15] Burnett J. Implementing energy efficiency and water conservation in the hotel industry [R]. Hong Kong Hotel Association Seminar on Corporate Commitment to Energy Conservation, Hong Kong, 1994.

[16] Byrnes T A, Warnken J. Greenhouse gas emissions from marine tours: a case study of Aus- tralian tour boat operators [J]. Journal of Sustainable Tourism, 2006, 14(3): 255 – 270.

[17] Cadarso M Á, Gómez N, López L A, et al. Calculating tourism's carbon footprint: measur- ing the impact of investments [J]. Journal of Cleaner Production, 2014, in Press.

[18] Carlsson K A, Lindén A L. Travel patterns and environmental effects now and in the future: Implications of differences in energy consumption among socio – economic groups [J]. Eco- logical Economics, 1999, 30: 405 – 417.

[19] Dalton G J, Lockington D A, Baldock T E. Case study feasibility analysis of renewable ener- gy supply options for small to medium – sized tourist accommodations [J]. Renewable Ener- gy, 2009, 34(4): 1134 – 1144.

[20] Dawson J, Stewart E J, Lemelin H, et al. The carbon cost of polar bear viewing tourism in Churchill, Canada [J]. Journal of Sustainable Tourism, 2010, 18(3): 319 – 336.

[21] de Bruijn K, Dirven R, Eijgelaar E, et al. Travelling Large in 2008. The carbon footprint of Dutch holidaymakers in 2008 and the development since 2002 [R]. Breda, the Nether- lands: NHTV Breda University of Applied Sciences. NRIT Research and NBTC – NIPO Re- search, 2010.

[22] Deng S, Burnett J. Energy use and management in hotels in Hong Kong [J]. Hospitality Management, 2002, 21(4):371 – 380.

[23] Department of Resources, Energy and Tourism of Australia. A report of carbon footprint/ greenhouse gas emissions of Australian tourism industry: Based on tourism TSA of Australia [R]. Sydney: 2009.

[24] Dietz T, Rosa E A. Rethinking the environmental impacts of population, affluence, and technology [J]. Human Ecology Review, 1994(1): 277 – 300.

[25] DTI (Department of Trade and Industry). Energy White Paper: Our energy future – create a low carbon economy [R]. London: The Stationery Office, 2003.

[26] Dubois G, Ceron J P. Tourism and climate change: Proposals for a research agenda [J]. Journal of Sustainable Tourism, 2006, 14(4): 399 – 415.

[27] Dubois G, Ceron J P. Tourism/leisure greenhouse gas emissions forecasts for 2050: Factors for change in France [J]. Journal of Sustainable Tourism, 2006, 14(2):172 – 191.

[28] Dwyer L, Forsyth P, Spurr R, Hoque S. Estimating the carbon footprint of Australian tourism [J]. Journal of Sustainable Tourism, 2010(18): 355 – 376.

[29] Dwyer L, Forsyth P, Spurr R. Wither Australian Tourism? Implications of the Carbon Tax [J]. Journal of Hospitality and Tourism Management, 2012, 19 (1):15 – 30.

[30] Ehrlich P R, Holden J P. Impact of population growth [J]. Science, 1971(171): 1212 – 1217.

[31] Eijgelaar E, Thaper C, Peeters P. Antarctic cruise tourism: the paradoxes of ambassador-ship, "Last Chance Tourism" and greenhouse gas emissions [J]. Journal of Sustainable Tourism, 2010, 18(3): 337 – 354.

[32] Erdogan N, Baris E. Environmental protection programs and conservation practice of hotel in Ankara, Turkey [J]. Tourism Management, 2007, 28(2), 604 – 614.

[33] Erdogan N, Tosun C. Environmental performance of tourism accommodations in the protected areas: Case of Goreme Historical National Park [J]. International Journal of Hospitality Management, 2009, 28(3): 406 – 414.

[34] Filimonau V, Dickinson J, Robbins D. Reviewing the carbon footprint analysis of hotels: Life Cycle Energy Analysis (LCEA) as a holistic method for carbon impact appraisal of tour-ist accommodation [J]. Journal of Cleaner Production, 2011, 19(17 – 18), 1917 – 1930.

[35] Filimonau V, Dickinson J, Robbins D. The carbon impact of short – haul tourism: a case study of UK travel to Southern France using life cycle analysis [J]. Journal of Cleaner Pro-duction, 2014, 64:628 – 638.

[36] Freeman R E. Strategic management: A stakeholder approach [M]. Boston: Pitman / Ball-inger, 1984.

[37]Gössling S, Broderick J, Upham P, et al. Voluntary carbon offsetting schemes for aviation: Efficiency, credibility and sustainable tourism [J]. Journal of Sustainable Tourism, 2007, 15(3): 223 -248.

[38]Gössling S, Garrod B, Aall C, et al. Food management in tourism: Reducing tourism's carbon 'foodprint' [J]. Tourism Management, 2011, 32(3): 534 -543.

[39]Gössling S, Hall C M. Swedish tourism and climate change mitigation: an emerging conflict? [J]. Scandinavian Journal of Hospitality and Tourism, 2008, 8(2):141 -158.

[40]Gössling S, Peeters P, Ceron J P, et al. The eco - efficiency of tourism [J]. Ecological E-conomics, 2005, 54(4): 417 -434.

[41]Gossling S, Schumacher K P. Implementing carbon neutral destination policies: issues from the Seychelles [J]. Journal of Sustainable Tourism, 2009(3):377 -391.

[42]Gössling S. Carbon neutral destinations: A conceptual analysis [J]. Journal of Sustainable Tourism, 2009, 17(1):17 -37.

[43] Gössling S. Global environmental consequences of tourism [J]. Global Environmental Change, 2002, (12): 283 -302.

[44]Gössling S. National emissions from tourism: An overlooked policy challenge? [J]. Energy Policy, 2013(59):433 -442.

[45]Gössling S. Sustainable tourism development in developing countries: Some aspects of ener-gy-use [J]. Journal of Sustainable Tourism, 2000, 8(5): 410 -425.

[46]Gössling S. Tourism, environmental degradation and economic transition: interacting proces-ses in a Tanzanian Coastal community [J]. Tourism Geographies, 2001(4): 230 -254.

[47]Gössling, S. Calculations of Energy Use in Tourism for 14 Caribbean Countries. In Simpson M C, Clarke J F, Scott D J, New M, Karmalkar A, Day O J, Taylor M, Gössling S, Wilson M, Chadee D, Stager H, Waith R, Hutchinson N. CARIBSAVE Climate Change Risk Atlas (CCCRA) [R]. The CARIBSAVE Partnership, DFID and AusAID, Barbados, 2012.

[48]Hanandeh A E. Quantifying the carbon footprint of religious tourism: the case of Hajj [J]. Journal of Cleaner Production, 2013(52): 53 -60.

[49]Higham J, Cohenb S A, Cavaliere C T, et al. Climate change, tourist air travel and radical emissions reduction [J]. Journal of Cleaner Production, 2014. (in press).

[50]Howitt O J A, Revol V G N, Smith I J, et al. Carbon emissions from international cruise

ship passengers' travel to and from New Zealand [J]. Energy Policy, 2010, 38(5):2552 – 2560.

[51]IPCC. Summary for policymakers of climate change 2007: The physical science basis. Contribution of Working Group I to the fourth assessment report of the Intergovernmental Panel on Climate Change [M]. Cambridge: Cambridge University Press, 2007.

[52]Jones C. Scenarios for greenhouse gas emissions reduction from tourism: an extended tourism satellite account approach in a regional setting [J]. Journal of Sustainable Tourism, 2013, 21(3): 458 –472.

[53]Karagiorgas M, Tsoutsos T, Moia – Pol A. A simulation of the energy consumption monitoring in Mediterranean hotels: Application in Greece [J]. Energy and Buildings, 2007, (39): 416 –426.

[54]Kelly J, Williams P W. Modeling tourism destination energy consumption and greenhouse gas emissions: Whistler, British Columbia, Canada [J]. Journal of Sustainable Tourism, 2007, 15(1): 67 –89.

[55]Khemiri A, Hassairi M. Development of energy efficiency improvement in the Tunisian hotel sector: A case study [J]. Renewable Energy, 2005, 30(6): 903 –911.

[56]Koetse M J, Rietveld P. The impact of climate change and weather on transport: An overview of empirical findings [J]. Transportation Research Part D: Transport and Environment, 2009(3): 205 –221.

[57]Konan D E, Chan H L. Greenhouse gas emissions in Hawaii: Household and visitor expenditure analysis [J]. Energy Economics, 2010, 32(1): 210 –219.

[58]Kuo N W, Chen P H. Quantifying energy use, carbon dioxide emission, and other environmental loads from island tourism based on a life cycle assessment approach [J]. Journal of Cleaner Production, 2009, 17(15): 1324 – 1330.

[59]Lai J H K. Carbon footprints of hotels: Analysis of three archetypes in Hong Kong [J]. Sustainable Cities and Society, 2015, 14: 334 –341.

[60]Leiper N. The framework of tourism: Towards a definition of tourism, tourist, and the tourist industry [J]. Annals of Tourism Research, 1979, 6(1): 390 –407.

[61]Lin T P. Carbon dioxide emissions from transport in Taiwan's national parks [J]. Tourism Management, 2010, 31(2): 285 –290.

[62] Liu J, Feng T T, Yang X. The energy requirements and carbon dioxide emissions of tourism industry of Western China: A case of Chengdu city [J]. Renewable and Sustainable Energy Reviews, 2011(15): 2887 - 2894.

[63] Loke M K, Leung P S, Tucker K A. Energy and tourism in Hawaii [J]. Annals of Tourism Research, 1997, 24(2): 390 - 401.

[64] Lüthje K, Lindstädt B. Freizeit - und Ferienzentren. Umfang und regionale Verteilung. Materialien zur Raumentwicklung, Heft 66 [M]. Bonn: Bundesforschungsanstalt für Landeskunde und Raumordnung, 1994.

[65] Mair J. Exploring air travellers' voluntary carbon - offsetting [J]. Journal of Sustainable Tourism, 2011, 19(2): 215 - 230.

[66] Mayor K, Tol R S J. Scenarios of carbon dioxide emissions from aviation [J]. Global Environmental Change, 2010, 20(1): 65 - 73.

[67] Mayor K, Tol R S J. The impact of the UK aviation tax on carbon dioxide emissions and visitor numbers [J]. Transport Policy, 2007(14): 507 - 513.

[68] McKercher B, Prideaux B, Cheung C, et al. Achieving voluntary reductions in the carbon footprint of tourism and climate change [J]. Journal of Sustainable Tourism, 2010, 18(3): 297 - 317.

[69] McLennan C J, Becken S, Battyeb R, et al. Voluntary carbon offsetting: Who does it? [J]. Tourism Management, 2014, 45: 194 - 198.

[70] Michailidoua A V, Vlachokostasa C, Moussiopoulos N. A methodology to assess the overall environmental pressure attributed to tourism areas: A combined approach for typical all - sized hotels in Chalkidiki, Greece [J]. Ecological Indicators, 2015, 50: 108 - 119.

[71] Nadim C, Adrian C, Robert B, et al. Water use efficiency in the hotel sector of Barbados [J]. Journal of Sustainable Tourism, 2011, 19(2): 231 - 245.

[72] Nepal S K. Tourism - induced rural energy consumption in the Annapurna region of Nepal [J]. Tourism Management, 2008, 29(1): 89 - 100.

[73] Nicholls S. Tourism, recreation and climate change [J]. Annals of Tourism Research, 2006, 33(1): 275 - 276.

[74] OECD. Indicators to measure decoupling of environmental pressures from economic growth [R]. Paris: OECD, 2002.

［75］Paravantis J, Georgakellos D. Trends in energy consumption and carbon dioxide emissions of passenger cars and buses ［J］. Technological Forecasting & Social Change, 2007, 74(5): 682 – 707.

［76］Park J, McCleary K. The influence of general managers' environmental attitudes on environmental management in hotels ［A］. In: management proceedings of 15th annual graduate student research conference in hospitality and tourism ［C］. Washington, DC, 2010.

［77］Patterson M, McDonald G. How clean and green is New Zealand tourism? Lifecycle and future environmental impacts ［M］. Lincoln, New Zealand: Manaaki Whenua Press, 2004.

［78］Peeters P, Dubois G. Tourism travel under climate change mitigation constraints ［J］. Journal of Transport Geography, 2010, 18(3): 447 – 457.

［79］Peeters P, Szimba E, Duijnisveld M. Major environmental impacts of European tourist transport ［J］. Journal of Transport Geography, 2007, 15(2) :83 – 93.

［80］Penner J, Lister D, Griggs D, et al. Aviation and the global atmosphere, a special report of IPCC working groups Ⅰ and Ⅲ in collaboration with the Scientific Assessment Panel to the Montreal Protocol on Substances that Deplete the Ozone Layer ［M］. UK, Cambridge University Press, 1999.

［81］Perch – Nielsen S, Sesartic A, Stucki M. The greenhouse gas intensity of the tourism sector: The case of Switzerland ［J］. Environmental Science & Policy, 2010, 13(2): 131 – 140.

［82］Robaina – Alves M, Moutinho V, Costa R. Change in energy – related CO_2 emissions in Portuguese tourism: a decomposition analysis from 2000 to 2008 ［J］. Journal of Cleaner Production, 2015(in Press).

［83］Rosa E A, York R, Dietz T. Tracking the anthropogenic drivers of ecological impacts ［J］. AMBIO, 2004, 33(8): 509 – 512.

［84］Rosselló – Batle B, Moia A, Cladera A, et al. Energy use, CO_2 emissions and waste throughout the life cycle of a sample of hotels in the Balearic Islands ［J］. Energy and Buildings, 2010, 42(4): 547 – 558.

［85］Saaty T L. Theory and Applications of the Analytic Network Process: Decision Making with Benefits, Opportunities, Costs and Risks［M］. RWS, PA, 2005.

［86］Sanyé – Menguala E, Romanosa H, Molina C, et al. Environmental and self – sufficiency assessment of the energy metabolism of tourist hubs on Mediterranean Islands: The case of

Menorca (Spain) [J]. Energy Policy, 2014, 65: 377 – 387.

[87] Schafer A, Victor D G. Global passenger travel: Implication for carbon dioxide emission [J]. Energy, 1999, 24:657 – 679.

[88] Scott D, Amelung B, Becken S, et al. Climate change and tourism: Responding to global challenges, advanced summary [M]. Madrid, Spain: World Tourism Organization, 2007.

[89] Shi C B, Peng J J. Construction of low – carbon tourist attractions based on low – carbon economy [J]. Energy Procedia, 2011(5):759 – 762.

[90] Simmons C, Lewis K. Take only memories... leave nothing but footprints. An ecological footprint analysis of two package holidays. Rough Draft Report [R]. Best Foot Forward Limited, Oxford, 2001.

[91] Smith I, Rodger C. Carbon emission offsets for aviation – generated emissions due to international travel to and from New Zealand [J]. Energy Policy, 2009, 37(9):3438 – 3447.

[92] Stern N. Stern review on the economics of climate change [M]. London: Cambridge University Press, 2007.

[93] Tamirisa N T, Loke W K, Leung P S, et al. Energy and tourism in Hawaii [J]. Annals of Tourism Research, 1997, 24(2): 390 – 401.

[94] Tang Z, Shang J, Shi C B, et al. Decoupling indicators of CO_2 emissions from the tourism industry in China: 1990—2012 [J]. Ecological Indicators, 2014, 46:390 – 397.

[95] Tang Z, Shang J, Shi C B. Estimation of carbon dioxide emissions and spatial variation from tourism accommodation in China [J]. Environmental Engineering and Management Journal, 2013, 12(10):1921 – 1925.

[96] Tang Z, Shi C B, Liu Z. Sustainable development of tourism industry in China under the low-carbon economy [J]. Energy Procedia, 2011(5):1303 – 1307.

[97] Tapio P. Towards a theory of decoupling: degrees of decoupling in the EU and the case of road traffic in Finland between 1970 and 2001 [J]. Journal of Transport Policy, 2005(12): 137 – 151.

[98] Taylor S, Peacock A, Banfill P, Shao L. Reduction of greenhouse gas emissions from UK hotels in 2030 [J]. Building and Environment, 2010(45): 1389 – 1400.

[99] Tol R S J. The impact of a carbon tax on international tourism [J]. Transportation Research Part D: Transport and Environment, 2007, 12(2): 129 – 142.

[100]Tsai K T, Lin T P, Hwang R L, et al. Carbon dioxide emissions generated by energy consumption of hotels and homestay facilities in Taiwan [J]. Tourism Management, 2014, 42: 13 – 21.

[101]UNEP, University of Oxford, UNWTO, WMO (prepared by Simpson M C, Gössling S, Scott D, Hall C M, Gladin E). Climate change adaptation and mitigation in the tourism sector: Frameworks, tools and practices [M]. Oxford, UK: Oxford University Press, 2008.

[102]UNWTO. Towards a low carbon travel & tourism sector [R]. Report in World Economic Forum, 2009.

[103]UNWTO – UNEP – WMO. Climate change and tourism: responding to global challenges (prepared by Scott D, Amelung B, Becken S, Ceron J P, Dubois G, Gössling S, Peeters P and Simpson M C) [M]. Madrid, Spain: World Tourism Organization, 2008.

[104]Weaver D. Can sustainable tourism survive climate change? [J]. Journal of Sustainable Tourism, 2011, 19(1):5 – 15.

[105]Wiedmann T. Editorial: carbon footprint and input – output analysis: an introduction [J]. Economic Systems Research, 2009, 21(3): 175 – 186.

[106]WTM (World Travel Market). Why the Ministers' Summit 2007 is crucial to the industry? [R]. The UNWTO Ministers Summit on Tourism and Climate Change, 2007.

[107]WTTC, UNWTO & Earth Council. Agenda 21 for the travel & tourism industry: Towards environmentally sustainable development [R]. London, 1995.

[108]WTTC. Leading the challenge on climate change [M]. London: World Travel & Tourism Council, 2009.

[109]Wu X C, Rajagopalan P, Lee S E. Benchmarking energy use and greenhouse gas emissions in Singapore's hotel industry [J]. Energy Policy, 2010, 38(8): 4520 – 4527.

[110]York R, Rosa E A, Dieta T. STIRPAT, IPAT and ImPACT: Analytic tools for unpacking the driving forces of environmental impacts [J]. Ecological Economics, 2003, 46(3): 351 – 365.

[111]包战雄, 袁书琪, 陈光水. 不同游客吸引半径景区国内旅游交通碳排放特征比较[J]. 地理科学, 2012, 32(10): 1168 – 1175.

[112]蔡萌, 汪宇明. 低碳旅游: 一种新的旅游发展方式[J]. 旅游学刊, 2010, 25(1):

13 – 17.

[113]蔡萌,汪宇明.基于低碳视角的旅游城市转型研究[J].人文地理,2010,25(5): 32 – 35,74.

[114]蔡萌.低碳旅游的理论与实践——中国案例[D].上海:华东师范大学,2012.

[115]曹辉,闫淑君,雷丁菊,等.近十年福建省旅游碳足迹的测评[J].安全与环境学报, 2014,14(6):306 – 311.

[116]曹静,王鑫,钟笑寒.限行政策是否改善了北京市的空气质量[J].经济学(季刊), 2014,13(3):1091 – 1126.

[117]曾贤刚,朱留财,吴雅玲.气候谈判国际阵营变化的经济学分析[J].环境经济,2011 (1):39 – 48.

[118]陈兵,朱方明,贺立龙.低碳经济的含义、特征与测评:碳排放权配置的视角[J].理 论与改革,2014(5):63 – 68.

[119]陈操操,刘春兰,汪浩,等.北京市能源消费碳足迹影响因素分析——基于STIRPAT 模型和偏小二乘模型[J].中国环境科学,2014,34(6):1622 – 1632.

[120]陈海珊.长沙市低碳生态旅游发展评价体系构建[D].长沙:中南林业科技大 学,2012.

[121]丁敏.低碳经济环境下的饭店绿色营销策略研究[J].旅游论坛,2014,7(6):59 – 63.

[122]窦银娣,刘云鹏,李伯华,等.旅游风景区旅游交通系统碳足迹评估——以南岳衡山 为例[J].生态学报,2012,32(17):5532 – 5541.

[123]杜鹏,杨蕾.中国旅游交通碳足迹特征分析与低碳出行策略研究[J].生态经济, 2015,31(2):59 – 63,74.

[124]段海燕,刘红琴,王宪恩.日本工业化进程中人口因素对碳排放影响研究[J].人口学 刊,2012(5):39 – 48.

[125]冯之浚,牛文元.低碳经济与科学发展[J].中国软科学,2009(8):13 – 19.

[126]高舜礼,龙晓华.我国旅游业在服务业中地位的变迁[N].中国旅游报,2009 – 03 – 18,(10).

[127]高兴,张殿光,袁杰,等.我国酒店业餐饮服务全过程能耗现状分析[J].建筑科学, 2007,23(4):40 – 44,69.

[128]古希花.广西旅游业低碳化发展研究[D].桂林:广西师范大学,2012.

[129]郭华.国外旅游利益相关者研究综述与启示[J].人文地理,2008(2):100 – 105.

[130]国家旅游局. 关于印发《关于进一步推进旅游行业节能减排工作的指导意见》的通知（旅办发〔2010〕80 号）［Z］. 2010 – 06 – 08.

[131]国家旅游局. 开辟新常态下中国旅游业发展的新天地——2015 年全国旅游工作会议工作报告［EB/OL］. http://www.cnta.gov.cn/html/2015 – 1/2015 – 01 – 26 – %7B@hur%7D – 51 – 29492.html, 2015 – 01 – 26.

[132]国家旅游局政策法规司, 国家统计局城市社会经济调查司, 国家统计局农村社会经济调查司. 旅游抽样调查资料(2001—2013)［M］. 北京:中国旅游出版社, 2001—2013.

[133]国家统计局. 2014 年国民经济和社会发展统计公报［EB/OL］. http://www.stats.gov.cn/tjsj/zxfb/201502/t20150226_685799.html, 2015 – 02 – 26.

[134]国家统计局国民经济综合统计司. 新中国六十年统计资料汇编［M］. 北京:中国旅游出版社, 2010.

[135]国务院. 国务院关于加快发展旅游业的意见（国发〔2009〕41 号）［Z］. 2009 – 12 – 01.

[136]韩春鲜, 马耀峰. 旅游业、旅游业产品及旅游产品的概念阐释［J］. 旅游论坛, 2008, 1(1): 6 – 10.

[137]侯芳, 胡兵. 基于因子和聚类分析方法的游客低碳旅游感知价值研究［J］. 生态经济, 2013(4): 132 – 137,149.

[138]侯文亮. 低碳旅游及碳减排对策研究［D］. 开封:河南大学, 2010.

[139]胡传东. 中国旅游饭店节能减排潜力研究［D］. 北京:北京师范大学, 2009.

[140]胡林林, 贾俊松, 周秀. 我国旅游住宿碳排放时空特征及其主要影响因素［J］. 中南林业科技大学学报, 2015, 35(3):123 – 128.

[141]胡林林, 贾俊松. 基于组合 ESARIMA 模型的江西旅游业碳排放预测［J］. 北京第二外国语学院学报, 2014(1):34 – 38.

[142]胡子义, 谭水木, 彭岩. 基于 ANP 超级决策软件中的智能评估计算与应用［J］. 计算机工程与设计, 2006, 27(14):2575 – 2577.

[143]环球网. 2014 年全球海外旅游人数创新高 增至 11.38 亿人次［EB/OL］. http://go.huanqiu.com/html/2015/news_0129/7878.html, 2015 – 01 – 29.

[144]黄蕊, 王铮. 基于 STIRPAT 模型的重庆市能源消费碳排放影响因素研究［J］. 环境科学学报, 2013,33(2): 602 – 608.

[145]黄文胜. 论低碳旅游与低碳旅游景区的创建［J］. 生态经济, 2009(11):100 – 102.

[146]黄远水, 宋子千. 论旅游业的概念、范围与层次［J］. 河北工程大学学报（社会科学

版),2007,24(2):8-10,13.

[147]鉴英苗,罗艳菊,毕华,等.海南环东线旅游路线碳足迹计算与分析[J].海南师范大学学报(自然科学版),2012,25(1):99-103.

[148]焦庚英,郑育桃,叶清.江西省旅游业能耗及 CO_2 排放的时空特征[J].中南林业科技大学学报,2012(10):105-112.

[149]世界自然基金会.酒店行业低碳实践——中国酒店行业绿色、低碳、节能行动最佳案例调查报告[R].2011.

[150]李伯华,刘云鹏,窦银娣.旅游风景区旅游交通系统碳足迹评估及影响因素分析——以南岳衡山为例[J].资源科学,2012,34(5):956-963.

[151]李风琴,李江风,胡晓晶.鄂西生态文化旅游圈碳足迹测算与碳效用研究[J].安徽农业科学,2010,38(29):16444-16445,16569.

[152]李江帆,李美云.旅游产业与旅游增加值的计算[J].旅游学刊,1999(5):16-19.

[153]李立,汪德根.城市低碳公共交通对旅游景点通达性影响研究——以苏州市为例[J].经济地理,2012,32(3):166-172.

[154]李鹏,黄继华,郑彪,等.昆明市四星级酒店住宿产品碳足迹计算与分析[J].旅游学刊,2010,25(3):27-34.

[155]李鹏,杨桂华,郑彪,等.基于温室气体排放的云南香格里拉旅游线路产品生态效率[J].生态学报,2008,28(5):2207-2219.

[156]李庆雷,明庆忠.旅游循环经济运行的基本模式[J].社会科学家,2007(5):130-132.

[157]李世宏,钟永德,王怀采,等.张家界旅游碳排放计量与减排路径的研究[J].中南林业科技大学学报,2013,33(3):120-124.

[158]李晓琴,银元.低碳旅游景区概念模型及评价指标体系构建[J].旅游学刊,2012,27(3):84-89.

[159]李晓琴.西部地区旅游景区低碳转型动力机制及驱动模式探讨[J].西南民族大学学报(人文社会科学版),2013(8):128-131.

[160]李旭,秦耀辰,张丽君,等.住宿业碳排放研究进展[J].地理科学进展,2013,32(3):408-415.

[161]李燕,龙炳清,张礼清.清洁生产与循环经济[J].审计与理财,2008(9):52-53.

[162]李云霞,杨萍.试论循环经济与循环性旅游业[J].经济问题探索,2006(4):

114 - 116.

[163]李祝平. 旅游饭店顾客绿色消费行为研究[J]. 旅游学刊, 2009(8):34 - 39.

[164]刘蕾, 焦健, 戴彦德. 酒店行业节能调查与分析[J]. 中国能源, 2012, 34(11):17 - 20.

[165]刘丽英. 我国饭店业务外包决策的研究[D]. 哈尔滨:哈尔滨商业大学, 2012.

[166]刘睿, 余建星, 孙宏才, 等. 基于ANP的超级软件介绍及其应用[J]. 系统工程理论和实践, 2003(8):141 - 143.

[167]刘啸. 低碳旅游:北京郊区旅游未来发展的新模式[J]. 北京社会科学, 2010(1):42 - 46.

[168]刘啸. 论低碳经济与低碳旅游[J]. 中国集体经济, 2009(13):154 - 155.

[169]刘益. 中国酒店业能源消耗水平与低碳化经营路径分析[J]. 旅游学刊, 2012, 27(1): 83 - 89.

[170]刘长生. 低碳旅游服务提供效率评价研究——以张家界景区环保交通为例[J]. 旅游学刊, 2012, 27(3): 90 - 98.

[171]卢小丽, 武春友, Holly Donohoe. 生态旅游概念识别及其比较研究——对中外40个生态旅游概念的定量分析[J]. 旅游学刊, 2006(2):56 - 61.

[172]陆净岚, 刘文波, 陆均良. 杭州地区饭店业能源使用评估与分析[J]. 能源工程, 2005(6):59 - 62.

[173]罗芬, 王怀採, 钟永德. 旅游者交通碳足迹空间分布研究[J]. 中国人口·资源与环境, 2014, 24(2):38 - 46.

[174]吕荣胜, 郭小华, 巩峰. 星级酒店业节能机制影响因素实证研究——以天津市星级酒店为例[J]. 武汉理工大学学报(社会科学版), 2012, 25(1):21 - 25.

[175]马东跃. 低碳经济背景下我国乡村旅游发展研究. 西南民族大学学报(人文社科版), 2010(7):204 - 208.

[176]马勇, 颜琪, 陈小连. 低碳旅游目的地综合评价指标体系构建研究[J]. 经济地理, 2011, 31(4):686 - 689.

[177]马勇, 杨洋. 低碳旅游价值解读及发展模式重构[J]. 生态经济, 2015, 31(3):122 - 125.

[178]毛显强, 曾桉, 刘胜强, 等. 钢铁行业技术减排措施硫、氮、碳协同控制效应评价研究[J]. 环境科学学报, 2012, 32(5):1253 - 1260.

[179]年四锋,李东和,杨洋. 我国低碳旅游发展动力机制研究[J]. 生态经济,2011(4):81-84,108.

[180]潘家华,庄贵阳,郑艳朱,等. 低碳经济的概念辨识及核心要素分析[J]. 国际经济评论,2010(4):88-101.

[181]彭佳雯,黄贤金,钟太洋,等. 中国经济增长与能源碳排放的脱钩研究[J]. 资源科学,2011,33(4):626-633.

[182]秦耀辰,李旭,荣培君. 基于改进 EIO-LCA 模型的城市旅游业碳排放核算研究——以开封市为例[J]. 地理科学进展,2015,34(2):132-140.

[183]渠慎宁,郭朝先. 基于 STIRPAT 模型的中国碳排放峰值预测研究[J]. 中国人口·资源与环境,2010,20(12):10-14.

[184]曲如晓,江铨. 人口规模、结构对区域碳排放的影响研究——基于中国省级面板数据的经验分析[J]. 人口与经济,2012(2):10-17.

[185]人民网. 澳大利亚大堡礁珊瑚层消失过半[EB/OL]. http://env. people. com. cn/n/2012/1108/c1010-19523871. html,2012-11-08.

[186]人民网. 国务院关于促进旅游业改革发展的若干意见(全文)[EB/OL]. http://politics. people. com. cn/n/2014/0821/c1001-25510494. html,2014-08-21.

[187]上官筱燕,孙瑞红. 九寨沟景区内居民私家车碳排放研究[J]. 中国人口·资源与环境,2013,23(5):140-142.

[188]沈满洪,吴文博,魏楚. 近二十年低碳经济研究进展及未来趋势[J]. 浙江大学学报(人文社会科学版),2011,41(3):28-39.

[189]石培华,吴普,冯凌,等. 中国旅游业减排政策框架设计与战略措施研究[J]. 旅游学刊,2010,25(6):13-18.

[190]石培华,吴普. 中国旅游业能源消耗与 CO_2 排放量的初步估算[J]. 地理学报,2011,66(2):235-243.

[191]石长波,彭晶晶. 低碳经济背景下黑龙江省发展低碳旅游对策研究[J]. 对外经贸,2012(1):80-81.

[192]宋杰鲲. 基于 STIRPAT 和偏最小二乘回归的碳排放预测模型[J]. 统计与决策,2011(24):19-22.

[193]宋瑞. 我国生态旅游利益相关者分析[J]. 中国人口·资源与环境,2005,15(1):36-41.

[194]宋增文. 基于投入产出模型的中国旅游业产业关联度研究[J]. 旅游科学,2007,21

(2):7-12.

[195]搜狐网. 各国气候立场一览——中国:采取强力措施应对气候变化[EB/OL]. http://
news. sohu. com/20091126/n268494100. shtml, 2009-11-26.

[196]孙菲菲. 基于 DPSIR 模型的低碳旅游评价体系的构建及应用[J]. 财经理论研究,
2013(6):96-103.

[197]孙宏才,田平,王莲芬. 网络层次分析法与决策科学[M]. 北京:国防工业出版
社,2011.

[198]孙静,刘丽英. 基于 ANP 理论的饭店业务外包决策研究[J]. 哈尔滨商业大学学报
(社科版),2011(6):121-128.

[199]孙耀华,李忠民. 中国各省区经济发展与碳排放脱钩关系研究[J]. 中国人口·资源
与环境,2011,21(5):87-92.

[200]台运红. 基于 DPSIR 模型的旅游景区碳管理评价研究[D]. 南京:南京师范大
学,2014.

[201]谭锦. 旅游景区低碳评价指标体系研究——基于全球气候变化背景[D]. 杭州:浙江
工商大学,2010.

[202]汤姿,毕克新. 旅游业能源消耗与碳排放研究进展及启示[J]. 世界地理研究,2014,
23(3):158-168.

[203]汤姿. 旅游业碳排放测算及其与经济增长的脱钩分析[J]. 统计与决策,2015(2):
117-120.

[204]唐承财,钟林生,成升魁. 旅游业碳排放研究进展[J]. 地理科学进展,2012,31(4):
451-460.

[205]唐承财,钟林生,成升魁. 我国低碳旅游的内涵及可持续发展策略研究[J]. 经济地
理,2011,31(5):862-867.

[206]唐承财. 基于 4E 系统的旅游地旅游业低碳发展模式研究[J]. 地理与地理信息科学,
2014,30(3):114-119.

[207]唐婧. 低碳旅游生态循环经济系统构架研究——以湖南为例[J]. 湖南社会科学,
2010(5):131-134.

[208]唐明方,曹慧明,沈园,等. 游客对低碳旅游的认知和意愿——以丽江市为例[J]. 生
态学报,2014,34(17):5096-5102.

[209]陶玉国,黄震方,史春云. 基于替代式自下而上法的区域旅游交通碳排放测度研究

[J]. 生态学报, 2015, 35(12):1 - 14.

[210]陶玉国, 黄震方, 吴丽敏, 等. 江苏省区域旅游业碳排放测度及其因素分解[J]. 地理学报, 2014, 69(10):1438 - 1448.

[211]陶玉国, 张红霞. 江苏旅游能耗和碳排放估算研究[J]. 南京社会科学, 2011(8): 151 - 156.

[212]田雨波. 混合神经网络技术[M]. 北京:科学出版社, 2009.

[213]田云, 张俊飚, 李波. 中国农业碳排放研究:测算、时空比较及脱钩效应[J]. 资源科学, 2012, 34(11):2097 - 2105.

[214]汪清蓉, 李飞. 公众对低碳旅游的认知、意愿及行为特征分析——以佛山市为例[J]. 热带地理, 2011, 31(5):489 - 495.

[215]汪清蓉. 城市旅游业 CO_2 排放量估算研究——以深圳市为例[J]. 地理与地理信息科学, 2012, 28(5):104 - 109.

[216]王崇梅. 中国经济增长与能源消耗脱钩分析[J]. 中国人口·资源与环境, 2010, 20 (3):35 - 37.

[217]王怀採. 张家界旅游者碳足迹研究[D]. 长沙: 中南林业科技大学, 2010.

[218]王凯, 李娟, 席建超. 中国旅游经济增长与碳排放的耦合关系研究[J]. 旅游学刊, 2014, 29(6):24 - 32.

[219]王立国, 廖为明, 黄敏, 等. 基于终端消费的旅游碳足迹测算——以江西省为例[J]. 生态经济, 2011(5):120 - 124.

[220]王立猛, 何康林. 基于 STIRPAT 模型的环境压力空间差异分析——以能源消费为例 [J]. 环境科学学报, 2008,28(5): 1032 - 1037.

[221]王谋. 低碳旅游概念辨识及其实现途径[J]. 中国人口·资源与环境, 2012, 22(8): 166 - 171.

[222]王奇, 王会. 循环经济的定量化评价方法研究[J]. 中国人口·资源与环境, 2007, 17 (1):33 - 37.

[223]王群, 杨兴柱. 境外旅游业碳排放研究综述[J]. 旅游学刊, 2012, 27(1): 73 - 82.

[224]王群, 章锦河. 低碳旅游发展的困境与对策[J]. 地理与地理信息科学, 2011, 27 (3):93 - 98.

[225]王式玉. 低碳经济视角下黑龙江生态旅游发展探讨[J]. 黑龙江省社会主义学院学报, 2012(6):63 - 64.

[226]王文超.中国省区能源消费与二氧化碳排放驱动因素分析及预测研究[D].大连:大连理工大学,2013.

[227]王小红,张弘.基于正能标准的低碳景区评价与建设研究[J].资源开发与市场,2014,30(6):672-643.

[228]王玉海."旅游"概念新探——兼与谢彦君、张凌云两位教授商榷[J].旅游学刊,2010,25(12):12-17.

[229]魏卫,雷鹏,张琼.饭店低碳化水平评价指标的构建及实证研究[J].旅游科学,2012,26(1):72-81.

[230]魏卫,袁靖靖,李沐纯.饭店业低碳技术扩散障碍因素的实证研究——以粤港澳饭店业为例[J].中国人口·资源与环境,2013,23(2):66-71.

[231]魏卫,赵思香,杨新凤,等.酒店业推广节能减排影响因素的实证研究——以广东省星级酒店为例[J].旅游学刊,2010,25(3):35-40.

[232]魏小安.低碳经济与低碳旅游[N].中国旅游报,2009-11-30.

[233]魏艳旭,孙根年,马丽君,等.中国旅游交通碳排放及地区差异的初步估算[J].陕西师范大学学报(自然科学版),2012,40(2):76-84.

[234]翁钢民,刘岩.低碳饭店的实现路径:基于环境成本控制视角的研究[J].生态经济,2011(1):131-133.

[235]吴必虎.旅游系统:对旅游活动与旅游科学的一种解释[J].旅游学刊,1998,13(1):21-25.

[236]吴晨,李东和,汪燕.旅游景区的低碳交通模式研究[J].资源开发与市场,2012,28(8):747-750.

[237]吴季松.循环经济总论[M].北京:新华出版社,2006.

[238]吴晋峰,包浩生.旅游系统的空间结构模式研究[J].地理科学,2002,22(1):96-101.

[239]吴普,岳帅.旅游业能源需求与二氧化碳排放研究进展[J].旅游学刊,2013,28(7):64-72.

[240]吴倩倩,郑向敏.我国低碳旅游政策的认知问题及其对策研究——以常州·春秋淹城旅游区居民为例[J].旅游研究,2012(4):32-39.

[241]吴儒练.基于利益相关者理论的低碳旅游可持续发展研究[J].乐山师范学院学报,2013,28(5):56-61.

[242]吴学成,李江风,蒋琴,等.中等低碳旅游景区的指标测算与发展策略[J].统计与决策,2014(8):60-62.

[243]吴振信,石佳.基于STIRPAT和GM(1,1)模型的北京能源碳排放影响因素分析及趋势预测[J].中国管理科学,2012,20(S2):803-809.

[244]席建超,赵美风,吴普,等.国际旅游科学研究新热点:全球气候变化对旅游业影响研究[J].旅游学刊,2010,25(5):86-92.

[245]向旭,董怡菲,杨晓霞.山岳型景区碳源碳汇的估算与分析——以西岭雪山景区为例[J].西南大学学报(自然科学版),2014,36(8):150-159.

[246]肖建红,于爱芬,王敏.旅游过程碳足迹评估——以舟山群岛为例[J].旅游科学,2011,25(4):58-66.

[247]肖潇,张捷,卢俊宇,等.旅游交通碳排放的空间结构与情景分析[J].生态学报,2012,32(23):7540-7548.

[248]萧歌.倡导"低碳化"旅游方式[N].中国旅游报,2008-01-11.

[249]谢园方,赵媛.国内外低碳旅游研究进展及启示[J].人文地理,2010(5):27-31.

[250]谢园方,赵媛.长三角地区旅游业能源消耗的CO_2排放测度研究[J].地理研究,2012,31(3):429-437.

[251]谢园方.旅游业碳排放测度与碳减排机制研究[D].南京:南京师范大学,2012.

[252]熊元斌,陈震寰.我国低碳旅游发展中存在的问题与对策[J].生产力研究,2014(12):87-90.

[253]徐建华.现代地理学中的数学方法[M].2版.北京:高等教育出版社,2002.

[254]杨存栋,王雪.内蒙古旅游业碳排放估算及低碳化发展策略研究[J].生态经济,2014,30(3):168-170.

[255]杨璐,章锦河,钟士恩,等.山岳型景区酒店碳足迹效率及影响因素分析[J].生态经济,2015,31(3):126-130.

[256]杨嵘,常烜钰.西部地区碳排放与经济增长关系的脱钩及驱动因素[J].经济地理,2012,32(12):34-39.

[257]杨振.中国能源消费碳排放影响因素分析[J].环境科学与管理,2010,35(11):38-40,61.

[258]尹敬东,穆明娟,周兵.能源消耗、碳排放与经济增长的脱钩:来自江苏的证据[J].南京财经大学学报,2012(1):6-12.

[259]袁宇杰,蒋玉梅.基于投入产出分析的旅游碳排放核算——以山东省为例[J].中南林业科技大学学报(社会科学版),2013,7(3):1-5,8.

[260]袁宇杰.中国旅游间接能源消耗与碳排放的核算[J].旅游学刊,2013,28(10):81-88.

[261]远萌.1997—2010年中国入境旅游碳排放估算及影响因素分析[D].南京:南京师范大学,2012.

[262]张广瑞.关于中国旅游发展的理性思考[J].中国软科学,2011(2):16-33.

[263]张乐勤,陈素平,王文琴,等.安徽省近15年建设用地变化对碳排放效应测度及趋势预测——基于STIRPAT模型[J].环境科学学报,2013,33(3):950-958.

[264]张乐勤,李荣富,陈素平,等.安徽省1995年—2009年能源消费碳排放驱动因子分析及趋势预测——基于STIRPAT模型[J].资源科学,2012,34(2):316-327.

[265]张凌云.国际上流行的旅游定义和概念综述——兼对旅游本质的再认识[J].旅游学刊,2008,23(1):86-91.

[266]张娜.东北地区冰雪旅游经济效应及调控研究[J].长春:东北师范大学,2012.

[267]张文彤,董伟.SPSS统计分析高级教程[M].2版.北京:高等教育出版社,2013.

[268]章锦河.旅游废弃物生态影响评价——以九寨沟、黄山风景区为例[J].生态学报,2008,28(6):2764-2773.

[269]赵金凌,高峻.基于ANP法的低碳旅游景区评估模型[J].资源科学,2011,33(5):897-904.

[270]赵黎明,张海波,孙健慧.旅游情境下公众低碳旅游行为影响因素研究——以三亚游客为例[J].资源科学,2015,37(1):201-210.

[271]赵喆加,曾维华.我国低碳技术引进障碍浅析[J].生态经济,2013(11):40-44.

[272]赵思香.酒店业推行节能减排的影响因素与对策研究[D].广州:华南理工大学,2011.

[273]赵先超,朱翔.湖南省旅游业碳排放的初步估算及脱钩效应分析[J].世界地理研究,2013,22(1):166-175,129.

[274]赵兴国,潘玉君,赵庆由,等.科学发展视角下区域经济增长与资源环境压力的脱钩分析——以云南省为例[J].经济地理,2011,31(7):1196-1201.

[275]中国环境与发展国际合作委员会(CCICED).中国发展低碳经济途径研究[R].CCICED政策研究报告,2009.

[276]中国旅游新闻网. 气候变化正在影响全球旅游业[EB/OL]. http://www. cntour2. com/viewnews/2014/06/24/1KDL6bvEGZpH3AE5JG6w0. shtml, 2014 – 06 – 24.

[277]中国民航局. 中国航空运输发展报告(2007/2008)[EB/OL]. http://www. caac. gov. cn/H1/H2/200808/t20080828_18587. html, 2007 – 12 – 10.

[278]中华人民共和国国家旅游局. 中国旅游年鉴(1990—2013)[M]. 北京:中国旅游出版社, 1990—2013.

[279]中华人民共和国国家旅游局. 中国旅游统计年鉴(1992—2013)[M]. 北京:中国旅游出版社, 1992—2013.

[280]中华人民共和国国家统计局. 中国统计年鉴(1986—2013)[M]. 北京:中国统计出版社, 1986—2013.

[281]钟林生, 唐承财, 成升魁. 全球气候变化对中国旅游业的影响及应对策略探讨[J]. 中国软科学, 2011(2):34 – 41.

[282]钟永德, 李世宏, 罗芬. 旅游业对气候变化的贡献研究进展[J]. 中国人口·资源与环境, 2013, 23(3):158 – 164.

[283]钟永德, 石晟屹, 李世宏, 等. 我国旅游业碳排放测算方法构建与实证研究——基于投入产出视角[J]. 中南林业科技大学学报, 2015, 35(1):132 – 139,144.

[284]钟永德, 石晟屹, 李世宏, 等. 中国旅游业碳排放计量框架构建与实证研究[J]. 中国人口·资源与环境, 2014, 24(1):78 – 86.

[285]仲云云, 仲伟周. 我国碳排放的区域差异及驱动因素分析——基于脱钩和三层完全分解模型的实证研究[J]. 财经研究, 2012,38 (2): 123 – 134.

[286]周连斌. 低碳旅游及相关概念辨析[J]. 管理学刊, 2013, 26(3):41 – 47.

[287]周年兴, 黄震方, 梁艳艳. 庐山风景区碳源、碳汇的测度及均衡[J]. 生态学报, 2013, 33(13): 4134 – 4145.

[288]周勇, 林伟聪. 住客对饭店绿色运营措施的感知和期望研究——以广州中高档饭店为例[J]. 北京第二外国语学院学报, 2012(9):43 – 51,8.

[289]朱国兴, 王金莲, 洪海平, 等. 山岳型景区低碳旅游评价指标体系的构建——以黄山风景区为例[J]. 地理研究, 2013,32(12):2357 – 2365.

[290]庄贵阳. 低碳经济:气候变化背景下的中国发展之路[M]. 北京:气象出版社, 2007.

[291]邹永广. 旅游景区碳排放测算及其对环境影响[J]. 重庆师范大学学报(自然科学版), 2011(5):74 – 78.

后　记

　　工业革命以来,化石能源的大量消耗导致大气中二氧化碳等温室气体的浓度不断增加,进而引发的全球气候变化及其带来的系列环境问题,已成为学界、政界关注的焦点之一。从1988年政府间气候变化专门委员会的成立,到1995年开始每年一次的联合国气候大会,世界各国在二氧化碳等温室气体减排合作的舞台上进行着博弈。从《京都议定书》之死到哥本哈根大会的不欢而散,无一不印证了通过气候大会达成全球性共识的艰难。在此过程中,为打破国际气候谈判的僵局,英国2003年在能源白皮书中率先提出了"低碳经济"的概念。在2009年哥本哈根气候大会上,"低碳"概念受到了世界各国广泛的重视,低碳旅游的概念也逐渐兴起。在此背景下,笔者开始进行有关低碳旅游方面的研究。

　　旅游业作为严重依赖自然环境和气候条件的产业之一,与气候变化的关系至关密切。旅游业的发展在受到全球气候变化影响的同时,也在影响着全球气候的变化。2008年,世界旅游组织、联合国环境规划署、世界气象组织联合发文,指出旅游业已成为能源消耗的主要领域之一和温室气体排放的重要来源之一。改革开放以来,我国旅游业取得了显著发展,产业规模不断扩大,产业地位逐渐提升,产业体系日趋完善,正在向世界旅游强国迈进。然而,旅游业在促进区域经济发展和带动就业的同时,与其相关的旅游交通、旅游住宿、旅游活动也存在着大量的能源消耗、物质损耗和废弃物排放等问题。如何在保持旅游经济增长的同时降低旅游业二氧化碳排放,以此推动旅游业的低碳转型,是我国旅游业可持续发展、建设生态文明的美丽中国所面临的一项重要课题。

　　从2010年开始,笔者开始进行与低碳旅游、旅游业二氧化碳排放测算等相关的实地调研,资料和数据收集、整理,分析与论述工作,通过发表相关学术论文、从事相关科研课题研究、参加相关国内外学术会议,不断调整研究框架和分析方法。也曾因研究遇到瓶颈,几度中断写作,所幸坚持下来,研究成果和见解最终汇于此书。本书定稿之际,适逢第21届联合国气候大会《巴黎协议》的签署。《巴黎协议》为全球经济朝着低碳排放和适应气候变化方向的转型奠定了基础,也表明全球近200个国家或地区将共同应对气候变化带来的挑战。

作为与气候变化密切相关的旅游业,也应当根据自身二氧化碳排放现状及减排潜力,向低碳化方向转型,成为低碳经济的有机组成部分。希望此书成为引玉之砖,为我国旅游业的低碳转型发展研究有所助益。

此书完成之际,首先感谢我的博士导师东北林业大学经济管理学院尚杰教授。在本研究中,尚教授给予了精心指导和悉心鼓励,她严谨的治学态度、深厚的学术造诣、渊博的学识深深地感染着我,感谢恩师的培养和关心!衷心感谢北京师范大学环境学院毛显强教授对本研究的耐心指导和无私帮助,毛教授严谨求实的治学态度、严密敏捷的逻辑思维、精益求精的科研精神、谦卑平和的处世风格成为我学习的楷模,并激励我不断地向更高更深的层次努力探索,在此表示最诚挚的感谢!衷心感谢哈尔滨工程大学经济管理学院毕克新教授对我在哈尔滨工程大学访学期间给予的有关低碳理论和低碳技术方面的指导建议!感谢东北农业大学文法学院张娜博士在本书写作中给予的鼓励和帮助!感谢哈尔滨商业大学旅游烹饪学院石长波教授、郑昌江教授、张培茵教授、孙静教授、李晓阳教授,以及各位同事在我研究期间给予的支持和帮助!

在本书写作过程中,参考了众多专家学者的相关著作和论文中的研究理论、研究思路、研究方法等,在此表示崇高的敬意和衷心的感谢!在写作本书的实地调研期间,得到了有关饭店和旅游景区的领导和同仁们的大力支持和热情帮助,许多专家学者也给出了许多宝贵的意见和建议,在此一并表示感谢!感谢旅游教育出版社刘彦会编辑提出的修改建议及认真校对,对于编辑们的辛勤工作深表感谢!

旅游业二氧化碳排放是近年来国际旅游业关注的热点之一,本书对我国旅游业二氧化碳排放测算及其低碳发展评价进行了初步尝试与探索。由于时间、精力和水平有限,对有些问题的分析还不够细致和充分,有待今后进一步加以完善。对于本书中的不足之处,恳请学界、业界同人不吝赐教斧正。

汤姿

2015 年 12 月于哈尔滨